嵌入式软件工程方法与实践丛书

程序设计与数据结构

周立功　　周攀峰　　编著

北京航空航天大学出版社

内 容 简 介

本书是 C 语言程序设计的进阶书籍,在介绍 C 语言基础知识的同时,重点强调了软件设计的思想:共性与可变性分析、面向对象的编程思想等,并提供了详尽的范例程序;使读者体会到思想的重要性,面向对象编程并不局限于特定语言,使用 C 语言同样可以进行面向对象的编程。本书分为 4 章:第 1 章,主要介绍 C 语言的基础知识,并提及了共性与可变性分析;第 2 章,主要介绍 C 语言的进阶用法,特别是结构体及函数指针;第 3 章,主要介绍算法与数据结构,包含链表、哈希表、队列等;第 4 章,主要介绍面向对象的编程思想,包含面向对象的基础概念、虚函数的妙用、状态机设计等。

本书既可作为高等院校、高职高专电子信息工程、自动化、机电一体化及计算机专业的教材,也可作为电子及计算机编程爱好者的自学用书,还可作为软件开发工程技术人员的参考书。

图书在版编目(CIP)数据

程序设计与数据结构 / 周立功,周攀峰编著. -- 北京 : 北京航空航天大学出版社,2018.11
ISBN 978 - 7 - 5124 - 2870 - 6

Ⅰ. ①程… Ⅱ. ①周… ②周… Ⅲ. ①程序设计 ②数据结构 Ⅳ. ①TP311.1

中国版本图书馆 CIP 数据核字(2018)第 257823 号

程序设计与数据结构
周立功　周攀峰　编著
责任编辑　王慕冰
*
北京航空航天大学出版社出版发行

北京市海淀区学院路 37 号(邮编 100191)　http://www.buaapress.com.cn
发行部电话:(010)82317024　传真:(010)82328026
读者信箱:emsbook@buaacm.com.cn　邮购电话:(010)82316936
涿州市新华印刷有限公司印装　各地书店经销
*
开本:710×1 000　1/16　印张:20.5　字数:437 千字
2018 年 11 月第 1 版　2018 年 11 月第 1 次印刷　印数:3 000 册
ISBN 978 - 7 - 5124 - 2870 - 6　定价:59.00 元

前　言

1. 存在的问题

最近十多年来,软件产业和互联网产业的迅猛发展,给人们提供了用武之地,同时也对软件工程教育提出了巨大的挑战。从教育现状看,通过灌输知识可以让人具有很强的考试能力,却往往经不起用人单位的检验(笔试和机试)。虽然大家都知道,教育的本质在于培养人的创造力、好奇心、独特的思考能力和解决问题的能力,但实际上我们的教学实践背离了教育理念。

代码的优劣不仅直接决定了软件的质量,还将直接影响软件成本。软件成本是由开发成本和维护成本组成的,但维护成本却远高于开发成本,蛮力开发的现象比比皆是,大量来之不易的资金就这样被无声无息地吞没了,造成了社会资源的严重浪费。

2. 核心域和非核心域

一个软件系统封装了若干领域的知识,其中一个领域的知识代表了系统的核心竞争力,这个领域就称为"核心域",其他领域称为"非核心域"。虽然更通俗的说法是"业务"和"技术",但使用"核心域"和"非核心域"更严谨。

非核心域就是别人的领域,如底层驱动、操作系统和组件,即便自己有一些优势,那也是暂时的,竞争对手也能通过其他渠道获得。非核心域的改进是必要的,但不充分,还是要在核心域上深入挖掘,让竞争对手无法轻易从第三方获得。只有在核心域中深入挖掘,达到基于核心域的复用,才能获得和保持竞争力。

要达到基于核心域的复用,有必要将核心域和非核心域分开考虑。因为过早地将各个领域的知识混杂,会增加不必要的负担,从而导致开发人员腾不出脑力思考核心域中更深刻的问题,待解决问题的规模一旦变大,而人脑的容量和运算能力又是有限的,就会造成顾此失彼,因此必须分而治之。核心域与非核心域的知识都是独立的,比如,一个计算器要做到没有漏洞,其中的问题也很复杂。如果不使用状态图对领域逻辑显式地建模,再根据模型映射到实现,而是直接下手编程,领域逻辑的知识靠临时去想,最终得到的代码肯定破绽百出。其实有利润的系统,其内部都是很复杂的,千万不要幼稚地认为"我的系统不复杂"。

3. 利润从哪里来

早期创业时,只要抓住一个机会,多参加展会,多做广告,成功的概率就很大了。在互联网时代,突然发现入口多了,聚焦用户的难度也越来越大了。当产品面临竞争时,你会发现"没有最低只有更低"。而且现在已经没有互联网公司了,携程变成了旅行社,新浪变成了新媒体……机会驱动、粗放经营的时代已经过去了。

Apple 之所以能成为全球最赚钱的手机公司,关键在于产品的性能超越了用户的预期,且因为大量可重用的核心领域知识,综合成本做到了极致。Yourdon 和 Constantine 在《结构化设计》一书中,将经济学作为软件设计的底层驱动力,软件设计应该致力于降低整体成本。人们发现软件的维护成本远远高于它的初始成本,因为理解现有代码需要花费时间,而且容易出错。同时改动之后,还要进行测试和部署。

更多的时候,程序员不是在编码,而是在阅读程序。由于阅读程序需要从细节和概念上理解,因此修改程序的投入会远远大于最初编程的投入。基于这样的共识,让我们操心的一系列事情,需要不断地思考和总结使之可以重用,这就是方法论的缘起。

通过财务数据分析可知,由于决策失误,我们开发了一些周期长、技术难度大且回报率极低的产品。由于缺乏科学的软件工程方法,不仅软件难以重用,而且扩展和维护难度很大,从而导致开发成本居高不下。

显而易见,从软件开发来看,软件工程与计算机科学是完全不同的两个领域的知识。其主要区别在于人,因为软件开发是以人为中心的过程。如果考虑人的因素,软件工程更接近经济学,而非计算机科学。如果不改变思维方式,则很难开发出既好卖成本又低的产品。

4. 优秀人才在哪里

学徒模式是过去造就大师、传承技艺的方法,而现在指导和辅导却成为了一项被忽略的活动,团队成员得不到所需的支持。技术领导人不仅要引导整个项目,而且还要为员工提供必需的协助。除此之外,指导和辅导提供了一种增强员工技能的方式,可帮助他们完善自己的职业生涯。这种协助有时是技术性的,有时是软技能的。

可惜的是,在我们的行业里,许多优秀的开发者在转向管理岗位之后,就放弃了对技术的追求,甚至再也不写代码了,因而团队中失去了最有价值的技术领导和导师,导致今天的开发者还会继续重蹈覆辙。很多优秀的导师都消失了,让开发者到哪里去获得经验呢?未来的优秀人才从哪里来?

5. 告知读者

这本书如同培训讲师的教案，是我和同事们的读书笔记及程序设计实践的心得，并不是一本从零开始编写的专著或图书。其中的很多内容并非我们原创，而是重用了一些公开出版物的内容，详见本书的参考文献。

6. 丛书简介

这套丛书命名为《嵌入式软件工程方法与实践丛书》，目前已经完成《程序设计与数据结构》、《面向 AMetal 框架和接口的 C 编程》和《面向 AWorks 框架和接口的 C 编程(上)》，后续还将推出《面向 AWorks 框架和接口的 C 编程(下)》、《面向 AMetal 框架和接口的 LoRa 编程》、《面向 AWorks 框架和接口的 C＋＋编程》、《面向 AWorks 框架和接口的 GUI 编程》、《面向 AWorks 框架和接口的 CAN 编程》、《面向 AWorks 框架和接口的网络编程》、《面向 AWorks 框架和接口的 EtherCAT 编程》和《嵌入式系统应用设计》等系列图书，最新动态详见 www.zlg.cn(致远电子官网)和 www.zlgmcu.com(周立功单片机官网)。

周立功

2018 年 9 月 20 日

目　录

程序设计与数据结构

第 **1** 章

程序设计基础

✎ **本章导读**

    在学习程序设计时,很多初学者常常会陷入这样的误区,他们总将阻碍个人成长的原因归结为缺少机会。其实问题的根源在于缺乏方法,很少有人将"知其然知其所以然"作为自己的学习准则,进而也就谈不上熟练掌握多种编程风格了。

    其实,程序设计中的数据结构和算法是围绕各种类型的数据和需求展开的,而完成这些工作的载体便是各种各样的变量,因此只要抓住变量的三要素(即变量的类型、变量的值和变量的地址)并贯穿始终,那么一切问题都将迎刃而解。

1.1　思想的力量

    《思想者》是法国雕塑家罗丹创作的雕像,他更多的是在强调其核心的内涵——思想,人类的整合思想。在 20 世纪初,人们把它作为一种改造世界力量的象征。显而易见,思想的力量是伟大而无穷的,无论是做大事还是做小事,无不与思想息息相关。

1.1.1　过程主题

1. 限制与抽象化

    结构化编程的"限制"和"抽象化"是人类处理复杂软件的有效方法之一,为了使程序变得简单且容易理解,Edsger Dijkstra 提倡禁止使用 goto,并将程序控制流程限制为"顺序、分支和循环"三种组合。虽然面向结构的编程实现了控制流程的结构化,使程序流程结构化了,但要处理的数据并没有结构化。虽然面向过程的编程降低了程序的复杂性,但随着数据的类型越来越多,分别管理程序处理内容和处理数据对象所带来的程序也越来越复杂。

    当需要将一部分计算任务独立实现时,可以将其定义为一个函数,因为这样可以实现计算逻辑的分离,通过使用函数名使代码更清晰,利用函数使得同样的代码在程序中可以多次使用,且减少调试程序的工作量。

由于实际的应用程序中可能会用到成千上万个函数,为了得到正确的结果,必须保持处理和数据的一贯性,人们想到了数据抽象技术。数据抽象是数据和处理方法的结合,对数据的处理和操作,必须通过事先定义好的方法进行。于是面向过程编程引入了较为抽象的模块的概念,因此可以说程序是由模块构成的,而模块又是由函数构成的,一个模块就是一个过程。由于不同结构中的数据是由函数或过程管理的,因此在设计程序时就可以对这些模块分别进行抽象、设计、编码和测试,最后将这些模块有机地组合在一起,形成一个完整的程序。

2. 功能分解法

通常解决复杂问题的方法都是从分析问题开始的,将一个大问题分解为多个小问题,分成多个子模块,解决每个小问题,实现每个子模块;通过主函数按照某种次序调用这些子模块,组织业务逻辑流程,最终解决问题。像这样从问题出发,自顶向下逐步求精,利用算法作为基本构建块构建复杂系统的开发方法称为结构化或面向过程编程。

怎样编写更容易应对需求多变的代码呢?与其编写一个大函数,不如使之更加模块化,即用模块化封装变化。虽然模块化有助于提高代码的可理解性,使代码更容易维护,但模块化也无法包治百病,因为模块化存在两个问题,即低内聚和高耦合。

假设要给 main 中调用的每个子过程增加一个参数,以便传递某个额外的信息。同时每个子过程又要将这个信息传递给自己的子过程,这种现象就是我们熟知的串联改变。所谓串联改变,是指某个过程的变化会传递到其子过程中,并由这些子过程继续往下延续,直到所有的分解层次。显然,在面对软件维护时,包括软件测试、调试和升级等,自顶而下的设计方法存在致命的缺陷。因为面向过程编程强调从软件的功能特性出发思考问题,将系统划分为多个功能模块,同时尽量确保模块之间的耦合度最小。其实这种方式并不能很好地模拟现实世界,其思维方式存在先天的缺陷。

在面向过程编程时,经常会遇到这样的问题,一个 bug 修改好了,另一个地方又出问题了,因为许多 bug 源于修改代码。实际上人们在理清楚代码的运行原理,寻找 bug 和防止出现不良副作用上,花费了大量的时间,而修改 bug 的时间却很短。由不良副作用产生的 bug 是最难发现的,如果让一个函数处理很多不同的数据,一旦需求发生变化,那么出现的问题会更多。需求的变更会对软件开发和维护工作产生极大的影响,因为只关注函数,将会导致一连串难以避免的变化。

因为用户的需求总是在变化之中,所以我们将无法阻止变化。与其抱怨变化,不如改变开发过程,从而更有效地应对变化,面向对象编程就是这样作为对抗软件复杂性的手段出现的。

1.1.2　思维差异

学习的最高境界是"知其然知其所以然",但真正达到这个层次的人并不多,这是每个人梦寐以求的人生目标。如果你已经进入了这样的化境,则一切问题迎刃而解。将不再受限于年龄,且与性别无关。

其实,牛人和普通人的差距并非知识和经验的多少,而是思维方式的不同。为何编程语言、操作系统、控制论等都是美国人发明的呢?他们似乎天生具备自上而下分析问题的直觉和从特殊到一般的泛化思维。美国之所以在 IT 领域处于绝对领先的地位,是与他们的教育理念和方法密切相关的。

我们时常以美国白领计算能力太差作为笑料,认为中国教育重在练"基本功",掩盖、忽略了培养学生"创造力和思维能力"方面的欠缺。而美国教育极其重视"创造力"的培养,让学生根据个人的兴趣而学。例如,选 6 个学期的物理和数学,只选 2 个学期的化学和生物。不仅可以在校选修大学课程,而且大学还承认学生在高中阶段学习大学课程的学分,甚至还可以利用假期到任何大学学习自己感兴趣的内容,如哲学、Java。

由于创造力的不足和思维能力的差异,导致我们在很多问题的认识上出现大量的知识盲点或黑洞,从而将严密的科学知识割裂开来成为了知识孤岛。即便你非常努力学习,甚至花费更多的时间到企业实习,但依然难以获得更大的突破。

在自我训练的过程中,我深刻地体会到,对问题的研究经常会受到传统思维的影响。而《异类》一书指出,"人们眼中的天才之所以卓越非凡,并非天资超人一等,而是付出了持续不断的努力,一万小时的锤炼是任何人从平凡变成超凡的必要条件。"我开始感到迷茫,因为我花费的时间,又何止一万小时呢?

1.1.3　语言的鸿沟

开发人员对问题域的认识是一种思维活动,而人类的任何思维活动都是借助于他们熟悉的某种自然语言进行的。而软件系统的最终实现必须用一种计算机能够阅读和理解的语言描述系统,这种语言就是编程语言。

人们所习惯使用的自然语言和计算机能够理解及执行的编程语言之间存在很大的差距,这种差距被称为"语言的鸿沟",实际上也是认识和描述之间的鸿沟。也就意味着,一方面人们借助自然语言对问题域所产生的认识远远不能被机器理解和执行,另一方面机器能够理解的编程语言又很不符合人们的思维方式。因此开发人员需要跨越两种语言之间的这条鸿沟,即从思维语言过渡到描述语言。

之所以学习和开发的成本很高,主要是理解困难所造成的,所以必须建立一种用于沟通的通用语言,构建通用语言的过程就是自我思维训练和建立逻辑推理的过程。

1. 变量和指针

首先从变量的三要素开始学起,一起建立一套通用语言。例如:

```
int iNum = 0x64;
```

最初的词汇有变量的类型 int、变量名 iNum 和变量的值 0x64,接着编写第一个只有几条语句的简单程序,详见程序清单 1.1。

程序清单 1.1　输出变量的地址和变量的值

```
1    #include<stdio.h>
2    int main(int argc, char * argv[])
3    {
4        int iNum = 0x64;
5
6        printf("%x, %x\n", &iNum, iNum);
7        return 0;
8    }
```

通过运行结果可以清楚地看到,0x64 存储在 0x22FF74 内存单元中。虽然使用"&"运算符可以获取变量 iNum 在内存中的地址,但 &iNum 是一个孤立的概念。

当将地址形象化地称为"指针"时,即可通过该指针找到以它为地址的内存单元。于是词汇表中又多了一个新的成员——指针,同时还多了一条新的语句——&iNum 是指向 int 变量 iNum 的指针,该语句标识了 "指针与变量"之间的关联关系。理解指针的 最好方法之一是绘制图表,变量与指针的关 系详见图 1.1。

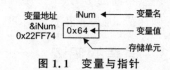

图 1.1　变量与指针

既然通过 &iNum 就能找到变量 iNum 的值 0x64,那么如何存放 &iNum 呢?定义一个存放指针 &iNum 的(指针)变量。例如:

```
int iNum = 0x64;
int * ptr = &iNum;
```

现在词汇表中又多了一个新的成员——指针变量,即 ptr 是指向 int 的指针(变量),"int * "类型名是指向 int 的指针类型,详见图 1.2。虽然有时也将指针变量泛化为指针,但要根据当前所处的环境而定。

此时,大家不约而同地说出了——&ptr 是指向指针变量 ptr 的指针,那么谁指向 &ptr 呢? 指针的指针,或双重指针,于是词汇表中又多了一条语句。如果有以下定义:

助记符	变量地址	存储单元		
&iNum	0x22FF74	0x64	iNum	*ptr
&ptr	0x22FF70	0x22FF74	ptr	

图 1.2　变量的存储与引用

```
int iNum = 0x64;
int * ptr = &iNum;
```

如果在"int ＊ ptr"定义前添加 typedef，即

```
typedef int * ptr;
```

此时，ptr 等同于 int ＊。为了便于理解，将类型名 ptr 替换为 PTR_INT。例如：

```
typedef int * PTR_INT;
```

有了 PTR_INT 类型，即可构造指向 PTR_INT 类型的指针变量 pPtr，即

```
PTR_INT  * pPtr = &ptr;
```

其中，pPtr 是指向 PTR_INT ＊ 的指针变量，PTR_INT 的类型为 int ＊，pPtr 是指向 int ＊＊ 的指针变量，那么 pPtr 就成了保存 int 型 ptr 地址的双重指针。其定义方式简写如下：

```
int * * pPtr = &ptr;
```

以下关系恒成立：

```
* pPtr == * (&ptr) == ptr
* * pPtr == * ptr == * (&iNum) == iNum
```

当读者读到这里时，我相信你对指针已经没有什么恐惧感了。

2. 数 组

如果有以下声明：

```
int a[2];
```

那么你是否想过在声明"int a[2];"时，a、&a[0] 和 &a 是什么类型？大多数人可能认为，a 不是指向该数组首元素的指针吗？可以说"是"，也可以说"不是"。为什么一个看起来似乎很简单的问题，却会让人感到很迷茫呢？

由于数组类型属于构造类型，因此通过逻辑推理可以搞清楚其中的来龙去脉，基于此，我们需要以全新的理念看待数组，从变量的类型、变量的地址和变量的值这三个不同的视角出发进行分析。

从概念层次上来看，数组名是概念也是符号，由于它在声明、表达式、作为 & 和 sizeof 的操作数时具有一定的差异，因此需要区别对待。

按照变量的声明规则：a 是由 2 个 int 值组成的数组，取出标识符 a，剩下的 int [2] 就是 a 的类型。这是在开发编译器时约定的声明规则，不需要特别做出解释。通常将 int [2] 解读为由 2 个 int 值组成的数组类型，简称数组类型。而大多数 C 语言

教材几乎都不提及,从而为构造二维数组带来了很大的障碍。事实上,C语言中并不存在二维数组,且C语言语法也不支持二维数组,仅支持由一维数组构造的数组的数组。

从规约层次上来看,除了在声明中或数组名当作 sizeof 或 & 的操作数之外,表达式中的数组(变量)名 a 被解释为指向该数组首元素 a[0] 的指针,因而可将这个原则标识为"a==&a[0]"或等价于"*a==*(&a[0])==a[0]"。当 a[0] 作为 & 的操作数时,&a[0] 是指向 a[0] 的指针,a[0] 的类型为 int,&a[0] 的类型为 int *const,即指向常量的指针,简称常量指针,其指向的值不可修改。当 a 作为 & 的操作数时,&a 是指向 a 的指针。

使用指针运算规则,当把一个整型变量 i 和一个数组名相加时,将得到指向第 i 个元素的指针,即"a+i==&a[i]"或"*(a+i)==*(&a[i])==a[i]",因为 a 在编译期和运行时的语义完全不同。

由于 a 的类型为 int [2],因此 &a 是指向"int [2] 数组类型"变量 a 的指针,简称数组指针。其类型为 int (*)[2],即指向 int [2] 的指针类型。为何要用"()"将"*"括起来?如果不用括号将星号括起来,那么"int (*)[2]"就变成了"int *[2]",而 int *[2] 类型名为指向 int 的指针的数组(元素个数 2)类型,这是设计编译器时约定的语法规则。

问题又来了,C语言的发明者 K&R 编写的C语言教材是这样解释"(*)"的:因为"*"是前置运算符,它的优先级低于"()"。为了让连接正确地运行,有必要加上括号。其实这样解读未免有些牵强附会了,因为声明中的"*、()、[]"都不是运算符,运算符的优先顺序在语法规则中是在表达式中定义的。回归本质"int *[2]"中的"*"不加括号,那就是指针类型数组。如果事先不是这样约定,则无法开发编译器。

从实现层次上来看,最重要的不是就事论事地实现,而是要从特殊到一般地寻找问题的通解——泛化。例如,在一个数组中寻找一个特定的值,常见的函数原型如下:

```
int *findValue(int *arrayHead, size_t arraySize, int value);
```

显然,findValue() 函数不仅暴露了数组的实现细节,如 arraySize,而且太过于依赖特定的数据结构。那么,如何设计一个算法,使它适用于大多数数据结构呢?或者如何在即将处理的未知的数据结构上,正确地实现所有操作呢?实际上,一个序列有开始和结尾,即可使用 ++ 得到下一个元素,也可以使用 * 得到当前元素的值。

为了让 findValue() 函数适用于所有类型的数据结构,其操作应该更抽象化,让 findValue() 函数接受两个指针作为参数,表示一个操作范围,详见程序清单 1.2。

程序清单 1.2　findValue( )查找函数

```
1      int * findValue(int * begin, int * end, int value)
2      {
3          while(begin ! = end && * begin ! = value)
4              ++begin;
5          return begin;
6      }
```

显而易见,这样的循环结构重复做某件事就是一种迭代操作,在每次迭代操作中,对迭代器 begin 的修改等价于修改循环控制标志或计数器。当将 begin 的作用抽象化和通用化后,begin 和 end 就成为了迭代器。其基本思想是,迭代器变量存储了数组的某个元素的位置,因此能够遍历该位置的元素。通过迭代器提供的方法,可以持续遍历数组的下一个元素。

"++"将迭代器移动到下一个数据项,其意图是利用递增操作完成赋值。" * "检索迭代器的当前元素,其意图是利用递增操作检索元素。为了检测输入迭代器元素的结尾,通常将迭代器与另一个恰好位于输入区间末尾之后的已知迭代器 end 进行比较,测试迭代器是否相等。

这个函数在"前闭后开"范围[begin,end)内(不含 end,end 指向 array 最后元素的下一个位置)查找 value,并返回一个指针,指向它所找到的第一个符合条件的元素,如果没有找到就返回 end。这里之所以用"! =",而不是用"<"判断是否到达数组的尾部,是因为这样处理更精确。永远也不要从" * end"读取数据,更不要向它写入数据。

由此可见,findValue( )函数中并无任何操作是针对特定的整数 array 的,即只要将操作对象的类型加以抽象化,且将操作对象的表示法和范围目标的移动行为抽象化,则整个算法就可以工作在同一个抽象层面上了。通常将整个算法的过程称为算法的泛型化。泛化的目的旨在使用同一个 findValue( )函数处理各种数据结构,通过抽象创建可重用代码。

3. 二维数组

假设有以下声明:

```
int data0[2] = {1, 2};
int data1[2] = {3, 4};
int data2[2] = {5, 6};
```

当去掉声明中的数组名时,则 data0、data1 和 data2 类型都是"int [2]"。实际上,数组本身也是一种数据类型,当数组的元素为一维数组时,该数组为数组的数组,因此可以通过"int [2]"数组类型构造数组的数组,即

```
typedef int data0[2];
```

显然,只要将 data0 改为 T,则 T 就成为了与 int [2]一样的数组类型,即可用 T 再定义一个一维数组:

```
typedef int T[2];
 T data[3];
```

其等价于:

```
int data[3][2];
```

由于 T 的类型为 int [2],即 data[0]、data[1]和 data[2]的类型均为 int [2],占用一个 int 大小。而表达式中的 data 可以被解释为指针,其类型为 int (*)[2],占用 2 个 int 大小。显然,data 是由 data[0]、data[1]和 data[2]这 3 个元素组成的一维数组,而 data[0]、data[1]和 data[2]本身又是一个由 2 个 int 值组成的一维数组。因此可以用下标区分 data[0]、data[1]和 data[2]一维数组,其分别对应于 data[0][0]和 data[0][1]、data[1][0]和 data[1][1]、data[2][0]和 data[2][1]。

由于表达式中的数组名 data 可以被解释为指针,即 data 是指向 data[0]的指针,因此 data 的值和 &data[0]的值相等,则以下关系恒成立:

```
data == &data[0]
 * data ==  * (&data[0]) == data[0]
```

由于 data[0]本身是一个由 2 个 int 值组成的数组,即表达式中的 data[0]是指向 data[0][0]的指针,因此 data[0]的值及其首元素的地址 &data[0][0]的值相等,则以下关系恒成立:

```
data[0]  ==  &data[0][0]
 * (data[0])  ==   * (&data[0][0])  ==  data[0][0]
 * data  ==  &data[0][0]
```

显而易见,data 是指针的指针,必须解引用两次才能获得原值,则以下关系恒成立:

```
data  ==  &data[0]  ==  &(&data[0][0])
 *  * data   ==  data[0][0]
```

虽然 data[0]指向的对象占用一个 int 大小,而 data 指向的对象占用 2 个 int 大小,但 &data[0]和 &data[0][0]都开始于同一个地址,因此 data 的值和 data[0]的值相等,则以下关系恒成立:

```
data  ==  data[0]  ==  &data[0]  ==  &data[0][0]
```

当将数组的数组作为函数参数时,数组名同样视为地址,因此相应的形参如同一维数组一样也是一个指针,比较困难的是如何正确地声明一个指针变量 pData 指向一个数组的数组 data 如果将 pData 声明为指向 int 类型是不够的,因为指向 int 类型的指针变量只能与data[0]的类型匹配。假设有以下代码：

```
int data[3][2] = {{1, 2}, {3, 4}, {5, 6}};
int total = sum(data, 3);
```

那么sum()函数的原型是什么？

由于表达式中的数组名data可以被解释为指针，即data的类型为指向int [2] 的指针类型int (*)[2]，因此必须将pData声明为与之匹配的类型，data才能作为实参传递给sum()。其函数原型如下：

```
int sum(int (* pDdata)[2], int size);
```

由于data[0][0]是一个int值，因此&data[0][0]的类型为int * const，即可用以下方式指向data的第1个元素，增加指针的值使它指向下一个元素，即

```
int * ptr = &data[0][0];
int * ptr = data[0];
```

如果将某人一年之中的工作时间，使用下面这个"数组的数组"表示：

```
int working_time[12][31];
```

在这里，如果开发一个根据一个月的工作时间计算工资的函数，则可以像下面这样将某月的工作时间传递给这个函数：

```
calc_salary(working_time[month]);
```

其相应的函数原型如下：

```
int calc_salary(int * working_time);
```

4. 指针数组与函数指针

虽然数组和指针数组存储的都是数据，但数组存储的是相同类型的字符或数字，而指针数组存储的是相同类型的指针。例如：

```
int data0, data1, data2;
int * ptr[3] = {&data0, &data1, &data2};
```

其中，ptr是指向由int *[3]类型的指针组成的数组，ptr[0]指向&data0，ptr[1]指向&data1，ptr[2]指向&data2。因此，只要初始化一个指针数组变量存储各个字符串的首字符的地址，即可引用多个字符串。例如：

```
char * keyWord[5] = {"eagle", "cat", "and", "dog", "ball"};
```

其中，keyWord[0]的类型是char *，&keyWord[0]的类型是char * *。虽然这些字符串看起来好像存储在keyWord指针数组变量中，但实际上指针数组变量中只存储了指针，每一个指针都指向其对应字符串的第一个字符。

函数指针数组也是指针数组,该数组的每个元素是一个函数的地址。如果有以下声明:

```
typedef int ( * PF)(int, int);
```

其中,PF 是一个指向返回值为 int 的函数的指针类型,该函数有两个 int 类型参数。假设需要声明一个包含 4 个元素的数组变量 oper_func,用于存储 4 个函数的地址,即可使用 PF 定义一个存储函数指针的数组:

```
PF oper_func[4];
```

其中,oper_func 为指向函数的指针的数组,上述声明与以下声明:

```
int ( * oper_func[4])(int, int);
```

虽然形式不一样,但其意义完全相同。

显然,也可以使用 PF 定义相应的函数指针变量。例如:

```
PF pf1, pf2;
```

它的另一种声明形式如下:

```
int ( * pf1)(int, int);
int ( * pf2)(int, int);
```

在指针函数中,还有一类这样的函数,其返回值为指向函数的指针。例如:

```
PF ff(int);
```

它的另一种声明形式如下:

```
int ( * ff(int))(int, int);                 // ff 指针指向的是一个函数
```

显然,有了基本数据类型和变量,即可构造各种类型的数据结构。

5. C 的局限性

(1) 符号重载

符号重载是一种强大的机制,它允许修改一个操作符的含义,当看到加号时,它有时代表加法运算,有时代表将字符串连接起来等其他的含义,因此其具体的语义与使用场合有很大的关系。例如:

```
Matrix a, b, c;
c = a + b;
```

这里的加号表示矩阵加法,而不是整数或浮点数的加法。

(2) 模　板

我们经常会遇到类似这样的问题,如比较两个整数的大小,其函数原型如下:

```
int max(int a, int b);
```

如果还要比较两个 double 双精度数中较大的一个,还得再写一个新的函数。例如:

```
int max(double a, double b);
```

如果又需要比较两个字符串中较大的一个呢?则需要编写第三个函数。也许,我们会想到使用 typedef。例如:

```
1    typedef int item;
2    item max(item a, item b)
3    {
4        if(a > b)
5            return a;
6        else
7            return b;
8    }
```

如果需要使用多个不同版本的 max 函数,那么使用 typedef 无法满足要求,因为程序只能为 item 定义一种数据类型。

解决以上问题的一种更灵活的机制是使用模板函数,在函数实现的任何地方,item 都不会受限于任何特定的类型。当使用模板函数时,编译器在检查参数的类型时,会自动确定 item 的数据类型。例如:

```
1    template <class Item>;
2    item max(Item a, Item b)
3    {
4        if(a > b)
5            return a;
6        else
7            return b;
8    }
```

表达式 template<Item>称为模板前缀,Item 称为模板参数。模板前缀总是在模板函数定义的前面,它提醒编译器:下面的定义将使用名为 Item 的未确定的数据类型。事实上,模板前缀表明,Item 是一种将来要填充的数据类型,现在不用担心它,只在函数内部使用。

由此可见,C 语言既有优势,也有不足,而使用 C++语言具有更大的优势。事实上,嵌入式系统软件的开发不仅可以使用 C 语言,同样可以使用 C++语言。

1.2 变量与指针

1.2.1 变 量

1. 变量的三要素

"变量的值"保存在内存的某个地方,如同使用门牌号确定地址一样,在内存中也给变量分配门牌号。在 C 语言的内存世界中,门牌号被称为变量的地址,即从变量中取值就是通过变量名找到相应的存储地址,然后读取该存储单元中的值,而写一个变量就是将变量的值存放到与之相应的存储地址中去。

通常将用于存储数据的"位置"称为对象,当把一个对象看作一个黑盒子时,如果将指定类型的值放入这个盒子,则需要使用一个名称才能访问一个对象。假设命名后的对象称为变量 iNum,它有特定的类型 int,类型决定将什么赋给对象,例如将0x64 赋给 int 类型变量 iNum,以及可以使用的操作,如多个 int 类型数据可以使用"∗"操作进行乘法运算。

如果有以下声明:

```
int    iNum = 0x64;              // 声明 iNum 为 int 型变量
```

其中,int 为变量 iNum 的类型,iNum 为变量名,0x64 为变量 iNum 的值。当声明一个变量时,编译器会根据变量的类型预留足够的内存空间。变量的存储空间是系统自动分配的,但此存储空间不会在程序的整个生命周期中永远存在。

值是被解释为一个类型的内存中的一组比特(bit)。计算机内存不知道值的类型,只是将它保存起来。因此只有决定内存如何解释时,内存中的 bit 才有意义。例如,3.0 的含义是什么? 只有使用单位时,才会决定 3.0 的含义。

声明是命名一个对象的一条语句,定义是为一个对象分配内存空间的声明,一个定义通常会提供一个初始值。例如:

```
int length = 20;
int width = 40;
int area = length + width;
```

2. 变量的地址与指针

当声明一个变量时,底层会分配一定大小的内存存储变量的信息。而分配多少内存,则在编译期就已经确定了。为了能够访问无限量的内存,C 语言使用地址 & 操作符返回操作数的地址。当 & 运算符作用于一个变量时,返回的是变量的地址。对于变量 iNum 来说,&iNum 就是变量 iNum 的内存地址,详见图 1.3。

从变量中取值就是通过变量名 iNum 找到与之相应的存储地址 &iNum,然后读取存储在该地址中的值 0x64，写一个变量 iNum 就是将变量的值 0x64 存放到与之相应的存储地址 &iNum 中去。显然，不能在 &iNum 前面再加"&"运算符，因为 &iNum 已经不是变量了，而是一个不可修改的整型常量，即 0x22FF74。

图 1.3　内存、变量与地址

为了便于描述变量，C 语言将用于存储变量的内存地址的 &iNum 抽象为指向变量 iNum 的指针。这些地址之所以称为指针，是因为它是"指向"一个变量的。只需指出变量的地址(不是变量名)，就可以确定该变量，即指针的本质就是一个内存的地址，它指向内存的某个位置。指针是一个地址，其强调的是当使用指针时，要想到它是"内存地址"。实际上，在现实世界里，既没有变量也没有指针，变量和指针是对程序中的数据和存储空间的抽象。

为了展示变量的地址与变量的值的对应关系，最好的方式是直接打印输出。例如，输入 2 个整数，交换两者的值后输出，即先将输入的整数存入变量 iNum1 和 iNum2，然后交换，详见程序清单 1.3。**注意**：不同的编译环境(不同的编译器、同一编译器的不同版本、编译参数不同等)，变量的地址值(0x22FF74)可能会不一样。

程序清单 1.3　变量交换范例程序

```
1    #include<stdio.h>
2    int main(int argc, char * argv[])
3    {
4        int iNum1, iNum2, temp;
5
6        scanf("%x%x", &iNum1, &iNum2);
7        printf("%x, %x\n", &iNum1, &iNum2);
8        printf("%x, %x\n", iNum1, iNum2);
9        temp = iNum1;  iNum1 = iNum2;  iNum2 = temp;
10       printf("%x, %x\n", &iNum1, &iNum2);
11       printf("%x, %x\n", iNum1, iNum2);
12       return 0;
13   }
```

请读者仔细观察，为何要在程序清单 1.3 中第 6 行的变量前添加"&"？程序清单1.3 中第 6 行和第 7 行中的 &iNum1、&iNum2 有什么区别？

◆ **左值和右值**

为了理解某些操作符的限制，标准 C 语言发明了 L－value 和 R－value 两个名词。虽然其被解释为左值和右值，但实际上是一个美丽的误会。因为 L－value 是指"locator value"不是"left value"，其字面意思是"(在内存中)有特定位置的值"，即内存的索引值——地址。而 R-value 是指"read value"不是"right value",其字面意思是"可读的值"。例如:

```
int iNum = 0x64;
```

虽然编译器为变量 iNum 分配了地址(L-value),但 L-value 是在编译期就确定了地址"&iNum"。而 R-value 是存储在变量 iNum 中的值 0x64,在运行时赋值。

尽管 iNum 有地址,但 iNum++ 表达式没有地址,因此 iNum 只有 R-value。虽然任何表达式都有 R-value,但只有部分表达式有 L-value。

3. 变量的存储

如果数据从低位到高位用最左位和最右位表述,则一定会产生歧义,因此分别使用最低有效位(Least Significant,LSB)和最高有效位(Most Significant,MSB)表示数据的最低位和最高位。对于有符号数来说,最高有效位就是符号位。假设变量的值用二进制表示为:

$$D_{31}D_{30}D_{29}D_{28}D_{27}D_{26}D_{25}D_{24}D_{23}D_{22}D_{21}D_{20}D_{19}D_{18}D_{17}D_{16}D_{15}D_{14}D_{13}D_{12}D_{11}D_{10}D_{9}D_{8}D_{7}$$
$$D_{6}D_{5}D_{4}D_{3}D_{2}D_{1}D_{0}$$

即数据的 MSB 符号位为 D_{31},LSB 为 D_{0}。

当计算机对存储单元进行编号时,每个地址编号中只存放一个字节。C 语言规定多字节的 int、float、doublie 类型变量必须占用相邻的存储单元,且将存储单元的最低地址作为变量的地址。假设一个 32 位变量占用地址为 A、A+1、A+2 和 A+3 的存储单元,则变量的地址为 A。如果有"int iNum = 0x64;",那么 A 中到底存放的是 4 个字节 00H、00H、00H、64H 中的哪个字节呢?

根据数据中各个字节在连续字节序列中排列顺序的不同,分为 2 种排列方式:大端模式和小端模式。如果 A 中存放的是数据的 MSB 最高有效位,则为大端模式(详见图 1.4(a));如果 A 中存放的是数据的 LSB 最低有效位,则为小端模式(详见图 1.4(b))。**注意**:CPU 究竟采用何种存储模式取决于硬件,与编译器无关,Intel x86 计算机的 CPU 就是小端模式。

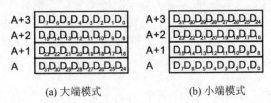

(a) 大端模式　　　　　　　　　　　(b) 小端模式

图 1.4　32 位变量的存储

4. 变量类型别名

大家可能知道,作者的名字叫周立功,但作者在家里还有一个别名——小兵,其实都是同一个人。同样,我们也可以给变量的类型取一个别名。如果在"int iNum;"

定义前添加 typedef，即

```
typedef int iNum;
```

此时，iNum 等同于 int 类型。为了便于理解，将 iNum 替换成 INT32。例如：

```
typedef int INT32;
```

typedef 的用途是声明类型的别名，它只是为某个已经存在的类型增加了一个新的名字。那么利用这一特性，就可以定义变量了。例如：

```
INT32   a;                    // 定义 int 型变量 a
```

除此之外，INT32 还可用于类型转换，例如：

```
float b;
(INT32)b;                     // 将其他的类型 b 转换为整型
```

为什么还要为 int 再取一个名称呢？主要是为了提高程序的可移植性。例如，某种微处理器的 int 为 16 位，long 为 32 位。如果要将该程序移植到另一种体系结构的微处理器，假设其 int 为 32 位，long 为 64 位，而只有 short 才是 16 位的，那么必须将程序中的 int 全部替换为 short，long 全部替换为 int，不仅修改工作量巨大且容易出错。如果在程序中全部用新的名称，那么只需要修改定义的这些新名称，即只要将以前的：

```
typedef int INT16;
typedef long INT32;
```

替换成：

```
typedef short INT16;
typedef int INT32;
```

在编程中使用 typedef 的好处，除了为变量取一个简单易记且意义明确的新名称之外，其最主要的作用是使用 typedef 构造新的数据类型。而不要误认为 typedef 的作用仅仅是简化更复杂的类型声明，这将在后续的章节中详细阐述。

由此可见，C 语言变量的内涵包括 3 个要素：变量的类型、变量的值和变量的地址。

- 变量的类型：变量存储的数据的类型，程序如何解释变量保存的数据。例如，int 类型变量，任何引用存储在变量中的数据都被程序解释为整数。数据类型分为基本类型（字符型与数值型）、构造类型（数组型、结构体型、联合体型、枚举型与位域型）、指针类型与 void * 类型，所有其他的类型都是通过组合的方式从基本类型构造而来的。
- 变量的值：程序根据变量的类型解释存储在变量中的数据。数据分为不可修改的常量的值和可以修改的变量的值。

- 变量的地址：变量在内存中的位置。当利用一个变量存储一个数据时,程序将数据存储到变量的地址所指示的存储单元中。

1.2.2 值的表示形式

1. 计算机的数据单位

在计算机中,常用的数据单位有位、字节、半字和字,微处理器根据位数的不同支持 8 位字节、16 位半字或 32 位字的数据类型。

- 位(bit)：它是一个二进制数的位,位是计算机数据的最小单位,一个位只有 0 和 1 两种状态(2^1)。为了表示更多的信息,必须将更多位组合起来使用,例如两位二进制数就有 00、01、10、11 四种状态(2^2),以此类推。
- 字节(byte)：一个 8 位二进制数称为一个字节,即 1 byte=8 bit,那么一字节就可以表示 0～255 种状态或十六进制 0～FF 之间的数,8 位微处理器的数据是以字节方式存储的。
- 半字：从偶数地址开始连续的 2 字节构成一个半字,半字的数据类型为 2 个连续的字节,有些 32 位微处理器的数据是以半字方式存储的,如 32 位 ARM 微处理器支持的 Thumb 指令的长度刚好是一个半字。
- 字：以能被 4 整除的地址开始的连续的 4 字节构成 1 个字,字的数据类型为 4 个连续的字节,32 位微处理器的数据全部支持以字方式存储的格式。

2. 负数的表示法

当需要带符号的 signed 整数时,虽然可以单独指定某位为 1 表示"符号",但计算机不会简单地将"符号位"加到一个数上去。那么计算机是如何存储负数的呢?

由于计算机中无减法器,那么最好的方法就是将减法也通过加法器来完成。为了解决负数在计算机中的存储问题,这里有必要引入补码的概念。可以举例说明一下,指针式钟表,假如要将时针从 5 点拨到 2 点,有 2 种拨法：一种是逆时针拨 3 个时格,相当于 5 减 3 等于 2;另一种拨法是顺时针拨 9 个时格,也相当于 5 加 9 等于"2",即对于这种模为 12 的计数制来说,9 和 3 互补,9 是 3 的补码,反之亦然。对于刚才时钟的拨法可以写出如下算式：

$$5-3 = 5-(12-9) = 5+9-12 = 2$$

由此可见,既然补码的概念是为了方便减法运算而引入的,那么不妨约定：其最高位为符号位。也就是说,其最高有效位的数字具有不同的"权值",当最高有效位为 0 时,其权值为 2^{n-1},否则其权值为 -2^{n-1}。例如,当一个 8 位二进制数 10110111 被解释为一个无符号数数时,那么其十进制数的多项式求值结果如下：

$$(10110111)_2 = 1 \times (2^7) + 1 \times (2^5) + 1 \times (2^4) + 1 \times (2^2) + 1 \times (2^1) + 1 \times (2^0)$$
$$= (183)_{10}$$

如果将$(10110111)_2$解释为一个带符号数时,则其十进制数的多项式求值结果如下:

$(10110111)_2 = 1 \times (-2^7) + 1 \times (2^5) + 1 \times (2^4) + 1 \times (2^2) + 1 \times (2^1) + 1 \times (2^0) = (-73)_{10}$

当约定用最高有效位作为符号位来确定 singned 整数后,即可使用"补码"将符号位和其他位统一处理,那么减法也就可以当作加法来处理了。求负数补码的规则如下:

当一个 n 位二进制数的原码为 N 时,其补码定义为$(N)_补 = 2^n - N$

当一个 8 位二进制数的原码为 1 时,其补码定义为 $(2^8 - 1)_{10} = (255)_{10} = (1111 1111)_2$,即将该数绝对值原码所有位取反,然后将结果加 1,其计算过程如下:

$(-1)_补 = (11111110 + 1)_2 = (11111111)_2$

当用补码表示两个数相加时,如果最高位(符号位)有进位,则进位位被舍弃。正数的补码与其原码一样,而负数的补码,其符号位为 1,将该数绝对值原码的所有位取反,然后将结果加 1。由此可见,在计算机中数值一律用补码表示(存储),例如计算 8 位二进制数减法(见图 1.5):

```
  00111010
+ 11011001
[1] 00010011
```
自动舍去↵

图 1.5 算式

$(58 - 39)_{10} = (00111010 - 00100111)_2 = (00111010 + 11011001)_2 = (00010011)_2 = (19)_{10}$

3. 溢 出

当一个 n 位二进制数用于表示 unsigned 数时,其可能的取值范围为 $0 \sim 2^n - 1$,如一个 8 位数的范围为 $0 \sim 2^8 - 1(0 \sim 255)$。假设在一个 8 位 unsigned 数 248 上加 10,那么需要 9 位才能存储正确的结果 258,而正确结果 258 与实际结果 2(最低 8 位有效位)之间的差(256)对应的第 9 位被丢弃了,因此它不能存储在结果中。

当用于表示 signed 数时,只有一半用于正值,另一半用于负值,因此 n 位二进制数的补码带符号数的整个取值范围为 $-2^{n-1} \sim 2^{n-1} - 1$,即一个 8 位二进制数可以保存一个范围为 $-2^7 \sim 2^7 - 1(-128 \sim 127)$ 的带符号数。因此对于 signed 数,当加上具有不同符号的数或减去具有相同符号的数时,将永远不会溢出。如果将两个具有相同符号的整数相加,或将两个具有不同符号的整数相减时,将可能发生溢出。例如,从一个 8 位 signed 整数 -120 中减去 20:

$((-120) + (-20))_{10} = (10001000 + 11101100)_2 = (01110100)_2 = (116)_{10}$

而其正确的结果 -140 需要 9 位才能存储,因此正确结果 -140 与实际结果 116(最低 8 位有效位)之间的差(256)对应的第 9 位被丢弃了,它不能存储在结果中。由于整数数据类型的溢出是悄悄发生的,因此一定要注意每个变量可能的取值范围。

4. 定点数与浮点数

(1) 定点格式

下面将从整数的二进制表示开始,这里的整数被数学家称为"自然数",即计算机程序员认为的"正整数"。此外,数学家还定义了用两个整数的比值表示的一类数,称为有理数。例如,3/4 是一个有理数,也可以将 3/4 表示为十进制小数 0.75。尽管可以将它写成十进制数的形式,但它实际上代表一个分数,即 75/100。

在十进制数字系统中,虽然小数点左边的数的每一位都与 10 的正整数次幂相关,其右边的数的每一位都与 10 的负整数次幂相关,但还是有一些有理数很难表示为小数,最明显的例子是 1/3,其结果为 0.333333333⋯在小数点后面有无穷个 3。尽管如此,将 1/3 表示为小数还是不方便,但它毕竟是一个有理数,因为在本质上它是两个整数的比。

无理数更是一些奇特的数,如 2 的平方根等。它们不能表示为两个整数的比,即其小数部分是无穷的,而且毫无规律。到此为止,讨论的所有数——有理数和无理数都统称为实数。使用实数定义它们的目的是将其与虚数区别开来,虚数是负数的平方根,而实数与虚数又构成了复数。

通常人们习惯将数字看成连续的,任意给出的两个有理数,都可以找出一个位于它们之间的数,实际上只要取这两个数的平均值即可。但计算机却无能为力,因为二进制中的每一位非 0 即 1,两者之间没有任何数。这一特点决定了计算机只能处理离散数据,因此二进制数的位数直接决定了所能表示的离散数值的个数,例如对于 8 位数来说,所能表示的自然数的范围为 0~255。如果要在计算机中存储 4.5 这个数,则需要选择新的表示方式。

小数可以表示二进制数吗?最简单的方法是使用 BCD 码(二进制编码的十进制数)。通常将两个 BCD 数一起使用,这种方式称为压缩 BCD。由于 2 的补数不和BCD 数一起使用,因此压缩 BCD 需要增加 1 位用于标识数的正负,该位称作符号位。虽然用一字节保存某个特定的 BCD 数是非常方便的,但要为这个短小的符号位牺牲 4 位或 8 位的存储空间。假设计算机程序要处理的钱款数目在 −1 000 000~1 000 000 万之间,则数目的范围为:

$$-9\,999\,999.99 \sim 99\,999\,999.99$$

因此保存在存储器中的这笔钱的金额都需要 5 字节。例如,−4 325 120.25 可以表示为:

0001 0100   0011 0010   0101 0001   0010 0000   0010 0101

将每个字节转换成十六进制数,则上面的数可以等价地表示为 14H 32H 51H 20H 25H,最左边的半个字节所构成的 1 用于指明该数是负数,这个 1 即符号位。如果这半个字节所构成的数是 0,则说明该数是整数。组成该数的每一个数字都需要用 4 位表示,从十六进制的表示形式中可以很直观地看到这一点。如果将数的范围扩大,则需要更多的字节来实现。

这种基于二进制的存储和标记方式称为定点格式。所谓"定点",是指小数点的位置总是在数的某个特定位置。但在表示非常大或非常小的数时,使用定点格式数是不合适的。因此,科学家和工程师喜欢使用一种称为"科学计数法"的方法记录这类较大或较小的数,利用这种计数系统可以更好地在计算机中存储这些数。

科学计数法将每个数表示为有效位与 10 的幂的乘积的形式,从而避免了写一长串的 0。例如,490 000 000 000 可以表示为 4.9×10^{11},而 0.000 000 000 26 可以表示为 2.6×10^{-10}。在这两个例子中,4.9 和 2.6 称为小数部分或首数,有时也称为尾数。在计算机术语中,这部分为有效数,为了保持一致,在这里将科学计数法表示形式中的这一部分称为有效数。

采用科学计数法表示的数可以分为两部分,其中的指数部分用于表示 10 的几次幂,指数可以表示小数点相对于有效数移动的距离。为了便于操作,规定有效数的取值范围大于或等于 1 且小于 10。例如,4.9×10^{11} 这种写法称为科学计数法的规范化。这里需要说明,指数的正负性只是表明了数的大小,它不能指明数本身的正负性。

(2) 浮点格式

在计算机中,对于小数的存储方式,除了定点格式外还有一种选择,称为浮点格式。因为浮点格式是基于科学计数法的,所以它是存储极大或极小数的理想方式。但计算机的浮点格式是借助二进制数实现的科学计数法形式,因此需要先了解如何用二进制表示小数。

在二进制数中,二进制小数点右边的数字与 2 的负整数次幂相关。例如,将 101.1101 转换为十进制数为:

$1 \times 4 + 0 \times 2 + 1 \times 1 + 1 \div 2 + 1 \div 4 + 0 \div 8 + 1 \div 16$

将乘数和除数用 2 的整数次幂替换,即

$1 \times 2^2 + 0 \times 2^1 + 1 \times 2^0 + 1 \times 2^{-1} + 1 \times 2^{-2} + 0 \times 2^{-3} + 1 \times 2^{-4}$

2 的负整数次幂等于从 1 开始反复除以 2,即

$1 \times 4 + 0 \times 2 + 1 \times 1 + 1 \times 0.5 + 1 \times 0.25 + 0 \times 0.125 + 1 \times 0.062\ 5$

经过计算后得出 101.1101 与十进制数 5.812 5 是相等的。

在二进制的科学计数法中,规范化的有效数应该大于或等于 1 且小于 10(十进制的 2),则 101.1101 的规范格式为 1.0111011×2^2,这个规则暗示这样一个有趣的现象,即在规范化的二进制浮点数中,小数点的左边只有一个 1,除此之外没有其他数字。

1) 单精度格式

在计算机中处理浮点数所遵循的标准是由 IEEE 于 1985 年制定的,IEEE 浮点数标准定义了两种基本格式:以 2 字节表示的单精度格式和 8 字节表示的双精度格式。单精度格式的 4 个字节分为三个部分:1 位符号位(0 代表正数,1 代表负数),8 位用做指数,最后的 23 位用做有效数。下面给出单精度格式的三部分的划分方式,其中有效数的最低位在最右边:

s=1 位符号	e = 8 位指数	f = 23 位有效数

对于二进制科学计数法的规范格式,其有效数的小数点左边有且仅有一个 1,而在 IEEE 浮点数标准中,这一位没有分配存储空间。仅存储有效数的 23 位小数部分,尽管存储的只有 23 位,但仍称其精度为 24 位,读者将在下面的内容中体会 24 位精度的含义。

8 位指数部分的取值范围为 0~255,称为偏移指数,它的意思是:对于有符号指数,为了确定其实际所代表的值,必须从指数中减去一个值——偏移量。对于单精度浮点数,其偏移量为 127。如果指数的取值范围为 0~254,那么对于一个特定的数,可以用 s(符号位)、e(指数)和 f(有效数)描述,即:

$$(-1)^s \times 1.f \times 2^{e-127}$$

其中,−1 的 s 次幂是数学上所采用的一种巧妙的方法,其含义为:如果 s=0,则该数是正的(因为任何数的 0 次幂都是 1);如果 s=1,则该数是负的(因为−1 的 1 次幂等于−1)。

表达式中的中间部分 1.f,其含义为:1 的后面是小数点,小数点后面跟着 23 位的有效数。1.f 与 2 的幂相乘,其中的指数等于内存中的 8 位偏移量指数减去 127。现在来讨论一种特殊情况,详细介绍如下:

(a) 如果 e=0 且 f=0,则该数为 0。通常将 23 位都设置为 0 以表示该数为 0,当符号位置 1 时,这种数解释为负 0,而负 0 可以表示非常小的数。虽然这些数极小,以至于不能在单精度格式下用数字和指数表示,但它仍然小于 0。

(b) 如果 e=0 且 f≠0,虽然该数是合法的,但不符合规范。这类数可以表示为:

$$(-1)^s \times 0.f \times 2^{-127}$$

注意:在有效数中,小数点的左边是 0。

(c) 如果 e=255 且 f=0,则该数被解释为无穷大或无穷小,其取决于符号位 s 的值。

(d) 如果 e=255 且 f≠0,则该值被解释为"不是一个数",通常缩写为 NaN(not a number),NaN 用于表示未知的数或非法操作的结果。

在单精度格式下,可以表示的规格化的最小正负二进制数为:

$$1.00000000000000000000002 \times 2-126$$

在单精度格式下,可以表示规格化的最大正负二进制数为:

$$1.11111111111111111111112 \times 2\ 127$$

在十进制下,这两个数近似地等于 $1.175\ 494\ 351 \times 10^{-38}$ 和 $3.402\ 823\ 466 \times 10^{38}$,这就是单精度浮点数的有效表示范围。

一般来说,10 位二进制数可以近似地用 3 位十进制数表示,其含义是,如果将 10 都置为 1,即十六进制的 3FFH 或十进制的 1 023,它近似地等于将十进制数的 3 位都置为 9,即 999,可以表示为 $2^{10} \approx 10^3$,两者的关系意味着:单精度浮点格式存放的 24 位二进制数大体上与 7 位的十进制数相等。因此,可以说单精度浮点数提供 24 位的二进制精度或 7 位的十进制精度。其深层含义是什么呢?

当我们查看定点数时,其精确度是非常明显的。例如,当用两位定点小数表示钱时,可以精确到分。但对于浮点格式的数来说,就不能如此肯定了。其精确度依赖于指数的值,有时浮点数可以精确到比分还小的单位,但有时其精确度甚至达不到元。因此这样说可能更合适:单精度浮点数的精度为 $1/2^{24}$,或 $1/16\,777\,216$,或百万分之六,但其真正的含义是什么?也就是说,在单精度浮点格式下,16 777 216 和 16 777 217 表示为同一个数,不仅如此,处于两个数之间的所有数都表示为同一个数。由此可见,在程序中使用单精度格式表示浮点数也会出现问题,这时可以考虑使用双精度浮点数。

2)双精度格式

双精度浮点数需要用 8 字节表示,它的结构如下:

s=1 位符号	e = 11 位指数	f = 52 位有效数

双精度浮点数的指数偏移量为 1 023,或十六进制的 3FFH,因此以该格式存储的数可以表示为:

$$(-1)^s \times 1.f \times 2^{e-1\,023}$$

在单精度格式下,提到的单精度浮点格式下的 0,无穷大(小)和 NaN 的判断规则同样适用于双精度浮点格式。双精度浮点数所能表示的范围,用十进制可以近似记为:

$2.225\,073\,858\,507\,201\,4 \times 10^{-308} \sim 1.797\,693\,134\,862\,315\,8 \times 10^{308}$

10 的 308 次幂是一个非常巨大的数,在 1 的后面跟着 308 个 0。双精度浮点格式的有效数为 53 位(IEEE754 规定隐藏位 1 的位置在小数点之前),大致相当于十进制的 16 位。

关于浮点数的用法,其与整数不同的是浮点数是有精度的,而初学者常在这些看起来似乎很不起眼的问题上阴沟里翻船,其相应的范例程序详见程序清单1.4。

程序清单 1.4　浮点数误差测试范例程序(1)

```
1  #include<stdio.h>
2  int main(int argc, char * argv[])
3  {
4      float fNum  = 1000001.111111;
5
6      printf("fNum = % f\n", fNum);
7      return 0;
8  }
```

通过上机实践会发现,其输出结果不是 1 000 001. 111 111,而是 1 000 001. 125 000,这是因为 float 型变量仅能接收浮点数常量的 7 位有效数字,在有效数字后面输出的数字都是不准确的。也就是说,浮点数在计算机中存储的都是近似值,例如,十进制的 0.1,用二进制来表示的话,则是 0.000 110 011 001…的无限循环,所以不能将浮点变量用"＝＝或！＝"与任何数比较,而初级程序员却常常容易犯以下这样的错误,详见程序清单1.5。

程序清单 1.5　浮点数误差测试范例程序(2)

```
1    #include<stdio.h>
2    int main(int argc, char * argv[])
3    {
4        float f1 = 123.456001;
5        float f2 = 123.456002;
6
7        if(f1 == f2)    {
8            printf("相等");
9        }else{
19            printf("不相等");
11        }
12        return 0;
13    }
```

对于浮点数来说,只要足够接近0,就应该认为它的值为0,其合法的比较语句如下:

```
#define  EPSINON   0.0001               // 定义程序可接受的浮点数0值
if(value < EPSINON && value > - EPSINON)   // value 等于0
if(value >= EPSINON||value <= - EPSINON)   // value 不等于0
```

5. 类型转换

数据类型是值的集合(内置类型或其他类型)和在这些值上的操作(函数)集,当执行一个操作时,必须确保操作数和结果具有正确的类型,忽视这一点是程序设计中经常犯的错误。

如果两个表达式的类型相容,则编译器对操作数隐式地进行自动转换,隐式类型转换是将范围窄的数的类型转换为范围更宽的数的类型。也就是说,一些变量在编译期与运行时的结果不一样,即

char、short→int→unsigned int→long→double   (float→double)

计算的结果将以转换后的类型表示,这样可以保证结果尽可能准确。如果表达式的操作数分别为 int 型和 double 型,则 int 型的操作数被转换为 double 型。例如:

```
int a = 4;
double b = 3.521, c;
c = a + b;                    // 编译器将 a 自动转换为 double 型,即 4.0
a = a + b;                    // 编译器将 a + b 的结果自动转换为 int
```

其结果为 c = 7.521,a = 7(即截尾操作)。另有：

```
unsigned int a = 9;
int b = - 4, c;
c = a / b;
```

其中,a 为 unsigned int,b 为 int,编译器会隐式地将 int 转换为 unsigned int。9 对应的二进制数为 0x00000009,4 对应的二进制数为 0x00000004,而−4 的补码形式为原码 4 取反加 1,即 b 为 0xFFFFFFFC,则 a/b 为 0。如程序清单 1.6 所示的范例程序,这是招聘软件工程师经常考查的经典试题。

程序清单 1.6   变量类型自动转换范例程序

```
1    # include<stdio. h>
2    int main(int argc, char * argv[])
3    {
4        unsigned char a = 0;
5        unsigned char b = 0xFF;
6
7        if (a == ~b){
8            printf("a == ~b");
9        }else{
10           printf("a ! = ~b");
11       }
12   }
```

(a) 0,1   (b) 与编译器相关   (c) a ! = ~b   (d) a == ~b

解题思路： 大多数初学者会认为,0xFF 取反后得到 0x00,因为 a 和 b 在编译期都是 char 类型变量,所以结果为 a == ~b。而实际上在 32 位计算机中,表达式在运行时将 unsigned char 型的变量自动转换成了 unsigned int 型变量,即 ~b = 0xFFFFFF00,显然其结果 a ! = ~b。

除了隐式类型转换外,有时还需要强制类型转换。例如,i 是一个 int 值,那么表达式"double i;"就会对 i 的值进行强制类型转换,使该表达式变成 double 类型。

1.2.3   数据的输入/输出

1. printf()函数

printf()函数可以传递一个参数列表,它被看成由"控制字符串和其他参数"两部分组成。这里的控制字符串是一个字符串,其中可能包含转换格式符。转换格式以一个%字符开头,且以一个转换字符结尾。例如,在转换格式符%d 中,d 是转换字符,可将一个整型表达式的值打印成十进制整数的形式。为了在屏幕上打印字符串,可以使用下面的语句。例如：

```
printf("abc");
```

实现这个功能的另一种用法是使用下面这条语句。例如：

```
printf("%s", "abc");
```

转换格式符%s 使参数"abc"被打印成"字符串"的形式,还有一种方法也可以达到相同的目的。例如：

```
printf("%c%c%c", 'a', 'b', 'c');
```

其中的单引号表示字符常量,'a' 就是与小写字母 a 对应的字符常量,转换格式符%c 将表达式打印成"字符"的形式。

当一个参数被打印时,它的打印位置称为"字段",这个字段的字符数量称为字段宽度,字段宽度可以在格式符%和转换字符之间指定。例如,%8c 中的 8,表示若输出的字符少于 8 个,则用空格填充,目的是便于对齐。例如：

```
printf("%c%3c%5c\n", 'a', 'b', 'c');
```

其打印输出形式为：

```
a  b    c
```

格式转换符%后面是小写字母 x,与 &iNum1 相对应,将输入流中的字符解释为十六进制整数,并将结果存储在 &iNum1 中。然后通过 printf() 查看地址的实际值,应该说,这不失为理解指针的一种非常简单而有效的方式。例如：

```
printf("&iNum 指针的值是 %x\n", &iNum);
printf("iNum 变量的值是 %x\n", iNum);
```

其他的转换格式符还有：%e 将表达式打印成用科学计数法表示的浮点数的形式；%f 将表达式打印成浮点数的形式；%g 将表达式打印成 e 格式或 f 格式中更短的形式。

2. scanf()函数

当用户使用键盘将一些值输入到程序中时,会键入一串字符,这串字符就构成了输入流,由程序所接收。如果用户键入 1234,那么用户可能将它当成一个十进制整数,但程序在接收时却将它当成一串字符。scanf()函数可以将一串十进制数字组成的字符串解释成一个整数值,并将它存储在内存中的一个适当位置。

scanf()函数的第一个参数是一个控制字符串,其格式对应于输入流的字符的解释方式,这个函数的其他参数都是地址。例如：

```
scanf("%d", &a);
```

格式符%d 与表达式 &a 相对应,它将输入流中的字符解释为十进制整数,并将结果存储在 a 的地址中。表达式 &a 理解为"a 的地址",因为 & 是取地址操作符。
类似地：

```
scanf("%x", &a);
```

格式符%x 与表达式 &a 相对应,它将输入流中的字符解释为十六进制整数,并
将结果存储在 a 的地址中。除了%c、%s 和%f(float 浮点数)转换格式符之外,还有
lf 或 LF(lf 表示 long float,即长浮点型)转换格式符,它将输入流中的字符解释为
double 类型浮点数。

在实际应用中,用户不一定会按照程序的指令行事。当用户的输入与程序期望
的输入不匹配时,将会导致程序运行失败。因此,需要事先预料一些可能的输入错
误,这样才能编出能检测并处理这些问题的程序。

假设编写一个处理非负数整数的循环,但用户很可能输入一个负数,则可以用关
系表达式排除可能出现的错误。例如：

```
long n;
scanf("%1d", &n);               // 获取第 1 个值
while(n >= 0)                    // 检测不在范围内的值
{
    // 处理 n
    scanf("%1d", &n);           // 获取下一个值
}
```

另一个潜在的问题是,用户可能输入错误类型的值,如字符 q。排除这种情况的
一种方法是检查 scanf()的返回值。回忆一下,scanf()返回成功读取项的个数,因此
下面的表达式当且仅当用户输入一个整数时才为真。例如：

```
scanf("%1d", &n) == 1
```

结合上面的 while 循环,循环条件可以描述为"当输入的是一个整数且整数为正
时",可以改进为：

```
long n;
while(scanf("%1d", &n) == 1) && n >= 0){
    // 处理 n
}
```

3. 预处理器指令

如果要将程序转化为机器可执行的形式,对于 C 语言程序来说,通常包含以下 3
个步骤：

① 预处理：首先程序会被送交给预处理器。预处理器执行以 # 开头的指令,预
处理器有点类似于编辑器,它可以给程序添加内容,也可以修改程序。

② 编译：编译器会将程序翻译成机器指令，但这时程序还不能运行。

③ 链接：连接器就是将编译器产生的目标代码和所需要的其他附加代码整合在一起，产生最终可执行的程序，其中的附加代码包括程序中的库函数。

由于预处理器与编译器集成在一起，因此人们可能不会注意到它在工作。为了便于查看变量的地址和变量的值的存储关系，在这里引入预定义的宏替换。预处理器的行为是由指令来控制的，它是以 # 符号开头的源文件行，分别为宏定义（即 # define）、文件包含（即 # inlcue）与条件编译（即 # if、# ifdef、# ifndef、# elif、# else 与 # endif），而不包含预处理命令的行称为源程序文本行。

在 C 语言中预定义了一些宏，这些宏的名称都是以两个下划线字符开始和结束的。其中的"_FUNCTION_"表示当前所在的函数名，它实际上是一个代码块作用域变量，而不是一个宏，它提供了外层函数的名称，用于程序调试和异常信息报告。

（1）带参数的宏

带参数的宏定义格式如下：

#define 标识符(x_1, x_2, …, x_n) 替换列表

其中，x_1, …, x_n 是宏的参数，宏命令总是在第一个换行符处结束，如果要在下一行继续宏命令，则必须在当前行的末尾使用"\"续行符，即将下一行看作本行的继续。

假设将宏定义为下面的形式：

#define mult(x, y) (x) * (y)

根据这个定义 4 / mult(2, 2)被展开为"4 / (2) * (2)"，由于优先级的关系，它并不等同于表达式"4 / ((2) * (2))"。**注意**：标识符与右边的括号之间不能有空格，否则与预想的结果千差万别。例如：

#define SQ (x) ((x) * (x))

SQ(7)中的 SQ 为"(x) ((x) * (x))"，SQ(7)展开后为"(x) ((x) * (x)) (7)"。

同时也不能用分号来结束 # define 定义，否则分号就会成为替换字符串的一部分。例如：

#define SQ(x) ((x) * (x));

则"x = SQ(y);"被替换为"x = ((y) * (y));;"。如果有以下定义：

```
if(x == 2){
    x = SQ(y);
}else{
    ++x;
}
```

此时,这个额外的分号分离了 if 和 else 语句,从而产生语法错误。

带参数宏的展开过程是招聘软件工程师经常考查的经典试题,如以下语句执行后的输出结果是(b):

```
#define MOD(x, y) x % y
int a = 13, b = 94;
printf("%d\n", MOD(b, a + 4));
```

(a)5 (b)7 (c)9 (d)11

解题思路: MOD(b, a+4)就是 MOD(94, 13 + 4),展开后相当于"94%13+4"。由于操作符的优先级,它并不等同于(94)%(13 + 4)。其本意是"94%17",因此必须用括号将"x%y"中的 x、y 单独括起来,即

```
#define MOD(x, y) (x) % (y)
```

(2) #运算符

#运算符将一个带宏的参数转换为字符串常量,它仅允许出现在带参数的宏的替换列表中。假设在调试过程中使用 PRINT_INT 宏作为一个便捷的方法输出一个整型变量或表达式的值,#运算符可以使 PRINT_INT 为每个输出的值添加标签,即

```
#define PRINT_INT(i) printf(#i " = %d\n", i)
```

i 之前的 #运算符通知预处理器根据 PRINT_INT 的参数创建一个字符串常量,因此调用"PRINT_INT(m/n);"等价于"printf("m/n" " = %d\n", m/n);"。由于相邻的字符串会被合并,因此上面的语句等价于:

```
printf("m/n = %d\n", m/n);
```

当执行 printf()函数时,同时显示表达式 m/n 和它的值。例如,当 m = 13,n = 5 时,输出为"m/n = 2"。因此,可以用宏替换程序单 1.3 中相关的语句代码:

```
#define PRINT_INT(i)                        \
printf("%8s():&%-5s = 0x%-6x, %-5s = 0x%-6x\n", __FUNCTION__, #i, &(i), #i, i);
```

编译器在编译程序时,会将"编译器预定义的宏 __FUNCTION__"替换为代码所在的函数名。"%8s():"中"%"后面的"8"表示,如果输出的字符少于 8 个,则用空格填充,目的是便于对齐;"s"表示输出字符串"main",即 printf()函数输出"main():"。

"&%-5s= 0x%-6x,"表示首先输出第 1 个字符 '&','-'表示输出左对齐,右边填充空格,"5"为输出的宽度,接着输出第 2 个字符 '=',然后输出第 3 个字符"0x",从第 4 个字符开始输出变量 i 的地址 &i,"6"后面的"x"表示输出十六进制数,详见程序清单 1.7。

程序清单 1.7　变量交换范例程序(用带参数的宏替换)

```
1   # include<stdio. h>
2   # define PRINT_INT(i)                              \
3   printf("%8s():&%-5s = 0x%-6x, %-5s = 0x%-6x\n", __FUNCTION__, #i, &
    (i), #i, i);
4
5   int main(int argc, char * argv[])
6   {
7       int iNum1, iNum2, temp;
8
9       scanf("%x%x", &iNum1, &iNum2);
10      PRINT_INT(iNum1);    PRINT_INT(iNum2);
11      temp = iNum1;  iNum1 = iNum2;  iNum2 = temp;
12      PRINT_INT(iNum1);    PRINT_INT(iNum2);
13      return 0;
14  }
```

特别声明,本书使用的是 Windows 系统下的 GNU 开发环境 MinGW,而 gcc 是一种广泛使用的 C 语言编译器,使用 gcc for MinGW 编译运行的结果详见图 1.6。

```
5 6
        main(): &iNum1 =0x22ff74,  iNum1 =0x5
        main(): &iNum2 =0x22ff70,  iNum2 =0x6
        main(): &iNum1 =0x22ff74,  iNum1 =0x6
        main(): &iNum2 =0x22ff70,  iNum2 =0x5
```

图 1.6　变量与内存映射图

1.3　指针变量与指针的指针

实际上,长期以来指针和它所提供给开发者的原始功能已经成为人们对 C 语言程序的主要批评,很多人说指针太危险了。其根源在于人们对真相了解得不够透彻,从而认为这些语言是危险的。其实,要安全有效地使用 C 语言,掌握指针是必要的。幸运的是,在弄清楚一些基本原则后,就很容易掌握如何正确地使用指针。

1.3.1　声明与访问

1. 指针变量

既然 &iNum 是指向变量 iNum 的指针,那么存放指针 &iNum 的变量就是"指针变量"。从根本上来看,指针变量是一个值为内存地址的变量。如果有以下定义:

```
int iNum = 0x64;
int * ptr = &iNum;
```

其中,"＊"将变量声明为指针,这是一个重载过的符号。显然,重载就是为某个操作符定义新的含义,因为＊用于乘法和间接访问或解引用指针时,其意义完全不一样。

iNum 变量设置为 0x64,在声明 ptr 的同时将它初始化为 iNum 的地址。当声明一个指针时,仅仅只是为指针本身分配了空间,并没有为指针所引用的数据分配空间。

通常该声明被解读为 ptr 是指向 int 的变量 iNum 的指针,"int ＊"类型名被解读为指向 int 的变量 iNum 的指针类型。虽然 ptr 与 &iNum 的值相等,但它们的类型不一样。ptr 的类型为 int ＊,&iNum 的类型为 int ＊ const,即 &iNum 是一个指向非常量的常量指针,虽然指针不可变,但它所指向的数据可变。例如:

```
int iNum = 0x64;
int * const ptr = &iNum;
```

有了这个声明,ptr 就必须被初始化为指向非常量变量,虽然不能修改 ptr,但可以修改 ptr 指向的数据。如果试图初始化 ptr 使其指向常量 iNum,则 ptr 就成为了一个指向常量的指针,即不能通过指针修改它所引用的值。例如:

```
const int iNum  = 0x64;
int * const ptr = &iNum;
```

就会产生一个警告,因为常量是不可以修改的。

◆ **小知识**:const

无论怎样,const 修饰的是紧跟在它后面的单词。例如,使用"const int a[2] = {5,2};"是将数组 a 的元素修饰为只读(它的值保持不变),而不是将变量 a 修饰为只读。**注意**:int const 与 const int 是等价的。

既然可以用 const 修饰变量,当然也可以用 const 修饰指针变量。如"char ＊ const src"是将 src 自身修饰为只读,而"const char ＊ const src"是 src 和 src 指向的对象(变量的值)都修饰为只读。此外,还有"const char ＊ src"和"char const ＊ src",其效果是一样的。**注意**:当指针作为传递参数时,const 常用于将指针指向的对象设定为只读。

注意:只读变量与指令一起保存在"只读段"中,而变量保存在"读/写段"中。具有存储器保护功能的操作系统可能将只读段保护起来,不让程序修改值。

类似于 Cortex - M0+这样的 MCU,其只读段与读/写段是分别分配在 Flash 与 RAM 中的,因此无法改变只读变量的值。由于 Flash 比 RAM 便宜很多,且容量又大很多,因此建议尽量将变量定义为只读变量,以达到节省存储空间的目的。

变量是值的表现形式,这个值实际上存储在一个特定的内存地址。一旦有了变量的地址,就可以从这个地址中取出存储在其中的数据。如果恰好要将一个巨大的数据块传递给一个函数,则只要在程序运行时将数据块的位置传递函数即可,这种方法比复制数据块的所有数据要高效得多。其思路是将数据的内存地址传递给函数,而不是将该数据块复制一份。

虽然指针 &iNum 是指内存地址本身,指针变量 ptr 是指存储内存地址的变量,但两者之间的区别并不重要。因为传递一个指针变量给函数,其实就是在传递该指针的值——内存地址。通常在讨论一个内存地址时,将它称为地址;而在讨论一个存储内存地址的变量时,才会将它称为指针。当一个变量存储另一个变量的地址时,通常会说它指向了某个变量。

2. NULL

由于在声明一个指针时,指针中的数据是随机产生的,因此它可能指向一个合法的位置,也可能指向一个非法的位置。如果此时使用指针,则会相当危险,等于使用了一个随机生成的地址,使用此数值可能导致程序崩溃或数据损坏。当指针不指向任何地方时,就必须在使用指针前将它初始化为 NULL 空指针。通常将其解释为二进制的 0,在 C 语言中表示为假。例如:

```
if(ptr == NULL) ...
if(ptr ! = NULL) ...
```

即如果 ptr 包含了 NULL,则 else 分支就会执行。如果将 NULL 值赋给 ptr,例如:

```
int * ptr = NULL;
```

NULL 指针和未初始化的指针不同的是,未初始化的指针可能包含任何值,而包含 NULL 的指针,不会引用内存中的任何地址,使用 NULL 或 0 是在语言层面表示 NULL 指针的符号。

指针也可以作为逻辑表达式的唯一操作数,用于测试指针是否设置成了 NULL。例如:

```
if(ptr){
    // 不是 NULL
}else{
    // 是 NULL
}
```

即便这样,检查空值也很麻烦,可以使用 assert 函数(assert. h)测试指针是否为空值:

```
assert(ptr ! = NULL);
```

如果表达式为真,则什么也不会发生;如果表达式为假——指针为空,则程序终止。

NULL 宏是强制类型转换为 void 指针的整数常量 0,很多库都有定义:

```
#define NULL    ((void * )0)
```

通常将其理解为 null 指针,常见于 stdio.h、stddef.h 和 stdlib.h 等头文件中。

ASCII 字符 NUL(null)定义为全 0 字节,这和 null 指针不一样。C 语言的字符串表示为以 0 值结尾的字符序列。null 字符串是空字符,不包含任何字符。

3. 奇怪的声明

在这里,"int iNum = 0x64;"使用了"类型 变量名;"的形式书写,而"指向 int 的指针"类型的变量,却要声明为"int * ptr = &iNum;",似乎声明了一个名为" * ptr"的变量。而实际上,这里声明的变量是 ptr,ptr 的类型是"指向 int 的指针",即 int * 类型。因此不能将 &iNum 赋给 * ptr,即不能错误地写成:

```
* ptr = &iNum;                        // 错误的赋值方式
```

由于这种方式不好理解,于是有人提出将" * "靠近类型这一边进行书写。例如:

```
int * ptr = &iNum;
```

虽然这样的书写方式符合了"类型 变量名;"的形式,但在同时声明多个变量的情况下就会出现问题。例如:

```
int * ptr1, ptr2;
```

看起来好像声明了 2 个指向 int 的指针,而 ptr2 却是 int 型的变量,显然这样的声明方式非常怪异。对于初学者来说,学到后面将会感到越来越别扭,甚至让人无法学下去。

也许有人会这样认为,一旦在 ptr 之前加上 * ,就可以和 int 变量 iNum 一样使用了,这个声明意味着在 ptr 之前加上 * 后就成为 int 类型了。如果这样考虑,看起来似乎有一定的道理,那是否可以很自然地解释 C 程序的声明了呢? 当看到:

```
int ( * pf)();
```

这样的声明时,是不是更加糊涂了呢? 因此如果要在一条语句中声明多个指针,则必须在每个变量前都加上星号" * "。

为何没有一种更简单的方式声明指针呢? 如用 pointer p_pointer 这样的语句。如果要让编译器正确地解释和使用内存地址,则必须让它知道地址中存储哪种类型的数据。例如,内存中相同字节数的变量,如果其类型不一样,则它们的意义完全不相同。与其为每种指针类型创建单独的名称,如用 int_ptr 表示 int 类型指针,char_ptr 表示 char 类型指针,还不如总是用 * 和类型名声明指针。

4. 指针变量类型别名

类似的变量的类型定义,其实还可以用 typedef 定义指针类型的别名。例如:

```
typedef int * PINT;
PINT  ptr;
```

或许,读者会产生这样的疑问,为什么不使用#define创建新的类型名? 例如:

```
#define PINT int *
PINT        ptr1, ptr2;
```

由于有了"#define PINT int * ",因此"PINT ptr1, ptr2;"可以展开为:

```
int * ptr1, ptr2;
```

所以ptr2不是int *型指针变量,而是int型变量。如果用typedef来定义:

```
typedef int * PINT;
PINT ptr1, ptr2;
```

则"PINT ptr1, ptr2;"等价于:

```
int    * ptr1, * ptr2;
```

显然,ptr1、ptr2都是指针变量,对于#define来说,仅在编译前对源代码进行了字符串替换处理;而对于typedef来说,它建立了一个新的数据类型别名。由此可见,使用#define的代码,只是将ptr1定义为指针变量,并没有实现程序员的意图,只是将ptr2定义成了int型变量,而不是int *。

显然,使用PINT不仅可以声明一个指针,还可以声明一个数组:

```
PINT * pPtr;                        // 声明一个指针的指针,等同于 int * * pPtr;
PINT pData[2];                      // 声明一个指针数组,等同于 int * pData[2];
```

为了深入理解指针变量,其示例详见程序清单1.8。

程序清单1.8　变量的存储与引用范例程序(用带参数的宏替换)

```
1     #include <stdio.h>
2     #define PRINT_INT(i)                        \
3     printf("%8s(): &%-5s = 0x%-6x, %-5s = 0x%-6x\n", __FUNCTION__, #i, &
      (i), #i, i);
4
5     #define PRINT_PTR(p)                        \
6     printf("%8s(): &%-5s = 0x%-6x, %-5s = 0x%-6x, *%-5s = 0x%-6x\n",
      __FUNCTION__, \
7         #p, &(p), #p, p, #p, *p)
8
9     int main(int argc, char * argv[])
10    {
11        int iNum = 0x64;
12        int * ptr;
13
```

```
14        PRINT_INT(iNum);
15        ptr = &iNum;
16        PRINT_PTR(ptr);
17        return 0;
18    }
```

其相应的变量的存储与引用过程详见图 1.7,虽然 int 型 iNum 变量在内存中占用了 4 个字节,但 &iNum 的值仅仅是"iNum 变量"所占用的那块内存单元中第一个字节的地址。同理,表达

图 1.7　变量的存储与引用

式"&ptr"的含义就是指针变量 ptr 所在的内存单元地址 0x22FF70,即 ptr 指向 iNum。这是定义指针变量与定义 int 等类型变量的不同之处,即可通过指针变量访问其所指向的变量。使用 gcc for MinGW 版本编译运行的结果如下:

```
main();&iNum   = 0x22ff74,  iNum  = 0x64
main();        = 0x22ff70,  ptr   = 0x22ff74,  * ptr  = 0x64
```

1.3.2　变量的访问

1. 间接访问

指针变量与普通变量没有任何区别,由于通过变量名即可获取变量的值,因此指针变量的值就是它存储的内存地址。如果想要获取内存地址中存储的值,就必须使用特殊的语法"*"。假设 0x22FF70 存储单元中保存的是 ptr 的值 0x22FF74,则通过 ptr 就可以找到 iNum 的值 0x64,详见图 1.7。每当指针的指向改变时,便绘制新的箭头;每当变量的值发生改变时,便更新它的值。通过这些操作,即使再复杂的系统,也能够理解了。显然,指针变量对所指向的变量的访问,自然也就成了对变量的"间接访问",即

```
* 指针变量
```

间接引用操作符(*)返回指针变量指向的内容,通常又将"*"称为解引用指针。当指针变量为空指针时,"* 指针变量"毫无意义。

如果 ptr 指向 iNum,&iNum 表示变量 iNum 的地址。使用 * ptr 等同于 iNum,表示存储在 &iNum 地址上的值,即除了可以通过 * ptr 输出 iNum 的值,还可以赋值。例如:

```
printf(" % p\n", * ptr);
```

注意:%p 与 %x 的区别在于,%p 会将数字显示为十六进制大写。

2. 直接访问

定义变量的目的是通过"变量名"引用"变量的值",由于程序经过编译后已经将"变量名"转换为"变量的地址",因此对变量的取值都是通过地址进行的,则直接按变量名取值的访问方式就是"直接访问"。例如:

```
iNum    = 0x64;                         // 对变量 iNum 的直接访问
* ptr   = 0x80;                         // 对变量 iNum 的间接访问
```

显然,无论是采用间接访问还是直接访问,这 2 个语句的作用是相同的。由于指针变量也是变量,因此在程序中同样也可以直接使用,而不必通过间接访问的方法。例如:

```
int     * ptr1, * ptr2;
ptr1 = ptr2;
```

这样 ptr1 与 ptr2 指向同一个对象。另外,也可以将 ptr2 指向的值复制到 ptr1 中。例如:

```
* ptr1 = * ptr2;                        // 数值赋值
```

综上所述,指针存储的是地址,因此直接使用"裸"指针得到的是地址。要获取或调整存储在该地址中的值,必须额外添加" * "。而变量存储的是数据值,因此直接使用变量得到的是数据值。要获取变量的地址,必须额外添加"&"。

3. 强制类型转换

实际上指针(存储单元的地址)也是无符号整数,因此指针可以与整型变量的类型互相转换。例如:

```
unsigned int a = 5, b;
b = (unsigned int)&a;
```

由于 &a 的类型为 unsigned int * ,因此需要强制转换 &a 为 unsigned int,只有这样才能将变量 a 的地址保存在 b 中,那么将如何通过 b 取得 a 的值呢? 必须先将 b 强制转换为指针,才能读取 a 的值,详见程序清单 1.9。

程序清单 1.9   指针类变量类型转换范例程序

```
1    # include<stdio. h>
2    int main(int argc, char * argv[])
3    {
4        unsigned int a = 5, b;
5
6        printf("&a = % x\n % &b = % x\n", &a, &b);
7        b = (unsigned int)&a;                   // 将 &a 转换为 unsigned int 型整数
```

```
8        printf("(unsigned int *)&b = % x\n", (unsigned int *)&b);  // 输出 b 的地址
9          printf("(unsigned int *)b = % x\n", (unsigned int *)b);
                                                // 输出 b 的值, 即 a 的地址
10         printf("*(unsigned int *)b = % x\n", *(unsigned int *)b);
                                                // 将 b 强制转换为指针再取得 a 的值
11       return 0;
12     }
```

在 C 语言中也常常遇到这样的情况, 如果要将数据 0x05 存入绝对地址 0x22FF74 中, 那么下面这条语句是否正确呢?

```
*0x22FF74 = 0x05;
```

显然这是非法的。因为 0x22FF74 是 int 型整数, 而 * 间接访问操作只能用于指针表达式。

既然通过指针可以向其指向的内存地址写入数据, 那么这里的内存地址 0x22FF74 就是指针, 因此必须先通过强制转换将 0x22FF74 转换为指向 "unsigned int *"类型。然后通过 " * "向 0x22FF74 内存写入数据, "*(unsigned int *) 0x22FF74"表示读取 0x22FF74 地址中的内容, 其内容就是保存在地址为 0x22FF74 存储器内的数据。例如:

```
*(unsigned int *)0x22FF74 = 0x05;
printf("*(unsigned int *)0x22FF74 = 0x% x\n", *(unsigned int *)0x22FF74);
```

上述方法不是用于访问某个变量, 而是通过地址访问内存中某个特定的位置, 例如, 系统通过与输入/输出设备控制器之间的通信, 以及与 I/O 的输入/输出操作来获得相应的结果。事实上, 计算机与设备控制器的通信就是通过在某个特定内存地址读取和写入值来实现的, 表面上看起来这些操作访问的是内存, 其实际上访问的是设备控制器接口。

在强制类型转换运算符中和类型作为 sizeof 的操作数时, 虽然初学者对一些复杂的类型名感到难以理解, 但实际上却有规律可循。其声明规则为在标识符(变量名或函数名)的声明中, 将标识符取出后, 剩下的部分自然就是类型名。例如:

```
void (*func)();
```

其类型名为"void (*)()"。void (*)()是将 void (*func)()的标识符 func 去掉后形成的, 所以该类型名被解释为指向返回 void 函数的指针, func 是指向返回 void 函数的指针。

同理, double *[3]是将 double *p[3]的标识符 p 去掉后形成的, 所以该类型名被解释为指向 double 的指针数组, p 是指向 double 的数组(元素 3 个)的指针。

在指针的定义中, void * 表示通用指针的类型, 它可以作为两个具有特定类型指针之间相互转换的桥梁。**注意:**"从 C99 版本开始, 将 void * 类型指针赋值给其

他类型指针时,不再需要进行强制类型转换"。例如:

```
int * pInt,;
void * pVoid;
pInt = pVoid;
```

当函数可以接受任何类型的指针时,可将其声明为 void * 类型指针。例如:

```
void * memcpy(void * dst, const void * s2, size_t n);
```

其作用是从 s2 复制 n 个字符到 dst,并返回 dst 的值,任何类型的指针都可以传入 memcpy()函数中。如果 void 作为函数的返回类型,则表示不返回任何值。如果 void 位于参数列表中,则表示没有参数。size_t 是 C 标准库中预定义的类型,专门用于保存变量的大小。

如果要开发可移植性高的程序,就应该避免对指针进行强制类型转换,同时不要用强制类型转换掩盖编译器提示的警告。

综上所述,指针存储的是地址,直接使用指针得到是地址;要获得或调整存储在该地址中的值,就必须添加额外的"*"。变量存储的是数据值,因此直接使用变量得到的是数据值;而要获得变量的地址,就必须额外添加"&"。**注意**:sizeof 操作符可以用在 void 指针上,无法将这个操作符用在 void 上。例如:

```
size_t size = sizeof(void * );
size_t size = sizeof(void);
```

size_t 类型表示 C 程序中任何对象所能达到的最大长度,它是无符号整数。size_t 用作 sizeof 操作符的返回值类型,同时也是很多函数参数类型,如 malloc 和 strlen。

注意:打印 size_t 类型的值时,由于它是无符号整数,因此不能选错格式,通常推荐的格式为%zu 或%u 或%lu。

1.3.3　指针的指针

如果有以下定义:

```
int iNum = 0x64;
int * ptr = &iNum;
```

当在"int * ptr;"定义前添加 typedef 时:

```
typedef int * ptr;
```

此时,ptr 等同于 int *。为了便于理解,通常将类型名 ptr 替换为 PTR_INT。例如:

```
typedef int * PTR_INT;
```

显然,有了 PTR_INT 类型,即可构造指向 PTR_INT 类型的指针变量 pPtr,即

```
PTR_INT * pPtr = &ptr;
```

其中,pPtr 是指向 PTR_INT * 的指
针变量,PTR_INT 的类型为 int * ,
pPtr 是指向 int * * 的指针变量,那
么 pPtr 就成了保存 int 型 ptr 地址的
双重指针,详见图 1.8。其定义方式
简写如下:

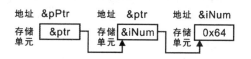

图 1.8　指向指针变量的指针

```
int * * pPtr;
```

其中,指针的类型为 int * * ,指针指向的对象的类型为 int * ,只要看到 * 就应该想
到指针变量。由于 * 的结合方式是从右到左的,该定义相当于:

```
int * ( * pPtr) = &ptr;
```

即 * pPtr 是一个一级指针变量。接着第一个 * 与(* pPtr)结合成为" * 一级指针变
量",这同样是在定义一个指向指针类型数据的指针变量,即二级指针变量。

在双重指针变量前,既可加一个或两个指针运算符 * ,也可以加取地址运算符
&,则以下关系恒成立:

```
* pPtr == * (&ptr) == ptr == &iNum
* * pPtr == * ptr == * (&iNum) == iNum
```

其相应的测试范例程序详见程序清单 1.10。

程序清单 1.10　指向指针变量的指针测试范例程序

```
1    # include <stdio.h>
2    int main(int argc, char * argv[])
3    {
4        int iNum      = 0x64;
5        int * ptr      = &iNum;
6        int * * pPtr      = &ptr;
7
8        printf("&iNum = 0x%x, iNnm = 0x%x\n", &iNum, iNum);
9        printf("&ptr = 0x%x, ptr = 0x%x, * ptr = 0x%x\n", &ptr, ptr, * ptr);
10       printf("&pPtr = 0x%x, pPtr = 0x%x, * pPtr = 0x%x, * * pPtr = 0x%x\n",
         &pPtr, pPtr, * pPtr, * * pPtr);
11       return 0;
12   }
```

用带参数的宏替换上述相关的语句后,使用 gcc for MinGW 版本编译运行的结

果如下：

```
main();&iNum    = 0x22ff74,    iNum    = 0x64
main();&ptr     = 0x22ff70,    ptr     = 0x22ff74, * ptr  = 0x64
main();&pPtr    = 0x22ff6c,    pPtr    = 0x22ff70, * pPtr = 0x22ff74, * * pPtr = 0x64
```

其相应的变量的存储与引用过程
详见图 1.9。实际上，指向指针的指针
这一概念非常有用，如经常出现在链
式数据结构中。当将指针传递给函数
时，其传递的是值。如果想要修改原
指针 ptr，而不是指针的副本，则需要传递指针的指针 pPtr。例如：

图 1.9   指向指针变量的指针内存关系图

```
1    # include <stdlib.h>
2
3    int changePoint(int * * pPtr)
4    {
5        if(( * pPtr = (int * )malloc(sizeof(int))) == NULL)
6            return - 1;
7        return 0;
8    }
```

其中，* pPtr 即 ptr 指向由 malloc 申请的地址空间，如果 * pPtr 被赋了 NULL，就会
被解释为二进制 0 表示失败。

◆ 思考题

向 0x02000001 地址存储空间赋值 0xFA，其实现应为 _____。

1.4 简化表达式

表达式是由一系列操作符和操作数组成的用来计算单个值的语句，当用于比较时，
表达式会返回 bool(布尔)数据类型 true(真)或 false(假)。假设编写了如下函数：

```
bool isEven( int value) ;
// 前置条件；当且仅当 value 为偶数时，函数返回真
```

对于编译器来说，表达式返回任何非 0 的整数为 true，返回 0 为 false。例如：

```
if(1)
```

能执行 if 语句函数体中的所有代码，而语句：

```
if(0)
```

便会不执行函数体中的所有代码。于是就可以在代码中使用 isEven()函数，以显示
数字奇偶的信息。例如：

```
if(isEven(j))
        // j是even
else
        // j是odd
```

简单地说,代码中的表达式越长,越难以理解。而条件逻辑是最容易出错的地方,下面将介绍几种可以用于简化的重构技术。其核心是分解条件语句,将一个条件语句拆分为多个部分。这种能力是非常重要的,因为它能够将跳转逻辑和具体发生的细节区分开来。

1.4.1 逻辑表达式

逻辑非"!"只有一个输入,如果输入为 true,则返回 false;如果输入为 false,则返回 true。例如,非 true 结果为 false,非 false 结果为 true,0 之外的任何数字的非值都为 false。

如果两个输入值都为 true,那么逻辑与 && 返回 true(即第一个值与第二个值都为 true),任何非零数字与 false 进行逻辑与返回 false。因此,不要认为 && 用于判断两个数是否相等,而是用于判断两个参数是否为 true。

如果第一个表达式是布尔型且返回 false,那么第二个表达式将不会计算,这就是短路求值。短路运算很有用,可以写出当且仅当第一个条件为 true 时,才判断第二个条件的表达式。例如:

```
if(x ! = 0 && 10 / x < 2)
```

当运行到 if 语句时,程序首先会判断 x 是不是 0,如果是 0,便直接跳过,不会判断第二个条件。如果没有短路,则不得不这样写:

```
if(x ! = 0)
    if(10 /x < 2)
```

使用短路运算,可以写出清晰的代码。

如果两个值都为 true 或其中一个为 true,逻辑或(||)返回 true。与逻辑与一样,逻辑或也可以进行短路计算,如果第一个条件为 true,便不会检查第二个。

实际上,日常用语和数学逻辑表达有时是相悖的,当"!、! =、&& 和||"一起出现时,很容易引起混淆。当某种情况不为真时,则要用到! 或! =。例如,value 不等于 2 或 3:

```
if( value ! = 2||value ! =3 )
```

如果从数学观点考查这个条件测试,则会发现只要 value 不等于 2 或 value 不等于 3,if 测试中的表达式均为 true,而实际上却是错误的。正确的理解是,只要不满足 value 为 2 或 3,if 语句的条件测试就通过:

```
if( ! (value == 2||value == 3))
```

但这条语句还不够直观,因为真正想测试的是 value 不等于 2"与"value 不等于 3,则这个测试可以修改为:

```
if( value ! = 2 && value ! = 3)
```

因为对于任何逻辑表达式 p 和 q,按照摩根定律,以下关系恒成立:

```
! (a||b||c) ==  (! a)&& (! b) && (! c)
! (a && b && c) ==(! a)||(! b)||(! c)
```

一般来说,熟练的程序员会忽略括号,因为关系运算符($<$、$<=$、$==$、$!=$、$>$、$>=$)的优先级比逻辑运算符($\&\&$ 和$||$)更高,但加了括号会将意图描述得更清楚。在混合使用相互无关的运算符时,多写几个括号是很好的习惯,毕竟代码是写给别人看的。因为 C 语言存在优先级的陷阱,导致程序员很容易犯错误。由于逻辑运算符的约束力比赋值运算符强,因此在大部分混合使用的表达式中,括号是必需的。例如:

```
while((c = getchar()) ! = EOF)
```

如果混合使用了字位运算和关系运算符,由于字位运算符($\&$ 和$|$)的优先级低于关系运算符(如$==$),因此不管出现在哪里,都必须在表达式中加上括号,即

```
if((x & MASK) == BITS)
```

1.4.2 综合表达式

一般来说,表达式写出来后要能够大声地念出来,如以下含有否定运算的条件表达式,不仅理解起来费劲,而且读起来也非常别扭:

```
if(! (value < 0)||! (value > = 9))
```

虽然这两个表达式都用到了否定,但它们都不是必要的,因此应该改变关系运算符的方向,使测试变成肯定的形式:

```
if(value > = 0)||(value < 9)
```

这样阅读起来就自然得多了。

虽然 min≤value≤max 在数学中是有意义的,但在 C 语言中却毫无意义。为了实现测试,rangeCheck()范围值校验函数需要 3 个 int 型参数 value、min 和 max。如果 value 合法,则返回 true;否则返回 false,详见程序清单 1.11。

程序清单 1.11   rangeCheck( )范围值校验函数的实现(1)

```
1    bool rangeCheck(int min, int max, int value)
2    {
3        if(min <= value && value <= max)
4            return true;
5        else
6            return false;
7    }
```

注意:有些程序员认为函数中永远不应该出现多条 return 语句,但这是不对的。实际上,在函数中提前返回都没有问题,而且非常好用,因此一定要具体情况具体分析,不要教条地生搬硬套。虽然这种写法符合数学表达式 min≤value≤max 的语义,但读起来还是会感到非常别扭,甚至有时还要想一想。那么通用的规则是什么?

一般来说,比较的左侧是"被询问的"表达式,它的值更倾向于不断变化;比较的右侧是用于比较的表达式,它的值更倾向于常量。这条指导原则与日常的对话是一致的,例如,人们经常会说"你的年收入至少是 20 万人民币"或"如果不小于 18 岁",但一般都不会这样说,"如果 18 岁小于或等于你的年龄。"因此可以将上述代码重构为程序清单 1.12,这样从左到右阅读起来更符合人们的思维习惯。

程序清单 1.12   rangeCheck( )范围值校验函数的实现(2)

```
1    bool rangeCheck(int min, int max, int value)
2    {
3        if(value >= min && value <= max)
4            return true;
5        else
6            return false;
7    }
```

如果改变关系运算符的方向,则同样可以达到更好的效果,详见程序清单 1.13。

程序清单 1.13   rangeCheck( )范围值校验函数的实现(3)

```
1    bool rangeCheck(int min, int max, int value)
2    {
3        if(value < min || value > max)
4            return false;
5        else
6            return true;
7    }
```

如果移除 if…else 语句,则 rangeCheck()函数变得更短,详见程序清单 1.14。

程序清单 1.14　rangeCheck( )范围值校验函数的实现(4)

```
1    bool rangeCheck(int min, int max, int value)
2    {
3        return value >= min && value <= max;
4    }
```

1.4.3　条件表达式

通常三目运算符又被称为"?:"条件表达式,其实"cond a : b"是一种对"if(cond) {a} else {b}"的紧凑写法。例如:

```
time_str += (hour >= 12) "pm" : "am";
```

如果要避免三目运算符,则可以这样写:

```
if(hour_str >= 12)
    time_str += "pm";
else
    time_str += "am";
```

虽然这样写起来有点冗长,而在这种情况下使用条件表达式似乎是合理的,但以下表达式可能会变得非常难懂:

```
return exponent >= 0 mantissa * (1 << exponent) : mantissa / (1 << - exponent);
```

在这里,三目运算符已经不只是从两个值中做出选择,而是将所有的代码都放在一行中。如果用 if - else 语句阐明逻辑,那么使用以下代码会更流畅:

```
if(exponent >= 0)
    return mantissa * (1 << exponent);
else
    return mantissa / (1 << - exponent);
```

1.5　共性与可变性分析

1.5.1　分析方法

1. 从问题出发

自上而下的设计可能产生高层次的抽象,但代码重用度不高。自下而上的设计可能会产生复用的算法,但在创建高层次的抽象时,不仅需要更大的工作量,而且最初的函数到底能够在多大程度上满足高层次的需求呢?

随着时间的推移和经验的积累,人们对程序设计方法又有了新的认识。现在不妨从问题出发,以程序清单 1.15 所示的数据交换程序为例,详细介绍程序设计的新思维和新方法。

程序清单 1.15　数据交换范例程序

```
1    # include <stdio.h>
2    int main(int argc, char * argv[])
3    {
4        int a = 1, b = 2;
5        int temp;
6
7        printf(" %d, %d \n", a, b);
8        temp = a;    a = b;      b = temp;
9        printf(" %d, %d \n", a, b);
10       return 0;
11   }
```

显然,当将程序中具有共性的"temp = a;a = b;b = temp;"语句变成一个函数时,则重用就成为了现实。使用函数的目的是复用代码,函数可以让程序的部分逻辑复用起来更容易,无需复制粘贴代码。一个很好的经验就是如果代码重复三次,就应该将这些代码封装成函数,便于以后重复使用。即使无需复用代码,复杂的代码也常常会让人难以理解,因此需要编写一些函数来组织代码,使代码具有更强的层次性,逻辑关系更清晰。更重要的是,通过编写函数可以将注意力集中在函数的输入/输出,而不是时时刻刻记住函数运行的细节。当函数的细节和程序混合在一起时,代码会变得很难阅读。

在传统的程序设计教学和开发中,糟糕的是人们几乎将主要精力都投入于实现,而不是分析和设计。对于软件工程来说,过度注重实现机制是某种意义上的倒退,可造成软件质量不可控,开发进度不可控,维护成本远远大于开发成本。

2. 共性和差异化

共性与可变性分析(Commonality and Variability Analysis,CVA)就是如何在问题中找到不同变化,共性分析寻找的是不可能随时间而改变的结构,可变性分析则要找到可能变化的结构,可变性分析只在相关联的共性分析定义的上下文中才有意义。

在设计程序时,使用 CVA 分析业务领域,首先需要找到存在的各种概念(共性)和具体的实现(可变性)。这时要重点关注其中的概念,当然在这一过程中也会发现许多可变性。在所需要的概念都找到后,继续为封装这些概念的抽象制定接口。

由于面向过程编程引入了较为抽象的"模块"的概念,因此,当将问题的共性和可变性分离开来时,经过简化后发现,稳定不变的相同的处理部分都包含在抽象的模块中,可变性分析所发现的变化的变量由外部传递进来的参数应对。

CVA 告诉我们共性有一个原则：每个共性仅对应一个问题,否则设计就不会具有比较强的内聚。如果认识到存在两个共性,就应该问这些共性有哪些变化? 由此可见,共性分析和业务领域的概念视角是互相关联的,可变性分析和特定情况的实现是互相关联的。

1.5.2 建立抽象

抽象化的目的是使调用者无需知道模块的内部细节,只需知道模块或函数的名称,因此将其称为黑盒化。调用者只需知道黑盒子的输入和输出,而过程的细节是隐藏的。由于建立了一个由黑盒子组成的系统,因此复杂的结构就被黑盒子隐藏起来了,则理解系统的整体结构就变得更容易了。

从概念的视角来看,建立抽象关注的不是如何实现,而是函数要做什么,避免过早地关注实现细节,将实现细节隐藏起来,进而帮助构建更易于修改的软件。因此,首先应该选择一个具有描述性的符合需求的名称,虽然可以选择的名称有 swap-Byte、swapWord 和 swap,但 swap 更简洁更贴切。其次,可以用一句话概念性地描述 swap 的数据抽象——swap 是实现两个数据交换的函数。

显然,调用者仅需一般性地在概念层次上与实现者交流,因为调用者的意图是如何使用 swap() 实现两个数据的交换,所以无需准确地知道实现的细节。而具体如何完成数据的交换,这是在实现层次进行的。由此可见,将模块的目的与实现分离的抽象揭示了问题的本质,并没有提供解决方案。只说明需要做什么,并不会指出如何实现某个模块。只要概念不变,调用者与实现细节的变化就彻底隔离了。当某个模块完成编码后,只要说明该模块的目的和参数就可以使用它,无需知道具体的实现。

函数抽象对团队项目非常重要,因为在团队中必须使用其他成员编写的模块。例如,编程语言本身自带的库函数,由于已经被预编译,因此无法访问它的源代码。同时库函数不一定是用 C 语言编写的,因此只要知道其调用规范,就可以在程序中毫无顾忌地使用这个函数。实际上,在使用 scanf() 函数的过程中,我们考虑过 scanf() 函数是如何实现的吗? 这无关紧要。尽管不同系统实现 scanf() 函数的方法可能不一样,但其中的不同对于程序员来说是透明的。

1.5.3 建立接口

接口是由公开访问的方法和数据组成的,接口描述了与模块交互的唯一途径。最小化的接口只包含对于接口的任务非常重要的参数,最小化的接口便于学习如何与之交互,且只需要理解少量的参数,同时易于扩展和维护,因此设计良好的接口是一项重要的技能。

1. 函数调用

(1) 传值调用

那么如何调用 swap() 函数呢? 实参是将值从主调函数传递给被调函数,其调用形式可能是下面这样的：

```
swap(a, b);
```

从黑盒视角来看，形参和其他局部变量都是函数私有的，声明在不同函数中的同名变量是完全不同的变量，而且函数无法直接访问其他函数中的变量，这种限制访问保护了数据的完整性，黑盒发生了什么对主调函数是不可见的。

一个变量的有效范围称为它的作用域，变量的作用域指可以通过变量名称引用变量的区域，在函数内部声明的变量只在该函数内部有效。当主调函数调用子函数时，主函数内声明的变量在子函数内无效，子函数内声明的变量也只在该子函数内部有效。

由于传递给函数的是变量的替身，因此改变函数参数对原始变量没有影响。当变量传递给函数时，变量的值被复制给函数参数。由此可见，通过"传值调用"方式交换 a、b 的值，无法改变主调函数相应变量的值。

（2）传址调用

如果希望通过被调函数将更多的值传回主调函数改变主调函数中的变量，则使用"传址调用"——将 &a、&b 作为实参传递给形参。其调用形式如下：

```
swap(&a, &b);
```

利用指针作为函数参数传递数据的本质，就是在主调函数和被调函数中，通过不同的指针指向同一内存地址访问相同的内存区域，即它们背后共享相同的内存，从而实现数据的传递和交换。

2. 函数原型

函数原型是 C 语言的一个强有力的工具，让编译器捕获在使用函数时可能出现的许多错误或疏漏。如果编译器没有发现这些问题，就很难察觉出来。函数原型包括函数返回值的类型、函数名和形参列表（参数的数量和每个参数的类型），有了这些信息，编译器就可以检查函数调用与函数原型是否匹配。例如，参数的数量是否正确？参数的类型是否匹配？如果类型不匹配，编译器就会将实参的类型转换成形参的类型。

（1）函数形参

通过程序单 1.15 可以看出，其相同的处理部分是 2 个 int 类值的交换代码，因此可以将数据交换代码移到 swap() 函数的实现中，其可变的数据由外部传进来的参数应对。由于 &a 是指向 int 类型变量 a 的指针，&b 是指向 int 类型变量 b 的指针，因此必须将 p1、p2 形参声明为指向 int * 类型的指针变量，即必须将存储 int 类型值变量的地址作为实参赋给指针形参，实参与形参才能匹配。其函数原型进化如下：

```
swap(int * p1, int * p2);
```

（2）返回值的类型

声明函数时必须声明函数的类型，带返回值的函数类型应该与其返回值类型相同，而没有返回值的函数应该声明为 void。类型声明是函数定义的一部分，函数类型指的是返回值的类型，不是函数参数的类型。

虽然可以使用 return 返回值，但 return 只能返回一个值给主调函数。例如，如果返回值为整数，则函数返回值的类型为 int。当返回值为 int 类型时，如果返回值为负数，则表示失败；如果返回值为非负数，则表示成功。当返回值为 bool 类型时，如果返回值为 false，则表示失败；如果返回值为 true，则表示成功。当返回值为指针类型时，如果返回值为 NULL，则表示失败；否则返回一个有效的指针。

如果利用指针作为参数传递给函数，不仅可以向函数传入数据，而且还可以从函数返回多个值。因为函数的调用者和函数都可以使用指向同一内存地址的指针，即使用同一块内存，所以使用指针作为函数参数时就是对同一数据进行读/写操作。这样不仅可以传入数据，还可以通过在函数内部修改这些数据，将函数的结果传出给调用者。

当函数的实参是指针变量时，如果希望函数能通过指针指向别处的方式来改变此变量，则需要使用指向指针的指针作为形参。

由于 swap() 无返回值，因此 swap() 返回值的类型为 void，其函数原型如下：

```
void swap(int * p1, int * p2);
```

其被解释为 swap 是返回 void 的函数（参数是 int * p1,int * p2）。

这是一个不断迭代优化的过程，用户只需要知道"函数名、传入函数的参数和函数返回值的类型"，就知道如何有效地调用相应的函数。

3. 依赖倒置原则

在面向过程编程中，通常的做法是高层模块调用低层模块，其目的之一就是要定义子程序层次结构。当高层模块依赖于低层模块时，对低层模块的改动会直接影响高层模块，从而迫使它们依次做出修改。如果高层模块独立于低层模块，则高层模块更容易重用，这就是分层架构设计的核心原则，即依赖于倒置原则（Dependence Inversion Principle，DIP）：

● 高层模块不应该依赖于低层模块，两者都应该依赖于抽象接口；
● 抽象接口不应该依赖于细节，细节应该依赖于抽象接口。

当在分层架构中使用依赖倒置原则时，将会发现"不再存在分层"的概念了。无论是高层还是低层，它们都依赖于抽象接口，好像将整个分层架构推平一样。

其实从"Hello World"程序开始，我们就已经在使用 stdio.h 包含的"抽象接口"了，即以后凡是用 #include 文件的扩展名都叫.h（头文件）。如果源代码中要用到 stdio 标准输入输出函数时，那么就要包含这个头文件，如"scanf("%d",&i);"函数，其目的是告诉编译器要使用 stdio 库。库是一种工具的集合，这些工具是由其他程序员编写的,用于实现特定的功能。尽管实现者无需关心用户将如何使用库,且不会直接开放源代码给用户使用,但必须给用户提供调用函数所需要的信息。显然,只要将头文件开放给用户,即可让用户了解接口的所有细节,详见程序清单1.16。

程序清单1.16   swap 数据交换接口(swap.h)

```
1    # ifndef    _SWAP_H
2    # define    _SWAP_H
3    // 前置条件:实参必须是 int 类型变量的地址
4    // 后置条件:p1、p2 作为输出参数,改变主调函数中相应的变量
5    void swap(int * p1, int * p2);
6    // 调用形式:swap(&a, &b)
7    # endif
```

其中,每个头文件都指出了一个用户可见的外部函数接口,主要包括函数名、所需的参数、参数的类型和返回结果的类型。其中,swap 是库的名字,程序清单1.16中的第1和第2行与第7行是帮助编译器记录它所读取的接口,当写一个接口时,必须包含♯ifndef、♯define 和♯endif。♯include 行部分仅当接口本身需要其他库时才使用,它由标准的♯include 行组成(程序清单1.16所示的接口文件无须依赖其他库,因此没有♯include 行)。程序清单1.16的第7行接口项表示库输出的函数的原型、常量和类型等。不管读者是否理解,这些行是接口的模板文件,这就是信息隐藏。

4. 前/后置条件

处理信息隐藏还涉及另一个技术,即使用前置条件和后置条件描述函数的行为。在编写一个完整的函数定义时,需要描述该函数是如何执行计算的。但在使用函数时,只需考虑该函数能做什么,无需知道是如何完成的。当不知道函数是如何实现时,就是在使用一种名为过程抽象的信息隐藏形式,它抽象掉的是函数如何工作的细节。计算机科学家使用"过程"表示任意指令集,因此使用术语过程抽象。过程抽象是一种强大的工具,使得我们一次只考虑一个而不是所有的函数,从而使问题求解简单化。

为了使描述更准确,需要遵循固定的格式,它包含两部分信息:函数的前置条件和后置条件。前置条件就是调用该函数必须成立的条件,当函数被调用时,该语句给出要求为真的条件。除非前置条件为真,否则无法保证函数能正确执行。在调用swap()函数时,实参必须是 int 类型变量的地址,这是调用者的职责。通常在函数开始处检查是否满足?如果不满足,则说明调用代码有问题,抛出一个异常。

后置条件就是该操作完成后必须成立的条件,当函数调用时,如果函数是正确的,而且前置条件为真,那么该函数调用将可以执行完成。当函数调用完成后,后置条件为真。如果不满足后置条件,则说明业务逻辑有问题。

当满足调用 swap()函数的前置条件时,必须同时确保其结束时满足它的后置条件,其后置条件是被调函数将返回值传回主调函数,改变主调函数中变量的值。

前/后置条件不只是概括地描述函数的行为,声明这些条件应该是设计任何函数

的第一步。在开始考虑某个函数的算法和代码之前,应该写出该函数的原型,其中包括函数的返回类型、名称和参数列表,最后紧跟一个分号。直接来自于用户的输入不能作为前置条件,通常前/后置条件都可以转化为 assert 语句。编写函数原型时,应该以注释的形式描述该函数的前置条件和后置条件。

事实上,前置条件和后置条件在使用函数的程序员和编写函数的程序员之间形成了一个契约,也就是为什么需要这个函数? 接口通过前置条件和后置条件以契约的形式表达需求,承诺在满足前置条件时开始,按照程序的流程运行,系统就能到达后置条件。

虽然注释是一种很好的沟通形式,但在代码可以传递意图的地方不要写注释。因为代码解释做了什么,再注释也没有什么用处,相反注释要说明为什么会这样写代码?

5. 开闭原则

接口仅需指明用户调用程序可能调用的标识符,应尽可能地将算法以及一些与具体的实现细节无关的信息隐藏起来,这样用户在调用程序时也就不必依赖特定的实现细节了。当接口一旦发布后,也就不能改变了,因为改变接口势必引起用户程序的改变。如果此前定义的接口满足不了需求,怎么办? 只能扩展新的接口,但不能修改或废除原有的接口,这就是"对修改关闭,对扩展开放"的开闭原则(Open - Closed Princple,OCP)。显然,依赖倒置原则更加精确的定义就是面向接口的编程,它是实现开闭原则的重要途径。如果 DIP 依赖倒置原则没有实现,就别想实现对扩展开放,对修改关闭。

1.5.4　实现接口

为了描述事物的完整性和相对封闭性,"封装"就提上了日程,细节从此不需要再去关注。而封装的传统定义是数据隐藏,如果还是这样看待封装,则具有很大的局限性。应该将封装视为任何形式的隐藏,即发现变化将其封装。封装不仅可以隐藏数据,而且可以隐藏实现和隐藏设计等所有的细节。

如果以更宽泛的方式看待封装,其优点是能够带来一种更好的分解程序的方法,于是封装层自然而然地就成为了设计需要遵循的接口。封装不会妨碍人们认识程序内部具体是如何实现的,只是为了防止用户写出依赖内部实现的代码。进而强迫用户在调用程序时,仅仅依赖于接口而不是内部实现,使抽象的概念接口和实现分离,将大大降低软件维护成本。

C 语言中的 *.c 文件就是接口功能的具体实现,即用户不可见的内部实现,简称实现。一个接口可以有多个实现,它在发布后还可以改变、升级,因为它的改变不会对调用程序产生影响。大多数时候,*.c 和 *.h 是成对出现的,一般来说,将某个子模块的声明放在 *.h 文件中,而将具体的实现放在对应的 *.c 文件中。*.c 文件可以通过引用一个或多个 *.h 文件,达到共用各种声明的目的,但是 *.h 文件不

可以引用 *.c 文件。

其实软件包就是一个用来描述定义一个库的软件,其中 *.h 文件作为库的接口,而实现这个库可能有一个或多个 *.c 文件,每个 *.c 文件包含 1 个或多个函数定义,软件包就是由 *.h 文件和 *.c 文件所组成的。这是一种良好的风格,适用于任何大型程序和小型程序。

假设开发一个由多个文件组成的大型程序 pgm,这样就需要在每个 *.c 文件的顶部都放上这样一行:

```
#include "pgm.h"                    // 用户自己编写的库文件
```

由此可见,通过共性分析使设计具有比较强的内聚,其价值就是实现紧凑的设计,从而使调用者无需关注实现的细节,实际上是函数的实现与使用它们的函数解耦了。swap()接口的实现详见程序清单 1.17。

程序清单 1.17   swap 数据交换接口的实现(swap.c)

```
1    #include "swap.h"
2    void swap(int * p1, int * p2)
3    {
4        int temp;
5
6        temp = * p1;  * p1 = * p2;  * p2 = temp;
7    }
```

当 p1 和 p2 分别指向变量 a 和 b 时,p1 和 p2 存储的值就是 &a 和 &b,即可用 * p1 和 * p2 表示 a 和 b 的值。如果写成以下这种形式:

```
temp = p1;
```

则交换的不是 a 的值,而是 a 的地址(p1 的值就是 a 的地址)。而函数要交换的是 a 和 b 的值,不是它们的地址,因此需要使用 * 运算符和指针,该函数才能访问存储在这些位置的值并改变它们,即指针允许将局部变量的地址传给函数,然后在函数中修改局部变量。

由此可见,当将问题的"共性和可变性"分离开来,经过简化后发现,稳定不变的相同的处理部分(temp = * p1; * p1 = * p2; * p2 = temp;)都包含在抽象的模块中,可变性分析所发现的变化的变量 a 和 b 由外部传递进来的参数应对。从软件设计学角度来看,共性和可变性分析原理自然而然地成为了面向过程编程的理论基石。

注意:编写代码必须遵循结构化编程规则,即每个函数、函数中的每个代码块都应该只有一个入口、一个出口。

实际上,只有在大函数中,这些规则才会有明显的好处。刚开始写代码时,都会冗长而复杂。有太多的缩进和嵌套循环,有过长的参数列表,甚至还会有重复的代码。需要不断打磨这些代码,分解函数、修改名称、消除重复,并保证测试通过。

有时我们并不关心指针所指向的变量的类型，此时可以使用并不指定具体数据类型的泛型指针 void＊。通常只允许相同类型的指针之间进行转换，但泛型指针能够转换为任何类型的指针，反之亦然。例如，C 标准库中的 memcpy() 函数将一段数据从内存中的一个地方复制到另一个地方。由于 memcpy() 函数可能用于复制任何类型的数据，因此将它的指针参数设定为 void 指针是非常合理的。例如，此前的 swap() 函数，可以将它的参数改为 void 指针，则 swap() 就变成了一个可以交换任何类型数据的通用交换函数，详见程序清单 1.18。

程序清单 1.18　swap() 函数 (void_data_swap. c)

```
1    # include <stdlib.h>
2    # include <string.h>
3
4    int swap(void * x, void * y, int size)
5    {
6        void * temp;
7
8        if((temp = malloc(size)) == NULL)
9            return - 1;
10       memcpy(temp, x, size);    memcpy(x, y, size);    memcpy(y, temp, size);
11       free(temp);
12       return 0;
13   }
```

1.5.5　使用接口

只要传入待交换的变量的地址，即可确定如何通过接口调用它们，详见程序清单 1.19。

程序清单 1.19　swap 数据交换函数范例程序

```
1    # include <stdio.h>
2    # include "swap.h"
3
4    int main(int argc, char * argv[])
5    {
6        int a = 1, b = 2;
7
8        printf("%d, %d\n", a, b);
9        swap(&a, &b);
10       printf("%d, %d\n", a, b);
11       return 0;
12   }
```

由此可见,抽象的接口隐藏了它的内部细节,用户不再依赖具体的实现代码,而依赖于抽象接口。抽象的接口几乎没有细节,没有什么需要变化的,使抽象和细节彼此隔离,因此抽象的接口非常容易被重用,它深刻地揭示了抽象的生命力。

1.6　数组与指针

1.6.1　数　组

1. 数组的基本概念

（1）数组的声明

我们知道,一个基本数据类型的变量只能存储一个数据。例如:

```
int data = 0x64;
```

如果需要存储一组 int 型数据呢? 如 1、2、3,则至少需要 3 个变量 data0、data1、data2。例如:

```
int data0 = 1, data1 = 2, data2 = 3;
```

由于数据的表现形式多种多样,还有字符型和其他的数值类型,因此仅有基本数据类型是不够的。是否可以通过基本数据类型的组合抽象构造其他的数据类型呢? 答案是可以的,构造数据类型数组就是这样产生的。

从概念的视角来看,int 型整数 1、2 和 3 都是相同的数据类型,data0、data1 和 data2 三个变量的共性是 data,其差异性是下标不一样。因此可以将 data0、data1 和 data2 抽象为一个名称,然后用下标区分这些变量的集合——data[0]、data[1]和 data[2]。如果有以下声明:

```
int data[3];                    // 解读为 data 是 int 数组(元素个数 3)
```

那么 data[3]就成了存放 3 个 int 型数据 1、2、3 的 data[0]、data[1]和 data[2]所组成的数组,即可分别对 data[0]、data[1]和 data[2]赋值:

```
data[0] = 1, data[1] = 2, data[2] = 3;
```

当然,也可以按照以下方式声明一个数组并进行初始化:

```
int data[3] = {1, 2, 3};
```

通常将 data 称为数组(变量)名,data[0]、data[1]和 data[2]称为变量。因而可以说,数组是将相同类型数据的若干变量按有序的形式组织起来,用一个名称命名,然后用下标区分这些变量的集合。

由于数组是建立在其他类型的基础上的,因此 C 语言将数组看作构造类型,在声明数组时必须说明其元素的类型。例如,int 类型的数组、float 类型的数组或其他类型的数组。而其他类型也可以是数组类型,在这种情况下,创建的是数组类型的数组,简称数组的数组。

(2) 下标与变量的值

在这里,定义了一个名为 data 的数组类型变量,它是由存放 3 个 int 型数据 1、2、3 的变量 data[0]、data[1]和 data[2]组成的。通常又将数组的各个变量称为数组的元素,而数组的元素是按照顺序编号的,这些元素的编号又称为数组元素的下标。

由于有了下标,因此数组元素在内存中的位置就被唯一确定下来了。下标总是从 0 开始的,最后一个元素的下标为元素的个数减 1,data[0]为第 1 个元素,data[1]为第 2 个元素,data[2]为第 3 个元素,也就意味着所有的元素在内存中都是连续存储的。

直观上,数组是由下标(或称为索引)和值所组成的序对<index, value>集合,对于每个有定义的下标都存在一个与其关联的值,在数学上称为映射。除了创建新数组外,大多数语言对数组只提供两种标准操作:一个操作是检索一个值;另一个操作是存储一个值。

函数 Create(data, size)创建一个新的具有适当大小的空数组,初始时数组的每一项都没有定义。Retrieve 操作接受一个数组 data 和一个下标 index,如果下标合法,则该操作返回与下标关联的值,否则产生一个错误。Store 操作接受一个数组 data、一个下标 index 和一个项 item 的集合,即项是 value 值的集合,有时也将值 (value)称为项(item),返回在原来数组中增加新的序对<index, value>后的数组。

显然,int 的任何常量表达式都可以作为数组元素的下标。例如:

```
int     array[3 + 5];              // 合法
int     array['a'];                // 表示 int array[97];
```

上述定义之所以合法,是因为表示元素个数的常量表达式在编译时就具有确定的意义,与变量的定义一样明确地分配了固定大小的空间。

虽然使用符号常量增强了数组的灵活性,但如果定义采用了以下的形式就是非法。例如:

```
int   n = 5;
int   array[n];                    // 非法
```

因为标准 C 语言认为数组元素的个数 n 不是常量,虽然编译器似乎已经"看到"了 n 的值,但 int array[n]要在运行时才能读取变量 n 的值,所以在编译期无法确定其空间大小。使用符号常量定义数组长度的正确形式如下:

```
#define N 10
int array[N];
```

即可根据实际的需要修改常量 N 的值。

由于数组元素下标的有效范围为 $0 \sim N-1$，因此 data[N]是不存在的，但 C 语言并不检查下标是否越界。如果访问了数组末端之后的元素，访问的就是与数组不相关的内存。它不是数组的一部分，使用它肯定会出问题。C 语言为何允许这种情况发生呢？这要归功于 C 语言信任程序员，因为不检查越界可以使程序运行更快，所以编译器没有必要检查所有的下标错误。因为在程序运行之前，数组的下标可能尚未确定，所以为了安全起见，编译器必须在运行时添加额外代码检查数组的每个下标值，但这样会降低程序的运行速度。C 语言相信程序员能编写正确的代码，这样的程序运行更快。但并不是所有的程序员都能做到这一点，越界恰恰是初学者最容易犯的错误，因此要特别注意下标的范围不能超出合理的界限。

（3）变量的地址与类型

当将变量 data[0]、data[1]和 data[2]作为 & 的操作数时，&data[0]是指向变量 data[0]的指针，&data[1]是指向变量 data[1]的指针，&data[2]是指向变量 data[2]的指针。data[0]、data[1]和 data[2]变量的类型为 int，&data[0]、&data[1]和 &data[2]指针的类型为 int * const，即指向常量的指针，简称常量指针，其指向的值不可修改。例如：

```
int a;
int * const ptr = &a;
ptr = NULL;                        // 试图修改，则编译报警
&a = NULL;                         // 试图修改，则编译报警
```

同理，&data 是指向变量 data 的指针，那么 data 是什么类型呢？

按照声明变量的规约，将标识符 data 取出后，剩下的"int [3]"就是 data 的类型，通常将其解释为由 3 个 int 组成的数组类型，简称数组类型。其目的是告诉编译器需要分配多少内存。3 个元素的整数数组，data 类型测试程序详见程序清单 1.20。

程序清单 1.20   data 类型测试程序

```
1    # include<stdio.h>
2
3    void f(int x);
4    int main(int argc, char * argv[])
5    {
6        int data[3];
7        f(data);
8        return 0;
10   }
```

通过编译器提示的警告"funtion：'int' differ in levels of indirection from 'int [3]'"，说明数组变量 data 的类型不是 int 而是 int [3]数组类型。由于在设计 C 语言时，过

多地考虑了开发编译器的便利。虽然设计编译器更方便了,但因为概念的模糊给初学者造成了理解上的困难。实际上数组应该这样定义:

```
int [3] data;
```

即 int 是与[3]结合的。&data 到底是什么类型呢?

当 data 作为 & 的操作数时,&data 是指向 data 的指针。由于 data 的类型为 int [3],因此 &data 是指向"int [3]数组类型"变量 data 的指针,简称数组指针。其类型为 int (*)[3],即指向 int [2]的指针类型。为何要用"()"将" * "括起来呢?

如果不用括号将星号括起来,那么"int (*)[3]"就变成了"int * [3]",而 int * [3]类型名为指向 int 的指针的数组(元素个数 3)类型,这是设计编译器时约定的语法规则。

&data 的类型到底是不是"int (*)[3]"? 其验证程序范例详见程序清单 1.21。

程序清单 1.21 &data 类型测试程序

```
1    #include<stdio.h>
2    int main(int argc, char * argv[])
3    {
4        int data[3];
5        int b = &data;
6        return 0;
7    }
```

通过编译器提示的警告"'int' differ in levels of indirection from 'int (*)[3]'",说明 &data 的类型为 int (*)[3]。

(4) sizeof(data)

当 data 作为 sizeof 的操作数时,其返回的是整个数组的长度。在这里,sizeof(data)的大小为 12,即 3 个元素占用的字节数为 $4 \times 3 = 12$,系统会认为 &data+1 中的"1"偏移了一个数组的大小,因此 &data+1 是下一个未知的存储空间的地址(即越界)。在小端模式下,数组在内存中的存储方式详见图 1.10。

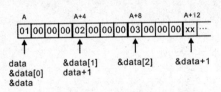

图 1.10 数组的存储

那么如何寻找相应的数组元素呢? 常用的方法是通过"数组的基地址+偏移量"算出数组元素的地址。在这里,第一个元素 &data[0] 的地址称为基地址,其偏移量就是下标值和每个元素的大小 sizeof(int)相乘。假设数组元素 &data[0] 的地址为 A,且在内存中的实际地址为 0x22FF74,那么 &data[1] 的值为:

A + 1×sizeof(int) = (unsigned int)data + 4 = 0x22FF74 + 4 = 0x22FF78

&data[2]的值为：

A + 2×sizeof(int) = (unsigned int)data + 8 = 0x22FF74 + 8 = 0x22FF7C

实际上，当在 C 语言中书写 data[i]时，C 语言将它翻译为一个指向 int 的指针。Data 是指向 data[0]的指针，data+i 是指向 data[i]的，因此不管 data 数组是什么类型，总有 data+i 等于 data[i]，于是 *(data+i)等于 data[i]，其相应的测试范例程序详见程序清单 1.22。

程序清单 1.22　变量的地址测试程序

```
1   #include<stdio.h>
2   int main(int argc, char * argv[])
3   {
4       int data[3] = {1, 2, 3};
5       printf("%x, %x, %x, %x, %x", &data[0], &data[1], &data[2], &data, &data+1);
6       return 0;
7   }
```

实践证明，虽然 &data[0]与 &data 的类型不一样，但它们的值相等。同时也可以看出，数组的元素是连续存储的。如果将数组变量占用内存的大小除以数组变量中一个元素所占用空间的大小，便可得到数组元素的个数，即

```
int  numData = sizeof(data) / sizeof(data[0]);
```

当然，也可以使用宏定义计算数组元素的个数：

```
#define NELEMS(data) (sizeof(data) / sizeof(data[0]))
```

当数组作为函数的参数时，C 语言函数的所有参数必须在函数内部声明。但是，由于在函数内部并没有给数组分配新的存储空间，因此一维数组的容量只在主程序中定义。显然，如果函数需要得到一维数组的大小，则必须将它以函数参数的形式传入函数中，或将它作为全局变量访问。

2. 数组的规约

标准 C 语言规定：除了"在声明中"或"当一个数组名是 sizeof 或 & 的操作数"之外，只要数组名出现在表达式中，编译器总是将数组名解释为指向该数组的第一个元素的指针。

虽然 data 在表达式中解读为指向该数组首元素 data[0]的指针，但实际上 data 被解读为 &data[0]或等价于" * data==data[0]"，因此 data 与 &data[0]的值相等，且它们的类型都是 int * const，即一个数组名是一个不可修改的常量指针（左值）。

根据指针运算规则,当将一个整型变量 i 和一个数组名相加时,其结果是指向数组第 i 个元素的指针,即 data+index==&data[index],*(data+index)==data[index],因此习惯性地将:

```
int * ptr = &data[0];
```

写成下面这样的形式:

```
int * ptr = data;
```

由于 data 的类型是不可修改的常量指针 int * const,因此任何试图使数组名指向其他地方的行为都是错误的。例如:

```
data ++ ;                    // 错误
```

虽然 data 有地址,但其类型为 int * const,因此不能对 data++ 赋值,同样也不能反过来给 data 赋值。例如:

```
data = ptr;
```

类似地,像下面这样的表达式也是非法的:

```
int data[3];
data = {1, 2, 3};
```

但可以将 data 复制给指针变量 ptr,通过改变指针变量达到目的。例如:

```
#define N 10
int data[N];
int * ptr;
for(ptr = data; ptr < data + N; ptr ++)
    sum += * ptr;
```

for 语句中的条件"ptr<data+N"值得特别说明一下,由于数组的下标为 $0 \sim N-1$,因此 data[N] 是不存在的,循环不会尝试检查 data+N 的值,所以在上述方式下使用 data+N 是非常安全的。当执行循环体时,ptr 依次等于 data、data+1、…、data+($N-1$),当 ptr 等于 data+N 时循环终止。当然,for 循环也可以改写为:

```
int sum = 0;
while(ptr < data + N)
    sum += * ptr ++;
```

其中,*ptr++ 等价于 *(ptr++),其含义为自增前表达式的值是 *ptr,即 ptr 当前指向的对象,以后再自增 ptr。

1.6.2　数组的访问形式

1. 指针运算法

显然,只要知道数据类型的大小,数据指针即可执行 3 种格式的指针算术运算,即指针加上整数、指针减去整数和两个指针相减。为了说明给指针加上整数的效果,将会使用一个整数数组。如果有以下定义:

```
int data[10], * pData, * qData, i, j;
```

判断一个指针加 1 后究竟加多少?取决于指针所指向的对象的类型的大小,char、short、int、long、float 和 double 数据类型的长度分别为 1、2、4、8、4 和 8。

当对指针进行加一个整数 i 操作时,实际上得到了一个地址。这个地址是由 data 所在的地址加数据类型 data 所含字节数乘以 i 得到的,并不是简单地在 data 所在地址上加 i 个字节。当从指针中减去一个整数时也是执行类似的操作,从而解释了为什么数组的索引是从 0 开始的,因为数组的第 1 个元素在位置 0。

如果 pData 指向 data[i],则 pData$+j$ 指向 data[$i+j$],pData$-j$ 指向 data[$i-j$]。指针运算规则可以归纳为以下公式:

$$pData \pm n = (char *)pData \pm n * sizeof(* pData)$$

当两个指针相减时,结果为指针之间的距离,它是用数组元素的个数 n 度量的,即

$$pData \pm qData = n$$

当 pData 指向 data[i] 和 qData 指向 data[j] 时,那么 pData$-$qData 就等于 $i-j$。

下面将通过对数组 data 中元素求和的程序段说明指针的算术运算:

```
#define N 10
…
int data[N], sum, * pData;
…
sum = 0;
for(pData = &data[0]; pData < &data[N]; pData ++ )
    sum += * pData;
```

尽管 pData$<$&data[N] 的值不存在(数组 data 的下标从 0～$N-1$),但对它取地址是合法的,因为循环不会检查 data[N] 的值,所以在上述方式下使用 data[N] 是非常安全的。当执行循环体时,pData 依次等于 &data[0]、&data[1]、…、&data[$N-1$],当 pData 等于 &data[N] 时,则循环终止。当然,改用下标运算符也很容易写出不使用指针的循环,但是这种方法依赖于具体的实现,对某些编译器来说,实际上依靠下标的循环会产生更好的代码。

2. ＊与＋＋的组合

假设需要将一个值存入一个数组元素中,然后再前进到下一个元素,那么利用数组下标可以这样写:

```
data[i++] = j;
```

如果 pData 指向数组元素,那么相应的语句为:

```
*pData++ = j;
```

因为后缀＋＋的优先级高于＊,所以编译器将上述语句看成是:

```
*(pData++) = j;
```

pData＋＋的值是 pData,因为使用后缀＋＋,所以 pData 只有在表达式计算出来后才可以自增,那么＊(pData＋＋)的值为＊pData,即 pData 当前指向的对象。因此可以将:

```
for(pData = &data[0]; pData < &data[N]; pData++)
    sum += *pData;
```

改写成:

```
pData = &data[0];
while(pData < &data[N])
    sum += *pData++;
```

当然,＊pData＋＋不是唯一合法的＊pData＋＋组合。例如,也可以编写(＊pData)＋＋,这个表达式返回 pData 指向的对象的值,然后使对象进行自增(pData本身是不变的)。也就是说,自增前表达式的值是＊pData,以后再自增＊pData。

而＊＋＋pData 或＊(＋＋pData)是先自增,自增后表达式的值为 pData;＋＋＊pData 或＋＋(＊pData)是先自增＊pData,自增后表达式的值是＊pData。

3. 指针比较

当两个指针指向同一个数组时,也可以用关系运算符($<$、$<=$、$>$、$>=$)和判断运算符($==$和!$=$)进行指针比较,比较的结果依赖于数组中两个元素的相对位置。

4. 下标运算法

假设要访问一个数组的第 i 个元素,可以使用表达式 data[i]。之所以此表达式能够访问 data 的第 i 个元素,因为表达式中的 data 被解释为指向 data[0]的指针——data 的值与 &data[0]的值相等。不管 data 是什么类型,总有(data＋i)等于 &data[i],于是＊(data＋1)等于 data[1]。data 指针包含一个内存的地址,方括号表示法会取出 data 中包含的地址,用指针算术运算加上索引 i,然后解引用新地址返回其内容。

由于下标运算符[]将指针和整数作为操作数,显然对于 ptr++、*(ptr + i)这样的写法,使用 ptr[i]更容易理解。即 ptr[i]是 *(ptr + i)的简写,可以认为 *(ptr+ i)是从内存的 ptr 位置开始移动 i 个单元,检索存储在那里的值。其实方括号只是指针运算的语法糖,语法糖的意思是特殊的、简化的语法,它实际上并没有给语言添加任何新东西,只是代码风格更好、可读性更强而已。例如:

```
int sum = 0;
for(i = 0; i < N; i ++)
    sum += ptr[i];                    // 等价于 sum += *(ptr + i);
```

在这里,除了通过"ptr = data;"完成向 ptr 的赋值之外,ptr 再也没有发生改变,还不如直接使用 data。因为 data[i]表达式具有左值,在本质上与引用同类型的变量完全一样,即

```
for(i = 0; i < N; i++)
    sum += data[i];
```

也就是说,对于声明为"int data[N];"的数组,无论是否加下标运算符[],在使用 data[i]的方式进行访问时,由于 data 在表达式中都会被解释为指针,因此可以通过下标运算符访问数组,即[]在表达式中出现时是下标运算符,它与数组没有关系,声明中的[]和表达式中的[]意义完全不相同。同样地,表达式中的"*"和声明中的"*"的意义也是不一样的。

编译器经过一代又一代的优化,无论是使用指针运算还是下标运算,其生成的代码几乎完全相同,所以仍然认为使用指针的程序比较高效,这种观念是不正确的。为了提高程序的可阅读性,不要滥用指针运算,从现在开始尽量使用下标来编写程序。但以下标的形式访问数组,只能逐个访问数组元素,不能一次引用整个数组。像下面这样的表达式就是非法的:

```
int data[5];
data[5] = {1, 2, 3, 4, 5};
```

假设要求输入 3 个数据,然后逆序输出。显然可以将数据存储在数组中,然后通过数组反向逐个地输出,即

```
#define N 3
int data[N] = {1, 2, 3};
```

由于数组变量的元素的下标有序地从 0 向上加到 $N-1$,因此可以使用

```
for(i = 0; i < N; i++)
    scanf("%d", &data[i]);
```

来实现。其逆序执行过程如下:

```
data[0] = 3,data[1] = 2,data[2] = 1
```

显然,将数组变量的元素依次按照下标有序地从 $N-1$ 向下减到 0 输出就是逆序输出,因此可以使用:

```
for(i = N-1; i >= 0; i-- )
    printf("%d", data[i]);
```

◆ **惯用法**

如果有以下定义:

```
#define N 10
int data[N], data1[N], data2[N];
```

当对一个数组进行循环时,如果每轮循环都是在循环处理完后才将循环变量增加,则建议使用 for 循环;如果在循环处理的过程中需要将循环变量增加,则建议使用 while 循环。下面将给出在长度为 N 的数组 data 上的一些惯用法:

```
for(i = 0; i < N; i ++)                        // 惯用法 1
    data[i] = 0;


for(i = 0; i < N; i ++)                        // 惯用法 3
    sum += data[i];


for(i = 0; i < N; i ++)                        // 惯用法 4
    scanf("%d", &data[i]);


for(i = 0; i < N; i++)                         // 惯用法 5
    data1[i] = data2[i];


i = 0;                                         // 惯用法 2
while(i < N)
    data[i++] = 0;


if (data[i] > data[i+1])
    swap(data + i, data + i + 1);              // 惯用法 6
```

1.6.3 泛型编程

1. 求最大值

假设一个数组中只有 10 个元素,则可以这样定义:

```
int array[10] = {0, 1, 2, 3, 4, 5, 6, 7, 8, 9};
```

为了求出最大值,先用数组的第一个元素 array[0] 作为最大值变量 iMax 的初值。循环将从下标 1 开始,然后再用数组中剩下的所有元素与 iMax 作比较。如果发现新的最大值,则更新 iMax,其相应的范例程序详见程序清单 1.23。

程序清单 1.23　求数组中元素的最大值

```
1    #include<stdio.h>
2    int iMax(int data[ ])
3    {
4        int iMax, i;
5        int n = sizeof(data)/sizeof(data[0]);
6
7        iMax = data[0];
8        for(i = 1; i < n; i++){
9            if(iMax < data[i]){
10               iMax = data[i];
11           }
12       }
13       return iMax;
14   }
15
16   int main(int argc, char * argv[])
17   {
18       int    array[ ] = {0, 1, 2, 3, 4, 5, 6, 7, 8, 9};
19
20       printf(" % d\n", iMax(array));          // array 为数组首元素的指针
21        return 0;
22   }
```

没有想到输出了错误的结果 0。通过调试发现 n 的值竟然等于 1,显然 data[0] 的类型为 int,sizeof(data[0]) = 4 是不容置疑的。从 $n=1$ 来看,sizeof(data) 也是 4,说明它与数组的大小不相符。如果从 main() 传过来的是数组,那么 sizeof(data) 应该等于 40,其相应的范例程序详见程序清单 1.24。

程序清单 1.24　sizeof(data) 范例程序

```
1    #include <stdio.h>
2    void test_ array_parameter (int data[10])
3    {
4        printf("type_length = % d\n", sizeof(data));
5    }
6
```

```
7     int main( int argc, char * argv[])
8     {
9         int array[10] = {0, 1, 2, 3, 4, 5, 6, 7, 8, 9};
10        test_ array_parameter(array);
11        return 0;
12    }
```

测试结果 type_length ＝ 4，说明形参的类型是指针。原因何在？由于在 iMax () 中使用了下标运算符访问 data 的内容，所以容易让人误认为从 main() 传递过来的是 array 这样的数组。而实际上函数的形参也是表达式，数组被解读为指向数组首元素的指针，因此向函数传递的是指针，其范例程序详见程序清单 1.25。

程序清单 1.25　　数组作为形参的范例程序

```
1     # include <stdio.h>
2     void test_array_parameter(int data[10])
3     {
4         int i;
5
6         printf("type_length = %d\n", sizeof(data));
7         for (i = 0; i < 10; i++ ) {
8             printf("array[%d] = %d\n", i, * data);
9             data++ ;                    // 如果 data 是数组，则这条语句不能编译通过
10        }
11    }
12
13    int main( int argc, char * argv[])
14    {
15        int array[10] = {0, 1, 2, 3, 4, 5, 6, 7, 8, 9};
16        test_array_parameter(array);
17        return 0;
18    }
```

如果形参"int data[10]"是数组，则程序单 1.25 的第 9 行有语法错误，即编译不能通过。而事实上，程序清单 1.25 不但可以编译通过，还会正常输出：

```
type_length = 4
i = 0 , array[0] = 0
i = 1 , array[1] = 1
...
i = 9 , array [9] = 9
```

程序清单 1.25 清楚地说明了类似于"int data[10]、int data[]"这样的形参不是数组，而是指针，即在 int iMax(int data[]) 函数形参的声明中，编译器将 data 解读为

指向 int 值的指针,与"int ∗ data"等价。同理,作为函数形参的"int data[10]",与"int ∗ data"也是等价的。因此,当调用 iMax() 时,其形参初始化"int data[10] = array;"等价为:

```
int ∗ data = array;
```

由于表达式中数组名被解释为指向该数组首元素的指针,因此实参 array 传递给形参的是指针,即 numData = 1,程序清单 1.23 输出结果为 0,即数组的第 0 个元素的值。但该函数的定义有限制,只能计算 10 个 int 类型的元素,另一个比较灵活的方法是将数组大小作为第 2 个参数。iMax 函数原型为:

```
int iMax(int data[], size_t numData);
```

其调用形式如下:

```
iMax(array, n);
```

当函数调用"iMax(array, n)"时,将 array 数组的首元素的地址和数组中的元素个数传递给了 iMax()。实际上并没有将数组内容传递给函数,而是将数组的位置(地址)、元素的种类(类型)和元素的个数(numData 变量)提交给函数。

当有了这些信息后,传递数组时,函数便可以使用原来的数组。虽然 iMax() 仍传递了一个值,但这个值是一个地址,而不是数组的内容。其好处是,int 标识了数组类型,data 标识了数组地址,int data[] 标识与 int ∗ data 相同,指出 data 是指针,size_t numData 标识了有多少个元素需要处理。

将数组地址作为参数可以节省复制整个数组所需的时间和内存,如果数组很大,则使用复制的系统开销将非常大。程序不仅需要更多的内存,还需要花费时间复制大块的数据。另一方面,使用原始数据增加了被破坏的风险,为防止函数误改数组的内容,可在声明形参时使用 const:

```
int iMax(const int data[], size_t numData);
```

当数组变量名作为指针传递给函数时,也可以传递数组的"区间"。假设希望用 iMax() 定位数组 array 中某一部分的最大元素,如元素 array[2]、⋯、array[9]。当调用 iMax() 时,将传递 array[2] 的地址 &array[2] 和 numData 为 5 的值,则 iMax() 从 array[2] 开始检查 5 个数组元素,即

```
largest = iMax(&array[2], 5);
```

虽然可以使用数组保存元素,但数组的大小是固定的,因此数组并不会存储它的大小。当将 data 改为一个指向数组的指针 pData 和记录数组元素个数的值 numData 时,不仅可以保存数组的起始地址和数组中元素的个数,而且还可以传递指向其他数据类型的指针,从而进一步全面扩大了 iMax() 的应用范围,其接口详见程序清单 1.26。

程序清单 1.26　求数组中元素最大值的接口(iMax.h)

```
1    #pragma once;
2    int iMax(int * pData, size_t numData);
3    // 前置条件: pData 是一个数组,它至少有 numData 个元素
4    // 后置条件: 返回数组中元素的最大值
```

由此可见,将一维数组作为参数传递给函数,它实际上是通过值传递数组的地址。由于不需要传递整个数组,因此不需要在栈上分配内存。同时还要传递数组长度,否则无法处理该数组的元素。如果数组内存储的是字符串,则可以依赖 NUL 字符判断何时停止处理数组。求数组中元素最大值的范例程序详见程序清单 1.27。

程序清单 1.27　求数组中元素最大值的范例程序

```
1    #include<stdio.h>
2    #include "iMax.h"
3
4    int main(int argc, char * argv[])
5    {
6        int  array[ ] = {0, 1, 2, 3, 4, 5, 6, 7, 8, 9};
7        int n = sizeof(array)/sizeof(array[0]);
8        printf("%d\n", iMax(array, n));
9        return 0;
10   }
```

iMax.h 接口的实现(iMax.c)详见程序清单 1.28。

程序清单 1.28　求数组中元素最大值接口的实现(iMax.c)

```
1    int iMax(int * pData, size_t numData)
2    {
3        int max;
4        size_t i;
5
6        max = pData[0];
7        for(i = 1; i < numData; i++){
8            if(max < pData[i]){
9                max = pData[i];
10           }
11       }
12       return max;
13   }
```

由此可见,在 C 语言中,数组不能作为参数进行传递,但可以通过传递指向数组初始元素的指针,使得在函数内部操作数组成为可能。编译器将 pData[i]看作 *(pData+i),这是指针运算非常正规的用法,将会在后文中看到它实际上非常

有用。

小结：

- 声明中的[]表达的是数组，表达式中的[]是下标运算符，两者的意义完全不同。
- 只有在声明函数形参时，数组的声明才被解读为指针的声明。函数所接受的参数实际上是原参数的一份拷贝，因此函数可以对其操作而不会影响实参。
- 虽然 data、&data[0]和 &data 类型不一样，但它们的值相等，因此可以利用这一特性实现某些操作。
- 虽然 C 语言不能将数组作为函数参数进行传递，但可以用数组变量名作函数实参，向形参传递数组变量首元素的地址（即传址调用）。由于形参与实参在内存中使用同一存储单元，因此对形参中某一元素的存取，也就是存取相应实参中的对应元素。

2. 泛型编程

下面将进一步以一个简单的循环查找为例，全面考察算法的泛化问题。假设要编写一个 findValue()函数，在 array 数组中寻找一个特定的 int 值，其范例详见程序清单 1.29。

程序清单 1.29　findValue()查找函数(1)

```
1    int * findValue(int * arrayHead, int arraySize, int value)
2    {
3        for(int i = 0; i < arraySize; ++ i)
4            if(arrayHead[i] == value)
5                break;
6        return &(arrayHead[i]);
7    }
```

该函数在某个范围内查找 value，返回的是一个指针，指向它所找到的第一个符合条件的元素。如果没有找到，则返回最后一个元素的下一个位置（地址）。"最后元素的下一个位置"称为 end，其作用是返回 end 表示"查找无结果"，为何不返回 null 呢？因为 end 指针可以对其他种类的数据结构带来泛化的效果，这是 null 做不到的。

在学习数组时，我们就被告诫，千万不要超越其下标范围，但事实上一个指向 array 元素的指针，不但可以合法地指向 array 的任何位置，也可以指向 array 尾端以外的任何位置。只不过当指针指向 array 尾端以外的位置时，它只能用于与其他 array 指针相比较，不能间接引用其值。findValue()函数的使用方式如下：

```
const int arraySize = 7;
int array[arraySize] = {0, 1, 2, 3, 4, 5, 6};
int * end = array + arraySize;
```

```
int * ip = findValue(array, sizeof(array) / sizeof(int), 4);
if(ip == end)
    return false;
else
    return true;
```

显然,findValue()函数暴露了数组的实现细节,如 arraySize 太过于依赖特定的数据结构。那么,如何设计一个算法,使它适用于大多数数据结构呢?或者说,如何在即将处理的未知的数据结构上,正确地实现所有的操作呢?事实上,一个序列有开始和结尾,既可以使用++得到下一个元素,也可以使用"*"得到当前元素的值。

显然,让阅读代码的人理解你的本意,至关重要的是取一个不会让人产生误解的名称。对于包含范围,常用 first 和 last。对于包含/排序范围,常用 begin 和 end。例如,对于大多数需要分片的数组,使用 begin 和 end 表示包含/排除范围是最好的选择。遗憾的是,类似于 limit、filter 和 length 这样具有多义性的英文单词会带来一定的困惑,而定义一个值的上限或下限时,max_ 和 min_ 就是很好的前缀。

为了让 findValue()函数适用于所有类型的数据结构,其操作应该更抽象化,让 findValue()函数接受两个指针作为参数,表示一个操作范围,其范例详见程序清单 1.30。

程序清单 1.30   findValue( )查找函数(2)

```
1    int * findValue(int * begin, int * end, int value)
2    {
3        while(begin != end && * begin != value)
4            ++begin;
5        return begin;
6    }
```

由于 findValue 函数的返回值 begin 是一个指针,因此该函数是一个返回指针的函数,即指针函数。这个函数在"前闭后开"范围[begin, end)内(包含了 begin 迭代器的当前元素,而到 end 迭代器的前一个元素为止)查找 value,并返回一个指针,指向它所找到的第一个符合条件的元素,如果没有找到,就返回 end。这里之所以用"!="而不是用"<"判断是否到达数组的尾部,是因为这样处理更精确。findValue()函数的使用方式如下:

```
const int arraySize = 7;
int array[arraySize] = {0, 1, 2, 3, 4, 5, 6};
int * end = array + arraySize;

int * ip = findValue(array, end, 4);
if(ip == end)
```

```
        return false;
    else
        return true;
```

当然,findValue()函数也可以方便地用于查找 array 的子范围:

```
int * ip = findValue(array + 2, array + 5, 3);
if(ip == end)
    return false;
else
    return ture;
```

由此可见,findValue()函数中并无任何操作是针对特定的整数 array 的,即只要将操作对象的类型加以抽象化,且将操作对象的表示法和范围目标的移动行为抽象化,则整个算法就可以工作在同一个抽象层面上了。通常将整个算法的过程称为算法的泛型化,简称泛化。泛化的目的旨在使用同一个 findValue()函数处理各种数据结构,通过抽象创建可重用代码。

如果一个序列是有序的,则不需要用 findValue()从开始位置查找,可以使用标准 C 语言提供的 bsearch()二分查找算法。对于一个更长的序列,二分查找比 find-Value()线性查找法的速度更快。即使序列中只有 10 个元素,也足以体现二分查找的比较优势。对于一个有 1 000 个元素的序列,最多需要进行 10 次比较,二分查找的速度比 findValue()要快 200 倍。

显然,求数组中元素的最大值,其最好的方法是通过传递 2 个指针指定元素范围。一个指针标识数组的开头,另一个指针标识数组的尾部。例如:

```
int iMax(const int * begin, const int * end);
```

显然,如果只是传递指针,数据就有被修改的可能。如果不希望数据被修改,就要传递指向整数常量的指针。使用 for 循环的示例如下:

```
for(ptr = begin; ptr ! = end; ptr ++ )
    total = total + * ptr;
```

将 ptr 设置为待处理的第一个元素(begin 指向的元素)的指针,并将 * ptr(元素的值)加入到 total 中。然后循环通过递增操作来更新 ptr,使之指向下一个元素。只要 ptr 不等于 end,这一过程将继续下去。当 ptr 等于 end 时,它将指向范围中的最后一个元素后面的位置,此时循环结束。另外,请注意不同的函数调用是如何指定数组中不同的范围的。例如:

```
int array[] = {39, 33, 18, 64, 73, 30, 49, 51, 81};
int n = sizeof(array) / sizeof(array[0]);
int * past = array + n;
```

```
int max = iMax(array, array + n);
int max = iMax(array, array + 3);
int max = iMax(array + 3, array + 8);
```

指针 array＋n 指向最后一个元素后面的一个位置(数组只有 n 个元素,最后一个元素的地址为 array＋n－1),因此范围[array,array＋n]指定的是整个数组。同样 array,array＋3 指定了前 3 个元素,以此类推。**注意**:根据指针减法规则,表达式 end － begin 是一个整数值,等于数组的元素个数。

3. 选择排序

假设要对 n 个整数排序,这里给出一个简单的抽象解决方案,其文本描述如下:从未被排序的整数中找出最小的整数,将其放在已经排序的整数列表中的下一个位置。

虽然这句话足以描述如何解决这个排序问题,但还是没有说明这些整数初始化时存储在哪里? 如何存储? 结果存储在哪里? 假设将这些整数存储在一个数组中:

```
data[] = {56, 12, 80, 91, 20};
```

其中,第 i 个整数存储在数组的第 i 个位置 data[i]中($0 \leqslant i \leqslant n$)。

首先,需要明确定义两个任务:一是如何在列表中寻找最小整数;二是如何将这个最小整数与 data[i]进行交换。我们不妨从 $i=0$ 开始进行分析,最小整数就存储在 data[i]中,当将 min 设置为 0 时,则下一个元素位置为 $j=i+1=1$。如果 data[min]＞data[j],则 min＝j;反之 data[min]与 data[j]交换位置。推而广之,当将 data[i]与 data[$i+1$]、data[$i+2$]、…、data[$n-1$]一一进行比较时,如果发现更小的整数,则将其作为新的最小整数,一直比较到 data[$n-1$]时结束。选择排序的共性如下:

```
1    for(int i = 0; i < n-1; i++){
2        min = i;
3        for(int j = i+1; j < n; j++)
4            if(data[min] > data[j])
5                min = j;
6        swap(&data[min], &data[j]);
7    }
```

选择排序中可变的是存储在数组中的待比较的整数,将以形参应对,其函数原型如下:

```
void selectionSort(int data[], size_t size);
// 前置条件:data 是一个至少有 size 个元素的数组
// 后置条件:数组元素重新排序,使得 data[0]≥data[1]≥…≥data[size-1]
void selectionSort(int * data, size_t size);
```

虽然选择上述两种声明中的任何一种方式都可以实现选择排序,但都是针对数组的排序,无法满足一般的要求。基于此,可以进一步泛化使之应用更广泛。其函数原型如下:

```
void selectionSort(int * begin, int * end);
```

其调用形式如下:

```
selectionSort(data, data + sizeof(data)/sizeof(data[0]));
```

显然,无论是选择排序、冒泡排序、插入排序还是快速排序等,其共性都是"排序",因此可以统一各种排序算法的接口,便于根据具体情况重用,而又无需修改应用程序。

1.7 数组的数组与指针

1.7.1 指向数组的指针

如果有以下定义:

```
int data[2] = {1, 2};
```

其中,data 的类型为 int [2],&data 的类型为 int (*)[2]。如果在"int data[2];"定义前添加 typedef:

```
typedef int data[2];
```

此时,data 等同于"int [2]"数组类型。为了便于理解,习惯的写法是将类型名 data 替换为大写的 T,即

```
typedef int T[2];
```

显然,有了 T 类型,即可定义指向"int [2]"数组类型的指针变量 pData,即

```
T * pData;
```

其中,T 的类型为 int [2],pData 为指向"int [2]"数组类型的指针变量,其类型为指向"int [2]"数组类型的指针类型,即 int (*)[2]。由于 pData 与 &data 的类型相同,因此可以使用指向数组类型的指针变量 pData 存储指针 &data,即

```
int (* pData)[2] = &data;
```

或等同于:

```
int (* pData)[2];
pData = &data;
```

其中,pData 指向具有 2 个元素的一维数组,其分别为(* pData)[0]和(* pData)[1],即 int (*)[2]类型指针占用 8 字节存储空间。虽然 data 与 &data 的值相等,但它们的类型不一样,因此不能直接将数组变量名作为地址赋给指向数组的指针变量。如果进行

```
pData  = data;                    // 非法
```

这样的赋值,那么编译器将会发出警告。

由于 int 类型和 int (*)[2]类型的长度分别为 4 字节和 8 字节,因此"指向 int 类型的指针"加 1 和"指向数组类型的指针"加 1,指针分别前进 4 字节和 8 字节,详见程序清单 1.31。

程序清单 1.31　数组类型指针范例程序

```
1    #include<stdio.h>
2    int main(int argc, char * argv[])
3    {
4        typedef int T[2];
5        T * pData;
6
7        printf("%d", (int)(pData + 1) - (int)pData);
8        return 0;
9    }
```

从输出结果 8 可以看出,虽然指向数组类型的指针和指向 int 类型的指针的地址值相等,但它们的类型不一样。

由于 * pData 与 data 的值相等且类型相同,因此以下关系恒成立($i=0\sim1$):

$$* pData == *(\&data) == data \qquad * pData+i == data+i == \&data[i]$$
$$(* pData)[i] == data[i] \qquad (* pData)[i] == *(* pData+i)$$

访问一维数组的范例程序详见程序清单 1.32。

程序清单 1.32　访问一维数组的范例程序

```
1    #include<stdio.h>
2    int main(void)
3    {
4        int i, data[2] = {1, 2};
5        int (* pData)[2] = &data;
6
7        for(i = 0; i < 2; i++){
8            printf("第[%d]号元素:", i);
9            scanf("%d", * pData + i);       // * pData+i 为第 i 个元素的地址
10       }
11       for(i = 0; i < 2; i++){
12           printf("%d\t", *(* pData+i)); // *(* pData+i)为第 i 个元素的值
```

```
13          }
14          return 0;
15      }
```

由此可见,当用指向数组的指针访问一维数组时,比用普通指针变量要烦琐得多,因此它常用于处理二维数组。

1.7.2 二维数组

通常人们将一个一维数组看作一个向量,将一个二维数组看作一个表或矩阵,将一个三维数组看作一个长方体。这种使用几何模型描述多维数组的方法,会使理解变得越来越困难。其实在 C 语言中并不存在多维数组,它们只是看上去像多维数组而已,因为 C 语言至少在语法上并不支持多维数组。取而代之的是"数组的数组",这是建立多维数组的理论基础。

显然,扩展一维数组的概念,可以定义多维数组。例如,"数组元素为一维数组"的一维数组,可以视为二维数组,"数组元素为二维数组"的一维数组可以视为三维数组。二维数组和三维数组都属于多维数组,它们都是由一维数组实现的。

为了延续原来的习惯,下面还是将数组的数组称之为二维数组。假设有以下声明:

```
int data0[2] = {1, 2};
int data1[2] = {3, 4};
int data2[2] = {5, 6};
```

当去掉声明中的数组名时,data0、data1 和 data2 类型都是"int [2]"。实际上,数组本身也是一种数据类型,当数组的元素为一维数组时,该数组为数组的数组,因此可以通过"int [2]"数组类型构造数组的数组,即

```
typedef int T[2];
T data[3];
```

由于 T 的类型为 int [2],因此 data[0]、data[1]和 data[2]的类型均为 int [2]。显然,data 是由 data[0]、data[1]和 data[2]这 3 个元素组成的一维数组,而 data[0]、data[1]和 data[2]本身又是一个由 2 个 int 值组成的一维数组。显然,二维数组可以看作一维数组的元素类型是一维数组时的扩充,因此可以用下标区分 data[0]、data[1]和 data[2]一维数组,分别对应于 data[0][0]和 data[0][1]、data[1][0]和 data[1][1]、data[2][0]和 data[2][1],该数组与内存的映射关系详见图 1.11。

为了更形象地描述数组的数组,如图 1.12 所示的数组的集合更像一个表

图 1.11 数组与内存的映射关系

格——既有数据行,也有数据列,data 数组的元素是按行存储的,其中第一个下标值是行号,将 data[0]、data[1] 和 data[2] 分别视为二维数组的一行。

data[0]	data[0][0]	data[0][1]
	1	2
data[1]	data[1][0]	data[1][1]
	3	4
data[2]	data[2][0]	data[2][1]
	5	6

图 1.12　数组的集合

由于表达式中的数组名 data 可以解释为指针,即 data 是指向 data[0] 的指针,因此 data 的值和 &data[0] 的值相等。于是以下关系恒成立:

data == &data[0]

* data == * (&data[0]) == data[0]

由于 data[0] 本身是一个由 2 个 int 值组成的数组,即表达式中的 data[0] 是指向 data[0][0] 的指针,因此 data[0] 的值和 &data[0][0] 的值相等。于是以下关系恒成立:

data[0] == &data[0][0]

* (data[0]) == * (&data[0][0]) == data[0][0]

* data == &data[0][0]

显而易见,data 是指针的指针,必须解引用两次才能获得原值。于是以下关系恒成立:

data == &data[0] == &(&data[0][0])

* * data == data[0][0]

虽然 data[0] 指向的对象占用一个 int 大小,而 data 指向的对象占用 2 个 int 大小,但 &data[0] 和 &data[0][0] 都开始于同一个地址,因此 data 的值和 data[0] 的值相等。于是以下关系恒成立:

data == data[0] == &data[0] == &data[0][0]

C 语言支持"数组的数组"的另一种形式的定义如下:

```
int data[3][2] = {{1, 2}, {3, 4}, {5, 6}};
```

其中,data[3] 为主数组,粗体字带下划线的部分为"int [2]"数组类型。虽然形式上发生了变化,但它们的意义完全相同。

按照变量的声明规约,将 data 取出后,则余下的 int [3][2] 就是 data 的类型。尽管如此,表达式中的数组名 data 被解释为指针,由于 data[0] 的类型为 int [2],因此指向 data[0] 的指针 data 的类型为指向 int [2] 的指针,即 int (*)[2]。

当使用 data[i][j] 这样的方式进行访问时,由于编译器会将数组表示法转换为指针表示法,如编译器会将 data[i] 转换为 * (data+i),即 (* (data+i))[j] 和 * (* (data+i)+j) 是相等的,同理 data[i][j] 是 * (* (data+i)+j) 的简写。

判断一个指针加 1 后究竟加多少? 取决于其指向的对象的类型的大小。由于 data 指向的是一个由 2 个 int 值(8 字节)组成的数组,因此 data+1 的就是"该地址加上8字节"。data[0]指向的是data[0][0],而data[0][0]是一个int值,其大小为4字节,因此data[0]+1就是"该地址加上4字节",显然data+1和data[0]+1的值不同。因此以下关系恒成立:

data+i == &data[i]

*(data+i) == *(&data[i]) == data[i] == &data[i][0]

*data == &data[0][0]

*data+1 == &data[0][1]

*(data+1)+1 == &data[1][1]

*(data+2)+1 == &data[2][1]

显然,与data[2][1]等价的指针表示法是*(*(data+2)+1),虽然看上去比较复杂,但更好理解,即

((data+2)+1) == *(&data[2][1]) == data[2][1]

当data作为sizeof的操作数时,将得到整个二维数组所占存储空间的大小,sizeof(data[0])得到一行元素所占存储空间的大小,sizeof(data[0][0])得到一个元素所占存储空间的大小。计算二维数组的行数、列数和元素的个数的方法如下:

```
size_t numRows = sizeof(data) / sizeof(data[0]);        // 行数
size_t numCols = sizeof(data[0]) / sizeof(data[0][0]);  // 列数
size_t n = sizeof(data) / sizeof(data[0][0]);           // 元素个数
```

◆ 训练题

如果有以下定义:

```
int a[2][3] = {{1}, {2, 3}};
```

则a[1][0]的值是(　)

（a）不能确定　　（b）1　　（c）2　　（d）3

1.7.3　将二维数组作为函数参数

1. 函数原型

当将数组的数组作为函数参数时,数组名同样视为地址,因此相应的形参如同一维数组一样也是一个指针,比较困难的是如何正确地声明一个指针变量pData指向一个数组的数组data如果将pData声明为指向int类型,则是不够的,因为指向int类型的指针变量只能与data[0]的类型匹配。假设有以下代码:

```
int data[3][2] = {{1, 2}, {3, 4}, {5, 6}};
int total = sum(data, 3);
```

那么sum()函数的原型是什么?

由于表达式中的数组名data可以解释为指针,即data的类型为指向int[2]的指

针类型 int（*）[2]，因此必须将 pData 声明为与之匹配的类型，data 才能作为实参传递给 sum()。其函数原型如下：

```
int sum(int (*pDdata)[2], int size);
```

当然，也可以将这个函数原型写成下面这样的形式：

```
int sum(int data[3][2], int size);
```

还有一种格式，这种格式与上述原型的含义完全相同，但可读性更强。在声明一个接收二维数组为参数的函数时，只要提供第二个即可：

```
int sum(int data[][2], int size);
```

其中，data[] 表达式是数组指针的一种隐式声明，（*pData）表达式则是指针的一种显式声明。虽然 data 是"由 2 个 int 值组成的数组（元素个数未知）"，但它同样可以被解释为"指向 int [2] 的指针"，即

```
int sum(int (*pData)[2], int size);
```

由于下标是数组类型的一部分，如果第 2 个方括号是空的，那么数组类型就不完整了，因为编译器也不知道如何补全它。因此类似这样的声明：

```
int sum(int data[3][], int size);
int sum(int data[][], int size);
```

是错误的。

sun() 函数为何将行数（3）作为参数，而不是将列（2）作为参数呢？上述原型都指出，data 是指针而不是数组。由于 data 是由 2 个 int 值组成的数组，因此也就意味着在声明时指定了列数，这就是为什么没有将列数作为独立的函数参数进行传递的原因。例如：

```
int data[80][3];
int total = sum(data, 20);
int total = sum(data+5, 10);
```

当然，也可以让函数将二维数组看成一维数组，例如如何找到二维数组中的最大元素。其函数原型（iMax.h 文件）如下：

```
int iMax(int *pData, size_t numData)
```

如果将数组的地址 data 作为 iMax() 函数的第 1 个实参，数组 data 中的元素总数量 row * col 作为第 2 个实参：

```
largest = iMax(data, row * col);
```

则无法通过编译，因为 data 的类型为 int（*）[col]，而 iMax 函数期望的实参类型是

int *。正确的调用形式如下：

```
largest = iMax(data[0], row * col);
```

其中的 data[0]指向第 0 行的元素 0,经过编译器转换后,其类型为 int *,实参与形参类型一致。当将 data 强制转换为(int *)data 时,同样也可以求二维数组中元素的最大值,详见程序清单 1.33。

程序清单 1.33　求二维数组中元素最大值的范例程序

```
1    # include<stdio.h>
2    # include "iMax.h"
3
4    int main(int argc, char * argv[])
5    {
6        int data[][2] = {{1, 2}, {3, 4}, {5, 6}};
7        int n = sizeof(data) / sizeof(data[0][0]);
8        printf("% d\n", iMax((int *)data, n));
9        return 0;
10   }
```

由于 data[0][0]是一个 int 值,因此 &data[0][0]的类型为 int * const,即可用以下方式指向 data 的第 1 个元素,增加指针的值使它指向下一个元素,即

```
int * ptr = &data[0][0];
int * ptr = data[0];
```

如果将某人一年中的工作时间,使用下面这个"数组的数组"表示：

```
int working_time[12][31];
```

在这里,如果开发一个根据一个月的工作时间计算工资的函数,可以像下面这样将某月的工作时间传递给这个函数：

```
calc_salary(working_time[month]);
```

其相应的函数原型如下：

```
int calc_salary(int * working_time);
```

这种技巧只有通过"数组的数组"才能实现,而多维数组则显得苍白无力。

2. 二维数组的行

由于 C 语言是按行主序存储二维数组的,即先存储 0 行的元素,接着存储 1 行的元素,以此类推。因此要访问数组中的每一个元素,可以从 data[0][0]开始,用一个 for 循环改变行,用另一个 for 循环改变列,详见程序清单 1.34。

程序清单 1.34　求二维数组中元素和的范例程序

```
1    int sum(int ( * pData)[2], int size)
2    {
3        int total = 0;
4
5        for(int row = 0; row < size; row++)
6            for(int col = 0; col < 2; col++)
7                total += pData[row][col];
8        return total;
9    }
```

当使用指向数组的指针对 data 进行初始化时:

```
int ( * pData)[2] = data;
```

它使 pData 指向 data 的第一行,当 pData 与一个整数相加时,该整数值首先根据 2
个整数值的长度进行调整,然后再执行加法,因此可以使用这个指针一行一行地在
data 中移动。

对于每个 row 值,内部的 for 循环将遍历所有的 col 值。如果将二维数组当作一
维数组来看,则上述的双重循环可以改为单循环。例如,将二维数组的所有元素初始
化为 0:

```
for(int * ptr = &data[0][0]; ptr <= &data[row - 1][col - 1]; ptr++)
    * ptr = 0;
```

当循环开始时,ptr 指向 data[0][0],ptr++使 ptr 指向 data[0][1]、data[0][2]
…,当 ptr 到达 data[0][col−1](即第 0 行的最后一个元素)时,再次对 ptr 自增使它
指向 data[1][0],持续这一过程直到 ptr 越过 data[row−1][col−1](数组中的最后
一个元素)为止。

如何处理二维数组一行中的元素? 如果需要一个指针逐个访问数组的元素,而
不是逐行在数组中移动,再次选择使用指针变量 ptr。为了访问第 i 行的元素,需要
初始化 ptr 使其指向数组 data 中第 i 行的元素 0,即

```
ptr = &data[i][0];
```

由于 data[i]等价于 *(data + i),因此 &data[i][0]等同于 &(* (data[i]+
0)),即等价于 & * data[i]。又由于 & 与 * 运算符可以抵消,因此等同于 data[i],
即可将"ptr = &data[i][0];"简写为:

```
ptr = data[i];
```

下面的循环是对数组 data 的第 i 行清 0,其中用到了这一简化,即

```
int data[row][col];
for(ptr = data[i]; ptr < data[i] + col; ptr++)
    * pData = 0;
```

因为 data[i] 是指向数组 data 第 i 行的指针,所以将 data[i] 传递给需要用一维数组作为实参的函数,即使用一维数组的函数也可以使用二维数组中的一行。显然,找到一维数组中最大元素的 iMax 函数,同样也可以用于确定二维数组 data 中第 i 行的最大元素:

```
largest = iMax(data[i], col);
```

3. 二维数组的列

由于数组是按行而不是按列存储的,因此处理二维数组一列中的元素相对来说就复杂一些。下面的循环是对数组 data 第 i 列清 0:

```
int data[row][col], ( * pData)[col], i;
for(pData = &data[0]; pData < &data[row]; pData++)
    ( * pData)[i] = 0;
```

在这里,将 pData 声明为指向长度为 col 的整型数组的指针,pData++ 将 pData 移到下一行的开始位置。在表达式(* pData)[i]中, * pData 代表 data 的一整行,因此(* pData)[i]选中了该行第 i 列的那个元素。**注意**: * pData 必须使用括号,否则编译器会认为 pData 是指针数组,而不是指向数组的指针。

由此可见,只要抓住"变量的三要素(即变量的类型、变量的值和变量的地址)"并贯穿始终,一切问题将迎刃而解。

1.8　字符串与指针

1.8.1　字符常量

1. 字符常量的引用

字符常量是使用一对单引号"''"包围起来的,如 'O',编译器知道符号"'"指的是字母 O 的 ASCII 值,即 79。同样可以用"''"指出空格,或用 '9' 指出数字 9。常量 '9' 指的是一个字符,不应该与整数值 9 混淆。除非程序员能记住 ASCII 码表,否则任何人看到 79 都不会联想到字母 O,而字符常量 'O' 则可以直接传递它的意义。

在 C 语言中,字符能像整数一样计算,不需要特别的转换。基于此,既可以给一个字符加上一个整数,如字符 c 与整数 n 相加,即 c+n 表示 c 后面的第 n 个字符;也可以从一个字符减去一个整数,如表达式 c−n 表示 c 前面的第 n 个字符;还可以从一个字符减去另一个字符,如 c1 和 c2 都是字符,那么 c1−c2 表示两个字符的距离。

更进一步地,还可以比较两个字符,如果在 ASCII 表中,c1 在 c2 前面,那么 c1＜c2 是 true。假设从键盘输入一个字符,将它保存在变量 ch 中,将如何确定输入字符 ch 是否为数字呢? 例如:

```
if( ch >= '0' && ch <= '9' )    { … }
```

这样一来就将数字字符与 ASCII 码表中的其他字符区分开了。虽然标准 C 语言接口 ctype.h 提供了相应的函数,但如果从头到尾实现它们,则有助于进一步深入了解它们的操作。如果 ch 是大写字母,则返回它对应的小写字母,否则返回 ch 本身,详见程序清单 1.35。

程序清单 1.35   tolower( )函数范例程序

```
1    char tolower(char ch)
2    {
3        if( ch >= 'A' && ch <= 'Z'){              // 标识大写字母
4            return (ch + ('a' - 'A'));
5        }else{
6                return (ch);
7        }
8    }
```

2. 字符的输入/输出

虽然转换符%c 允许 scanf()函数和 printf()函数对一个单独的字符进行读/写操作。例如:

```
char ch;
scanf(" % c", &ch);
printf(" % c", ch);
```

但在读入字符前,scanf()函数不会跳过空格符,即会将空格作为字符读入变量 ch。为了解决这个问题,就必须在%c 的前面加一个空格:

```
scanf(" % c", &ch);
```

虽然 scanf()函数不会跳过空格符,但却很容易检测到读入的字符是否为换行符 '\n'。例如:

```
while(ch ! = '\n'){
    scanf(" % c", &ch);
}
```

当然,也可以调用 getchar( )和 putchar( )读/写一个单独的字符,它们是在 stdio.h 中定义的宏,分别用于从键盘读取数据和将字符打印到屏幕上。虽然宏和函数在技术上存在一些区别,但它们的用法是一样的。例如:

```
int getchar(void);                    // 输入一个字符
int putchar(int ch);                  // 输出一个字符
```

getchar()函数不带任何参数,它从输入队列中返回一个字符。例如,下面的语句读取一个字符输入,并将该字符的值赋给变量 ch:

```
ch = getchar();
```

该语句与下面的语句等效:

```
scanf("%c", &ch);
```

putchar()函数打印它的参数,例如下面的语句将之前赋给 ch 的值作为字符打印出来:

```
putchar(ch);
```

该语句与下面的语句效果相同:

```
printf("%c", ch);
```

由于这些函数只处理字符,因此它们比 scanf()和 printf()函数运行更快,这两个函数通常定义在 stdio.h 中,实际上它们是预处理宏,不是真正的函数。虽然这些宏看起来很简单,但有时出了问题,却找不出原因。例如:

```
char ch1, ch2;
ch1 = getchar();
ch2 = getchar();
printf("%d %d\n", ch1, ch2);
```

此时,输入字符 'a',而打印结果却是"97,10"。这是因为从键盘输入一个字符后,就打印出了结果,还没有输入第二个字符,程序就结束了。由于键盘输入一次结束后,会将数据存储在一个被称为缓冲区的临时存储区,按下 Enter 键后,程序才可使用用户输入的字符,因此 scanf()和 getchar()也是从输入流缓冲区中取值的,而人们常常会产生这样的错觉,误以为它们是从键盘缓冲区取值的。实际上,数据是通过 cin 函数直接从输入流缓冲区中取走的,所以,当缓冲区中有残留数据时,cin 函数会直接读取这些残留数据而不会请求键盘输入。

这里的 10 恰好是 Enter 键输入的换行符 '\n',当读取数据遇到换行符 '\n' 结束时,换行符会一起读入输入流缓冲区,所以第一次接受输入时,取走字符后会留下字符 '\n',于是第二次直接从缓冲区中将\n取走。

为何要有缓冲区呢? 首先,将若干字符作为一个块进行传输,比逐个发送这些字符节省时间。其次,如果用户打错字符,则可以直接通过键盘修正错误。当最后按下 Enter 键时,传输的是正确的输入。虽然输入缓冲区的好处很多,但在某些交互式程序中也需要无缓冲区输入。例如,在游戏中,如果希望按下一个键就执行相应的命令,因此缓冲输入和无缓冲输入各有自己的用武之地,但本书假设所有的输入都是缓冲输入。

缓冲分为两类:完全缓冲 I/O 和行缓冲 I/O,完全缓冲输入指的是,当缓冲区被填满时才刷新缓冲区,内容被发送到目的地,通常出现在文件输入中。缓冲区的大小取决于系统,常见的大小为 512 字节和 4 096 字节。行缓冲区 I/O 指的是,在出现换行符时刷新缓冲区,键盘输入通常是行缓冲区输入,所以在按下 Enter 键后才刷新缓冲区。

◆ **getchar()** 和 **scanf()**

getchar()读取每个字符,包括空格、制表符和换行符;而 scanf()在读取数字时,则会跳过空格、制表符和换行符。虽然这两个函数都很好用,但不能混合使用。

虽然 putchar()的参数 ch 定义为 int 类型,但实质上它接收的是一个 char 类型字符,因为在 putchar()内部,系统会将 ch 强制转换为 char 类型后再使用。如果字符输出成功,则 putchar()返回输出的字符((char)ch),而不是输入的参数 ch;如果不成功,则返回预定义的常量 EOF(end of file,文件结束),EOF 是一个整数。

getchar()没有输入参数,其返回值为 int 型,而不是 char 型。这里需要区分文件中的有效数据和输入结束符,当有字符可读时,getchar()不会返回文件结束符 EOF,所以

```
ch = getchar() ! = EOF                 // 相当于 ch = (getchar() ! = EOF)
```

取值为 true,变量 ch 被赋值为 1。

当程序没有输入时,getchar()返回文件结束符 EOF,即表达式取值为 false,此时变量 ch 被赋值为 0,程序结束运行。如果将 getchar()函数的返回值定义为 int 型,则既能存储任何可能的字符,也能存储文件结束符 EOF。将输入复制到输出的范例程序详见程序清单 1.36。

程序清单 1.36   将输入复制到输出范例程序

```
1    # include<stdio.h>
2    int main(int argc, char * argv[])
3    {
4        int ch;
5
6        while((ch = getchar()) ! = EOF){
7            putchar(ch);
8        }
9        return 0;
10   }
```

当然,也可以用 getchar()的另一种惯用法替代程序清单 1.36 中的第 6 行:

```
while((ch = getchar()) ! = '\n')
```

即将读入的一个字符与换行符比较,如果测试结果为 true,则执行循环体,接着重复测试循环条件,再读入一个新的字符,同时 getchar()用于搜索字符和跳过字符等效。例如:

```
while((ch = getchar()) == ' ')
```

当循环终止时,变量 ch 将包含 getchar()遇到的第一个非空字符。

◆ **do - while**

do - while 循环远比 for 和 while 循环用得少,因为它至少需要执行循环体一次,且在代码的最后而不是开始执行条件循环测试。逻辑条件应该出现在它们所"保护"的代码之前,这也是 if、while 和 for 的工作方式。通常阅读代码的习惯是从前向后,当使用 do - while 循环时,需要对这段代码读两次。同时,这种方式在很多情况下是不正确的,例如:

```
1    do{
2        ch = getchar();
3        putchar(ch);
4    }while(ch ! = EOF);
```

由于测试被放在对 putchar()的调用之后,因此该代码无端地多写了一个字符。只有在某个循环体必须至少执行一次的情况下,使用 do - while 循环才是正确的。

另一个让人困惑的是,do - while 循环中的 contiune 语句:

```
do{
    continue;
}while(false);
```

它会永远循环下去还是只执行一次? 虽然它只会循环一次,但大多数人都会想一想。C++语言的开创者 Bjarne Stroustrup 是这样说的,"do 语句是错误和困惑的来源,我倾向于将条件放在前面我能看到的地方,避免使用 do 语句。"

1.8.2 字符串常量

字符的真正价值在于可以将它们串在一起形成一个字符序列,即字符串常量,简称字符串。字符串常量就是使用一对双引号" " " "包围起来的,以空字符 NUL(null character,NUL 表示为 '\0',ASCII 码值为 0x00)结尾的连续的字符串,其长度为字符串的长度加 1。既然使用空字符结束字符串,那么 printf()和 strcpy()都将这一点作为默认的前置条件。

注意: NULL 和 NUL 是不同的,NULL 表示特殊的指针,通常定义为((void ∗)0),而 NUL 是一个 char,定义为\0,两者不能混用。虽然字符常量是由单引号引起来的字符序列,通常由一个字符组成,但也可以包含多个字符,如转义字符,在 C 语言中它们的类型是 int:

```
printf("%d\n", sizeof(char));
printf("%d\n", sizeof('a'));
```

执行上述代码，可以看到 char 的长度为 1，而字符常量的长度为 4。

只要在程序中使用字符串，就必须确定如何声明保存字符串的变量。如果将它声明为数组，则编译时就已经为各个字符保留了内存空间；如果将它声明为指针，则编译时完全没有为字符分配任何内存，仅在运行时分配空间。例如：

```
char    cStr[4] = "OK!";
char    * pcStr = "OK!";
```

两者的区别是，数组名 cStr 是常量，而指针名 pcStr 是变量。需要注意的是，如果在初始化指针之前就使用指针，则有可能会导致运行出错。如果有以下定义：

```
char * pcStr;
printf("%s", * pcStr);
```

由于这里没有对 pcStr 初始化，因此其指向的内存是未知的，将会打印出奇怪的字符，于是 pcStr 自然也就成为了野指针。

1. 字符串的引用

由于"OK!"是一个字符串常量，因此是不可修改的。如果试图执行以下操作：

```
pcStr[2] = 'Z';
```

虽然编译期可以通过，但在运行时会出错。如果以下面这样的形式赋值：

```
char    cStr[4];
cStr = "OK!";
```

则是非法的，因为数组变量名 cStr 是一个不可修改的常量指针。

如果字符数组中没有保存 '\0'，它仅仅是字符常量 'O'、'K'、'!'，不是字符串，即

```
char    cStr[] = { 'O', 'K', '!' };
```

而"char cStr[] = "OK!";"只不过是"char cStr[] = {'O', 'K', '!', '\0'};"的另一种写法，因为字符串是一种特殊的字符数组变量，所以其存储方式与数组变量一致。其中的 cStr 为数组变量名，表示此数组第 0 个元素的地址（即 &cStr[0]），cStr+1 表示数组第 1 个元素的地址（即 &cStr[1]），cStr+2 表示数组变量第 2 个元素的地址（即 &cStr[2]），cStr+3 表示数组变量第 3 个元素的地址（即 &cStr[3]），其存储形式详见图 1.13。

C 语言中的字符串是以字符数组变量的形式处理的，具有数组的属性，所以不能赋值给整个字符数组变量，只能将字符

cStr[0]	cStr[1]	cStr[2]	cStr[3]
'O'	'K'	'!'	'\0'

图 1.13 "OK!"的存储形式

逐个赋给字符数组变量。例如：

```
char    cStr[4];
cStr[0] = 'O'; cStr[1] = 'K'; cStr[2] = '!'; cStr[3] = '\0';
```

其存储的不是字符本身,而是以 ASCII 码存储的字符常量(即存值)。

◆ **惯用法**

由于字符串常量以 '\0'(ASCII 码值为 0x00)结尾,因此可以用 $cStr[i]$ 作为 for 循环语句的"条件部分(布尔表达式)",检查 $cStr[i]$ 是否为 '\0'($cStr[i]$ 是以 *(cStr+i)形式表示的)。用于处理字符串中每一个字符的惯用法如下：

```
for(i = 0; cStr[i] != '\0'; i++)   …
```

其等价于

```
for(i = 0; cStr[i]; i++)   …
```

同理,"while($cStr[i]$!= '\0')"与"while($cStr[i]$)"是等价的。

当然,也可以使用 scanf()函数的％s 格式声明符输入字符串,详见程序清单 1.37。

程序清单 1.37　字符串的输入与输出范例程序

```
1    #include<stdio.h>
2    int main(int argc, char * argv[])
3    {
4        char cStr[10];
5
6        scanf("%s", cStr);
7        printf("%s", cStr);
8        return 0
9    }
```

由于 cStr 代表字符数组的起始地址,因此不需要在 cStr 前添加 & 运算符。但采用％s 格式符输入字符串存在一种潜在危险,如果输入的字符串太长,超出了字符数组的存储极限,则程序执行错误,因此使用"字段宽度"来限制输入字符串的长度更安全。

由于字符串常量的类型是 char 的数组,则在表达式中被解读为指针,即不管字符串有多长,pcStr 始终存储字符串第一个字符的地址,因此使用指向字符串的指针变量即可整体引用一个字符串。例如：

```
char    * pcStr = "OK!";
```

其中的 pcStr 是字符指针变量,其等效于：

```
        static const char t376[] = "OK!";
        char * pcStr = t376;
```

其中的 t376 是编译器分配的一个内部变量名,不同的编译器、不同的程序,甚至同一个源代码每次编译,其名称均可能不同。显然,程序员不知道这个数组的名称,即匿名数组变量。显而易见,初始化字符数组存储字符串和初始化指针指向字符串的区别在于,数组名是常量,而指针名是变量,因此字符串的绝大多数操作都是通过指针完成的。

由此可见,"OK!"就是"char 的数组",通过 sizeof("OK!")也可以证明字符串的本质还是数组,即可用"OK!"作为数组变量名,详见程序清单 1.38。

程序清单 1.38 用字符串作为数组变量名的范例程序

```
1    #include<stdio.h>
2    int main(int argc, char argv *[])
3    {
4        printf("OK! 占用的空间 % d", sizeof("OK!"));
                                            // 输出"OK!"占用的空间,即 4 个字节
5        printf("OK! 的地址 % x\n", "OK!");        // 输出"OK!"的地址
6        printf("% c\n", *("OK!" + 1));          // 输出"OK!"的第 1 个元素,即 'K'
7        printf("% c\n", "OK!"[0]);              // 输出"OK!"的第 0 个元素,即 'O'
8        printf("% d\n", "OK!"[3]);              // 输出"OK!"第 3 个元素的值,即 '\0'
9        return 0;
10   }
```

由于 C 语言允许对指针添加下标,因此程序清单 1.38 中的第 6~8 行分别输出对应的元素。显然,可以利用这种方式将 0~15 转换为等价的十六进制的字符,详见程序清单 1.39。

程序清单 1.39 digit_to_charhex()转换函数范例程序

```
1    char digit_to_hexchar(int digit)
2    {
3        return "0123456789ABCDEF"[digit];
4    }
```

当 pcStr 指向字符串"OK!"的首地址时,* pcStr 表示该地址空间上的值为 'O',即 pcStr[0]= 'O',pcStr[1]= 'K',pcStr[2]= '! ',pcStr[3]= '\0',或 * pcStr= 'O',* (pcStr+1)='K',* (pcStr+2)='! ',* (pcStr+3)= '\0'。

2. 字符串的输入/输出

(1) scanf()函数和 gets()函数

1) scanf()函数

在读取字符串时,scanf()和转换格式符%s 只能读取一个单词。例如:

```
scanf("%s\n", str);
```

在 scanf 函数调用中,不需要在 str 前添加 &,因为 str 是数组名,编译器在将它传递给函数时,会将它当作指针来处理。调用时,scanf 函数会跳过空字符,然后读入字符并存储到 str 中,直到遇到空字符为止,scanf 函数始终会在字符串末尾存储一个空字符。

2) gets() 函数

在程序中经常要读取一整行输入,而不仅仅是一个单词,gets() 就是用于处理这种情况的。它读取整行输入直至遇到换行符,然后丢弃换行符存储其余字符,并在这些字符的末尾添加一个空字符使其成为一个字符串。它经常和 puts() 配对使用,该函数用于显示字符串,并在末尾添加换行符,即 gets() 是从标准输入设备中输入若干个字符,并保存到参数 s 指向的字符数组中,直到文件结束或读到一个换行符。换行符将被丢弃,在输入最后一个字符后会立即写入一个结束符 '\0'。其函数原型如下:

```
char *gets(char *s);
```

其中的 s 指向保存输入字符串的内存空间,如果 gets() 成功地获得了字符串,则返回 s;否则返回 NULL。例如,通过命令行输入一个字符 '9',但 '9' 不是整数 9,如果将 '9'—'0',则会得到整数 9,即

```
char cStr[256];
int cmdNum;
cmdNum = getchar() - '0';
gets(cStr);                          // 清空缓冲区
```

如果将数组作为参数传递,则传递的是指向数组首元素的指针,当 gets() 作为被调用函数时,完全不知道数组究竟有多大,而调用者又不能向 gets() 传递缓冲区的大小,因此 gets() 无法检查数组的长度。显然,必须有足够的空间保存输入的字符串,否则可能出现莫名其妙的问题。如果故意将尺寸很大的数据传递给 gets(),就可以达到数组越界且改写返回地址的目的。1988 年名震互联网的"互联网蠕虫"病毒,就是利用了 gets() 的这个弱点。

由于 gets() 的不安全行为造成了隐患,因此制定 C11 标准的委员采取了强硬的态度,直接从标准中废除了 gets() 函数。不妨自己编写一个输入函数,假设函数不会跳过空字符,在第一个换行符(不存储到字符串中)处停止读取,且忽略额外的字符。其函数原型如下:

```
int readLine(char str[], int n);
```

readLine() 函数主要由一个循环构成,只要 str 中还有空间,此循环就会调用 getchar() 函数逐个读入字符并将它存储在 str 中,在读入换行符时循环终止,其范例详见程序清单 1.40。

程序清单 1.40　　readLine( )函数的实现

```
1    int readLine(char str[], int n)
2    {
3        int ch, i = 0;
4
5        while((ch = getchar()) ! = '\n')
6            if(i < n)
7                str[i++] = ch;
8        str[i] = '\0';
9        return 0;
10   }
```

(2) printf( )函数和 puts( )函数

1) printf( )函数

转换格式符 s%允许 printf( )写字符串,与 puts( )不同的是,printf( )不会自动地在每个字符串的末尾加上一个换行符,因此必须在参数中指明应该在哪里使用换行符。例如:

```
char str[] = "hello world";
printf("% s\n", str);
```

printf( )会逐个写字符串中的字符,直到遇到空字符为止。如果只想显示字符串的一部分,可以使用转换格式符%. ps,这里的 p 是显示的字符数量。例如显示 hello:

```
printf("% .5s\n", str);
```

2) puts( )函数

虽然 printf( )用起来比较复杂,但可以打印多个字符串。除了 printf( ),C 语言标准库还提供了 puts( ),其函数原型如下:

```
int puts(const char * s);
```

其中,s 为指定输出的字符串,puts( )函数将参数 s 指向的字符串输出到标准输出设备中,但不输出结束符 '\0'。在输出字符串后,puts( )函数会多输出一个换行符 '\n',然后通过标准输出设备显示指定的字符串。如果显示成功,则返回 0;否则返回预定义常量 EOF。puts( )如何知道在何处停止呢? 该函数在遇到空字符时就停止输出,所以必须确保有空字符。

(3) fgets( )函数和 fputs( )函数

1) fgets( )函数

fgets( )和 fputs( )分别是 gets( )和 puts( )针对文件的定制的版本,fgets( )通过第 2 个参数限制读入的字符数来解决溢出的问题,该函数专门用于处理文件输入。

如果第 2 个参数的值是 n,那么 fgets()将读入 $n-1$ 个字符,或遇到第 1 个换行符为止。如果读到一个换行符将它存储在字符串中,这点与 gets()不同,gets()会丢弃换行符。

fgets()的第 1 个参数与 gets()一样,也是存储输入位置的地址(char ＊类型),第 2 个参数是一个整数,表示待输入字符串的大小,最后一个参数是文件指针,指定待读取文件。如果读入从键盘输入的数据,则以标准输入 stdin 作为参数,该标识定义在 stdio. h 中。其调用示例如下:

```
fgets(buf, STLEN, fp);
```

其中,buf 是 char 类型数组的名称,STLEN 是字符串的大小,fp 是指向 FILE 的指针。以上面的 gets()为例,fgets()读取输入直到第 1 个换行符的后面,或读到文件结尾,或读取 STLEN－1 个字符,然后 fgets()在末尾添加一个空字符使之成为一个字符串,字符串的大小是其字符数加上一个空字符。如果 fgets()在读到字符上限之前已经读完一整行,它会将表示行结尾的换行符放在空字符前面。fegts()在遇到 EOF 时将返回 NULL,因此可以利用这一机制检查是否到达文件结尾。如果未遇到 EOF,则返回它的地址。

fgets()存储换行符有好处也有坏处:坏处是可能不想将换行符存储在字符串中,这样的换行符会带来一些麻烦;好处是对于存储的字符串而言,检查末尾是否有换行符可以判断是否读取了一整行,如果不是一整行,则要妥善处理一行中剩下的字符。

首先,如何处理换行符?一个方法是在已经存储的字符串中查找换行符,并将其替换成空字符。假设\n 在 st 中:

```
while(st[i] ! = '\n')
    i++;
    st[i] = '\0';
```

其次,如果仍有字符串留在输入行怎么办?一个可行的办法是,如果目标数组装不下一整行输入,就丢弃那些多出的字符,即读取但不存储输入,包括\n:

```
while(getchar() ! = '\0')
    continue;
```

为何要丢弃输入行中余下的字符?因为输入行中多出来的字符会留在缓冲区中,成为下一次读取语句的输入。例如,如果下一条读取语句要读取的是 double 类型的值,就可能导致程序崩溃,而丢弃输入行余下的字符是为了保证读取语句与键盘输入同步。既然没有这样的函数,那么就创建一个,s_gets()函数详见程序清单 1.41。

程序清单 1.41   s_gets( )函数

```
1     char * s_gets(char * st, int n)
2     {
3         char * ret_value;
4         int i = 0;
5
6         ret_value = fgets(st, n, stdin);
7         if(ret_value){
8             while(st[i] ! = '\n' && st[i] ! = '\0')
9                 i + +;
10            if(st[i] == '\n')
11                st[i] = '\0';
12            else
13                while(getchar() ! = '\0')
14                    continue;
15        }
16        return ret_value;
17    }
```

如果 fgets( )返回 NULL,则说明读到文件结尾或出现读取错误,s_gets( )跳过了这个过程。其中的循环:

```
while(st[i] ! = '\n' && st[i] ! = '\0')
    i + +;
```

遍历字符串,直到遇到换行符或空字符。如果先遇到换行符,下面的 if 语句将其替换成空字符;如果先遇到空字符,else 部分便丢弃输入行的剩余字符,然后返回与 fgets( )相同的值。

尽管 s_gets( )用于替换 fgets( )已经有了很大的改进,但还是不完美。如果遇到不合适的输入,则会毫无反应。它丢弃多余的字符时,既不通知程序也不告知用户,请读者完善。

2) fputs( )函数

由于 fgets( )将换行符放在字符串的末尾(假设输入行不溢出),通常要与 fputs( )配对使用,除非该函数不在字符串末尾添加换行符。

fputs( )函数接受两个参数:第 1 个是字符串的地址;第 2 个是文件指针,指明要写入的文件,该函数根据传入地址找到的字符串写入指定的文件中。如果要显示在计算机的显示器上,则应使用标准输出 stdout 作为参数。与 puts( )不同的是,puts( )在打印字符串时,不会在其末尾添加换行符。其调用示例如下:

```
fputs(buf, fp);
```

其中,buf 是字符串的地址,fp 用于指定目标文件。

注意:gets()丢弃输入中的换行符,但 puts()在输出中添加换行符。而另一方面,fgets()保留了输入中的换行符,fputs()在输出中不会添加换行符。

3. 字符串函数

标准 C 语言提供了一个操作字符串的接口 string.h,其中很多函数是有特殊用途的。下面将详细介绍通过 string.h 导出的最重要的函数原型。

(1) strlen()函数

strlen()函数用于统计字符串的长度。其函数原型如下:

```
size_t strlen(const char * s);
// 前置条件:s 是一个以 null 结尾的字符串
// 后置条件:返回值为 s 中的字符个数(不包括 null 字符)
```

下面的函数可以缩短字符串的长度,其中用到了 strlen(),即

```
1    void fit(char * string, unsigned int size)
2    {
3        if(strlen(string) > size)
4            strlen[size] = '\0';
5    }
```

由于该函数要改变字符串,因此函数在声明形参 string 时没有使用 const 限定符。当然,也可以调用 strlen(s)确定字符串 s 的长度,或用 if 语句比较两个字符串是否相等,即

```
if(strcmp(s1, s2) == 0) …
```

(2) strcat()函数

用于拼接字符串的 strcat()函数接受两个字符串作为参数。其函数原型如下:

```
char * strcat(char * s1, char const * s2);
// 前置条件:s2 是一个以 null 结尾的字符串,s1 数组的末尾还有足够的空间容纳 s2 的一
//     个副本
// 后置条件:s2 被连接到 s1 中,且返回值是一个指针,该指针指向 s1 数组的第一个字符
```

该函数将第 2 个字符串的备份附加在第 1 个字符串末尾,s2 字符串的第 1 个字符将覆盖 s1 字符串末尾的空字符,并将拼接后的新字符串作为第 1 个字符串返回,第 2 个字符串不变。strcat()函数的类型是 char *(即指向 char 的指针),strcat()函数返回第 1 个参数,即拼接第 2 个字符串后的第 1 个字符串的地址。

由于 strcat()函数无法检查第 1 个数组是否能够容纳第 2 个字符串,如果分配给第 1 个数组的空间不够大,那么多出来的字符溢出到相邻存储单元时就会出问题,

当然也可以用 strlen() 查看第 1 个数组的长度。**注意**：要给拼接后的字符串长度加 1 才够空间存放末尾的空字符。或者用 strncat()，该函数的第 3 个参数指定了添加的最大字符数。其函数原型如下：

```
char * strncat(char * s1, char const * s2, size_t n);
```

该函数将 s2 字符串中的 n 个字符复制到 s1 字符串末尾，s2 字符串中的第 1 个字符将覆盖 s1 字符串末尾的空字符。不会复制 s2 字符串中的空字符和其后的字符，并在复制字符的末尾添加一个空字符，该函数返回 s1。

（3）strcmp() 函数和 strncmp() 函数

strcmp() 函数要比较的是字符串的内容，不是字符串的地址。其函数原型如下：

```
int strcmp(char const * s1, char const * s2);
// 前置条件：s1 和 s2 都是以 null 结尾的字符串
// 后置条件：返回值为 0，表示 s1 = s2;
//          返回值小于 0，表示 s1 在词典顺序上位于 s2 之前
//          返回值大于 0，表示 s1 在词典顺序上位于 s2 之后
```

如果 s1 字符串在机器排序序列中位于 s2 字符串的后面，则该函数返回一个正数；如果两个字符串相等，则返回 0；如果 s1 字符串在机器排序序列中位于 s2 字符串的前面，则返回一个负数。strcmp() 函数比较的是字符串（"hello"）不是字符（'q'），所以其参数应该是字符串。由于 char 的类型实际上是整数类型，因此可以使用关系运算符比较字符。如果两个字符串开始的几个字符都相同会怎样？strcmp() 会依次比较每个字符，直到发现第 1 对不同的字符为止，然后返回相应的值。例如，"apples"和"apple"只有最后一对字符不一样（"apples"的 s 和"apple"的空字符），由于空字符在 ASCII 中排第 1，字符 s 一定在它后面，所以 strcmp() 返回一个正数。

最后一个例子，strcmp() 比较所有的字符，不只是字母。与其说该函数按字母顺序进行比较，还不如说是按机器排序序列进行比较，即根据字符的数值（ASCII 值）进行比较，在 ASCII 中，大写字母在小写字母前面，因此 strcmp("Z", "a") 返回的是负值。

在大多数情况下，strcmp() 返回的具体值并不重要，只在意该值是 0 还是非 0，即比较两个值是否相等，或按字母排序字符串，此时需要知道比较的结果是正、负或 0。假设 word 是存储在 char 类型数组中的字符串，ch 是 char 类型的变量，即

```
if(strcmp(word, "hello") == 0)      puts("bye")
if(ch == 'q' )                      puts("bye")
```

尽管如此，还是不要使用 ch 或 'q' 作为 strcmp() 的参数。

strcmp() 比较两个字符串中的字符，直到发现不同的字符为止，这一过程可能会持续到字符串的末尾。而 strcmp() 在比较两个字符串时，可以比较字符不同的地方，也可以只比较第 3 个参数指定的字符数。其函数原型如下：

```
int strncmp(char const * s1, char const * s2, size_t n);
```

（4）strcpy()函数和strncpy()函数

1）strcpy()函数

strcpy()函数有两个属性：第一，strcpy()的返回值类型为 char *，该函数返回的是第 1 个参数的值，即一个字符的地址；第二，第 1 个参数不必指向数组的开始，这个属性可用于复制数组的一部分。**注意**：strcpy()将源字符串中的空字符也复制在内。

如果 pts1 和 pts2 都是指向字符串的指针，那么下面语句复制的是字符串的地址，而不是字符串本身，即

```
pts2 = pts1;
```

如果希望复制整个字符串，则可以使用 strcpy()函数。其函数原型如下：

```
char * strcpy(char * s1, char const * s2);
// 前置条件：s2 是一个以 null 结尾的字符串，s1 数组有足够的空间容纳 s2 的一个副本
// 后置条件：s2 被复制到 s1，且返回值是一个指针，该指针指向 s1 数组的第一个字符
```

该函数将 s2 指向的字符串（包括空字符）复制至 s1 指向的位置，返回 s1。strcpy()接受 2 个字符串指针作为参数，可以将指向源字符串的第 2 个指针声明为指针、数组名或字符串常量，而指向源字符串副本的第 1 个指针应指向一个数据对象，如数组，且对象要有足够的空间存储字符串的副本，通常将复制出来的字符串称为目标字符串。**注意**：*声明数组将分配存储数据的空间，而声明指针只分配存储一个地址的空间。*

2）strncpy()函数

strcpy()和 strcat()都有同样的问题，它们不能检查目标空间是否能容纳源字符串的副本，因此复制字符串使用 strncpy()更安全，该函数的第 3 个参数指明可复制的最大字符数。其函数原型如下：

```
char * strncpy(char * s1, char const * s2, size_t n);
```

该函数将 s2 指向的字符串复制至 s1 指向的位置，复制的字符不超过 n，其返回值为 s1。该函数不会复制空字符后面的字符，如果源字符串中的字符数少于 n，则目标字符串就以复制的空字符结尾。如果源字符串有 n 个或超过 n 个字符，就不复制空字符，所以复制的副本中不一定有空字符。基于此，一般会将 n 设置比目标数组大小少 1，然后将数组最后一个元素设置为空字符。

这样做的目的将确保存储的是一个字符串，如果目标空间能够容纳源字符串的副本，那么从源字符串复制的空字符便是该副本的结尾；如果目标空间装不下副本，则将副本最后一个元素设置为空字符。

尽管 C 语言允许将字符串作为一个字符数组或一个指向字符的指针，但是从更

抽象的角度理解字符串将会更有意义。如果想访问字符串中的单个字符,则需要注意它的表现形式。如果将字符串当作一个整体来看待,那么就可以忽略其表现的细节,而写出更容易理解的程序。例如:

```
typedef char * striing;
```

其目的是强调字符串是一个在概念上完全不同的类型,虽然 string 与 char * 类型完全相同,但它们传递的信息却是不同的。如果将一个变量定义为 char * 类型,其底层的表示方法是指针;如果将一个变量定义为 string 类型,就会将该字符串作为整体看待。这样一来,在声明函数的形参时,无论是将字符串作为数组、指针或抽象数据类型,它们都是可以互换的,其声明方法如下:

```
int strlen(string cStr);
int strlen(char cStr[]);
int strlen(char * cStr);
```

虽然标准 C 语言提供的 string.h 接口提供了一系列的字符串操作函数,它允许在函数调用时将字符串作为一个整体对待,但这些函数同样要求我们了解底层的表示,即函数将分配内存的任务留给了用户,特别是检测缓冲区溢出的条件。当使用这个接口时,用户要为每个字符串的存储负责。这种分配方式不仅增加了程序员的负担,也间接使编码中的错误增多了。

(5) 溢出问题

使用 gets()函数从标准输入读入字符串容易导致缓冲区溢出,而误用 strcpy()和 strcat()同样如此。因为使用某些函数可能造成攻击者用格式化字符串攻击的方法访问内存,甚至能够注入代码,所以 C11 版本加入了 strcat_s()和 strcpy_s()函数,如果发生缓冲区溢出,它们就会返回错误。printf()、fprintf()和 snprintf()这些函数都接受格式化字符串作为参数,避免这类攻击的一种简单方法是不要将用户提供的格式化字符串传给这些函数。

1.8.3 指针数组

1. 字符串与指针数组

如果有以下定义:

```
int data0 = 1, data1 = 2, data2 = 3;
int * ptr0 = &data0, * ptr1 = &data1, * ptr2 = &data2;
```

实际上地址也是数据,那么数组也可以保存指针,因此可以在基本数据类型的基础上派生一个构造类型,即将相同类型的指针变量集合在一起有序地排列构成指针数组。在指针数组变量的每一个元素中存放一个地址,并用下标区分它们。虽然数组与指针数组存储的都是数据,但还是有细微的差别。数组存储的是相同类型的字

符或数值,而指针数组存储的是相同类型的指针。例如:

```
int  data0, data1, data2;
int * ptr[3] = {&data0, &data1, &data2};
```

该声明被解释为 ptr 是指向 int 的指针的数组(元素个数 3),"int * [3]"类型名被解释为指向 int 的指针的数组(元素个数 3)类型,即 ptr 指针数组是数组元素为 3 个指针的数组,其本质是数组,类型为 int * [3],ptr[0]指向 &data0,ptr[1]指向 &data1,ptr[2]指向 &data2。

由于 ptr 声明为指针数组,因此 ptr[0]返回的是一个地址。当用 * ptr[i]解引用指针($i=0\sim2$)时,得到这个地址的内容,即 * ptr[0]==1,* ptr[1]==2,* ptr[2]==3。当然,也可以使用等价的指针表示法,ptr+i 表示数组第 i 个元素的地址。如果要修改这个地址中的内容,可以使用 * (ptr+i)。如果对 * *(ptr+i)解引用两次,则返回所分配的内存的位置,即可对其赋值。例如,ptr[1]位于地址 &ptr[1],表达式 ptr+1 返回 &ptr[1],用 * (ptr+1)则得到指针 &data1,再用 * *(ptr+i)解引用得到 &data1 的内容"1"。由此可见,使用指针的指针表示法,让我们知道正在处理的是指针数组。

显然,只要初始化一个指针数组变量保存各个字符串的首地址,即可引用多个字符串:

```
char * keyWord[5] = {"eagle", "cat", "and", "dog", "ball"};
```

其中,keyWord[0]的类型是 char * ,&keyWord[0]的类型是 char * * 。虽然这些字符串看起来好像存储在 keyWord 指针数组变量中,但指针数组变量中实际上只存储了指针,每一个指针都指向其对应字符串的第一个字符。也就是说,第 i 个字符串的所有字符存储在存储器中的某个位置,指向它的指针存储在 keyWord [i]中,即 keyWord [0]指向""eagle""、keyWord [1]指向""cat"",keyWord[2]指向 "ant",keyWord[3]指向 "dog",keyWord[4]指向 "ball"。

尽管 keyWord 的大小是固定的,但它访问的字符串可以是任意长度,这种灵活性是 C 语言强大的数据构造能力的一个有力的证明。由于指针数组是元素为指针变量的数组,因此一个字符指针数组可以用于处理多个字符串。显然,将字符串制成一个表存放于指针数组的话,比使用 switch 语句效果更好。由此可见,数据的随机存储会以两种形式保存:存址和存值,存址方式详见图 1.14。一个数组包含了指向实际信息的指针,而不是直接将信息存储在数组元素的存储空间里。使用这种方式,可以灵活地存储和排序任何复杂结构的数据。

相反地,基于值的存储将 n 个元素的数据集合打包存储在固定大小的记录块中,这个固定大小为 s,存值方式详见图 1.15,每个字符串占用大小为 6 字节的连续存储块。

为了便于说明多个字符串的引用,将设计一个数据交换函数。由于任何数据类

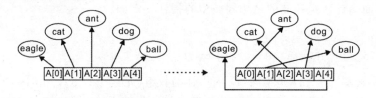

图 1.14　存址方式

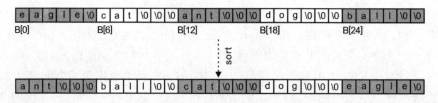

图 1.15　存值方式

型的指针都可以给 void * 指针赋值,因此可以利用这一特性,将 void * 指针作为 byte_swap()函数的形参,即可接受任何类型数据。

　　由于 C 语言中最小长度的变量为 char 类型(包括 unsigned char、signed char 等),其 sizeof(char)的结果为 1,而其他任何变量的长度都是它的整数倍。例如,在 32 位系统中,sizeof(int)为 4。由于 C 语言的变量类型多种多样,因此不可能为每一种变量类型编号,而且 swap 也并不关心变量的真正类型,所以可以用变量的长度代替变量类型。byte_swap 函数原型为:

```
void byte_swap(void * pData1, void * pData2, size_t stSize);
```

其中,size_t 是 C 语言标准库中预定义的类型,专门用于保存变量的大小。stSize 为变量的长度,pData1、pData2 分别为要比较的第 1、2 个参数。当返回值＜ 0 时,表示 pData1 ＜ pData2;当返回值＝ 0 时,表示 pData1 ＝ pData2;当返回值＞ 0 时,表示 pData1 ＞ pDta2。

　　在这里,任何类型的指针都可以传入 byte_swap()中,真实地体现了内存操作函数的意义,无论这块内存是什么数据类型,它操作的对象仅仅是一块内存。无论用户传进来的是什么类型,从 C99 版本后,将 void * 类型指针赋值给其他类型指针时,不再需要强制类型转换,即循环一次交换一个字节,那么对于 int 类型数据来说,仅需循环 4 次就可以了。但其前提是两个变量的类型必须相同,例如,交换 a、b 两个变量的值,其使用方法如下:

```
byte_swap(&a, &b, sizeof(a));
```

byte_swap()数据交换函数的接口与实现详见程序清单 1.42 和程序清单 1.43。

程序清单 1.42　swap 数据交换函数接口(swap.h)

```
1    # pragma once
2    void byte_swap(void * pData1, void * pData2, size_t stSize);
```

程序清单 1.43　swap 数据交换函数接口的实现(swap.c)

```
1    void byte_swap(void * pData1, void * pData2, size_t stSize)
2    {
3        unsigned char * pcData1 = pData1;
4        unsigned char * pcData2 = pData2;
5        unsigned char ucTemp;
6
7        while (stSize -- ){
8            ucTemp = * pcData1; * pcData1 = * pcData2; * pcData2 = ucTemp;
9            pcData1 ++ ; pcData2 ++ ;
10       }
11   }
```

针对特定的字符串,指针数组的应用示例详见程序清单 1.44。

程序清单 1.44　比较字符串大小然后输出的范例程序

```
1    # include<stdio.h>
2    # include<string.h>
3    # include "swap.h"
4
5    const char * keyWord[5] = {"eagle", "cat", "and", "dog", "ball"};
6    void show_str (void)                         // 打印 keyWord 数据
7    {
8        for (int i = 0; i < sizeof(keyWord) / sizeof(keyWord[0]); i ++){
9            printf("% s", keyWord[i]);
10       }
11       printf("\n");
12   }
13
14   int main(int argc, char * argv[])
15   {
16       show_str();
17
18       if(strcmp(keyWord[0], keyWord[1]) < 0)
19           byte_swap(keyWord, keyWord + 1, sizeof(keyWord[0]));
20       show_str();
21       return 0;
22   }
```

2. 字符串与指针的指针

除了作为 sizeof 或 & 的操作数外,指针数组的数组名在表达式中等价一个双重指针常量,其右值为数组变量的首地址。例如:

```
int main(int argc, char * argv[])
```

其完全等价于:

```
int main(int argc, char * * argv)
```

显然,如果要访问一个指针数组,使用指向指针的指针最为方便,但稍不注意偶尔也会写出错误的程序,详见程序清单 1.45。

程序清单 1.45 一个错误的范例程序

```
1    # include<stdio.h>
2    int main(void)
3    {
4        char * * pKeyWord;
5        static char * keyWord[5] = {"eagle", "cat", "and", "dog", "ball"};
6
7        pKeyWord = keyWord;
8        while( * * pKeyWord ! = NULL)
9            printf("%s\n", *(pKeyWord++));
10       return 0;
11   }
```

由于字符串末尾的空字符或 '\0' 与空指针或 NULL 的值 0 恰好相等,因此上述代码的编译和执行结果都是正确的,但确实是一个错误的示例。因为大多数编译器在编译程序清单 1.15 的第 9 行时进行了类型转换,将 * * pKeyWord 由 char 类型转换成了 void * ,或将 NULL 由 void * 转换成了 char 类型,但在编译时一般会给出一条警告信息,因为空字符是整数类型,而空指针是指针类型。

之所以写出这样的代码,说明程序员完全没有理解 "" 与 NULL 的区别。如果编译器完全禁止 char 与指针之间的相互转换,则上述代码可能编译失败。由此可见,需要认真对待编译器给出的每一条警告信息,并分析出现警告信息的原因,而不是仅仅编译通过、程序执行结果正确就万事大吉了。

程序清单 1.46 是针对程序清单 1.45 的一种解决方案。它首先判断 * keyWord 是否为空指针,如果为空指针,则退出循环;如果不是,则输出显示该字符串,然后将 pKeyWord 加 1 指向下一个字符串。

程序清单 1.46   用指针数组变量与双重指针变量处理多个字符串

```
1    #include<stdio.h>
2    int main(void)
3    {
4        char * * pKeyWord;
5        static char * keyWord[6] = {"eagle", "cat", "and", "dog", "ball", "NULL"};
6
7        pKeyWord = keyWord;
8        while( * pKeyWord ! = NULL)
9            printf(" % s\n", * (pKeyWord ++ ));
10       return 0;
11   }
```

由于指针类型的数组也是一维数组,因此双重指针的算术运算与普通指针的算术运算十分相似。当 pKeyWord 指向 keyWord 时,keyWord[i]、pKeyWord[i]、 * (keyWord+i)与 * (pKeyWord+i)是等效的访问指针数组变量元素的 4 种表现形式。keyWord[i]指向了第 i 个字符串的首地址,即第 i 个字符串第 1 个字符的地址。若访问指针 keyWord[0]所指向的目标变量,则 * keyWord[0]的值是字符串"Monday"的第 1 个字符 M。当然, * keyWord[0]也可以写成 * pKeyWord[0]、 * * keyWord、 * * pKeyWord 等表现形式。

程序清单 1.47 是针对程序清单 1.45 的另一种解决方案。它首先判断 * pKeyWord 所指向的是否为空字符串(即只包含 '\0' 的字符串,也就是字符串第 0 个元素为 '\0' 的字符串),如果为空字符串,则退出循环;如果不是,则输出显示该字符串,然后将 pKeyWord 加 1 指向下一个字符串。

程序清单 1.47   用指针数组变量与双重指针变量处理多个字符串(2)

```
1    #include<stdio.h>
2    int main(void)
3    {
4        char * * pKeyWord;
5        static char * keyWord[6] = {"eagle", "cat", "and", "dog", "ball", "NULL"};
6
7        pKeyWord = keyWord;
8        while( * * pKeyWord ! = ""[0])                    // ""[0]等价于 '\0'
9            printf(" % s\n", * (pKeyWord ++ ));
10       return 0;
11   }
```

在实际的应用中,程序清单 1.47 第 8 行中的""""[0]"是一种非常少见的用法。如果用 '\0' 代替它,则功能一样,且执行效率还稍微高一点。由于字符串常量是只读字符数组,因此字符串常量"""""就是只有字符串结束字符 '\0' 的字符串常量,即数组变量的第 0 个元素的值为 '\0'。由于""""是一个数组变量,因此可以使用下标运算符对""""进行求值运算,获得指定的数组元素,从而得到""""[0]"的值 '\0'。一般来说,在大多数程序中都直接使用 '\0' 不使用""""[0]",而程序清单 1.47 第 8 行使用""""[0]"有两重意义:

- 与程序清单 1.47 第 5 行对应,使程序的含义更清晰。当 * pKeyWord 指向最后一个字符串的第 0 个元素时,结束循环。**注意**:这个字符串的第 0 个元素与其他任何一个字符串的第 0 个元素都不相同。

- 可移植性更好。如果将来 C 语言的字符修改了结束字符的定义,则程序也不必修改。例如,为了支持中文,将一个中文字作为一个字符,则字符类型必须修正,因为它不再是 8 位,所以其结束字符也可能修改。

如果要存储静态的表格式数据,当然应该用数组。搜索程序必须知道数组中有多少个元素,对这个问题的处理方法是传递一个数组长度参数。这里采用的另一种方法是选择指针数组方式,即

```
const char *  keyWord[6] = {"eagle", "cat", "and", "dog", "ball", NULL};
```

即在表尾增加了一个 NULL 指针,这个 NULL 指针使函数在搜索这个表时能够检测到表的结束,而无需预先知道表的长度,其相应的搜索范例程序详见程序清单 1.48。

程序清单 1.48　　搜索范例程序

```
1    int lookup(char * word, char * keyword[])
2    {
3
4        for(int i = 0; keyiWord[i] ! = NULL; i + + )
5            if(strcmp(word, keyWord[i] == 0))
6                 return i;
7        return - 1;
8    }
```

在 C 语言中,字符串数组参数可以是 char * keyiWord[]或 char * * keyWord,虽然它们都是等价的,但前一种形式能将参数的使用方式表达得更清楚。

这里采用的搜索算法称为顺序搜索,它逐个查看每个数据是不是要找的那一个。如果数据的个数不多,顺序搜索也很快。标准库中提供了一些函数,它们可以处理某些特定类型的顺序搜索问题,如 strchr 和 strstr 能搜索给定的字符串中的字符或子串,如果对某个数据类型有这种函数,就应该直接使用它。

虽然搜索看起来非常简单,但它的工作量与被搜索数据的个数成正比。如果要找的数据并不存在,而数据量加倍则会使搜索的工作量加倍。这是一种线性关系,其运行时间是数据规模的线性函数,因此这种搜索也称为线性搜索。

3. 字符串与二维数组

有两种风格描述 C 语言风格的字符串数组,即二维数组和指针数组。例如:

```
char  keyWord[][6] = {"eagle", "cat", "and", "dog", "ball"};
char * keyWord[5] = {"eagle", "cat", "and", "dog", "ball"};
```

其中,第 1 个声明创建了一个二维数组,详见图 1.16(a)。第 2 个声明创建了一个指针数组,每个指针元素都初始化为指向各个不同的字符串常量,详见图 1.16(b)。

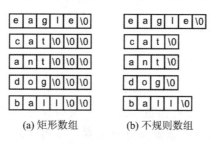

(a) 矩形数组   (b) 不规则数组

图 1.16   矩形数组和不规则数组

初看上去二维数组的效率似乎低一些,因为它每一行的长度都被固定为刚好能容纳最长的关键字,但它不需要任何指针。另一方面,指针数组也要占用内存,但是每个字符串常量占用的内存空间只是它本身的长度。

如果改用二维数组代替指针数组修改程序清单 1.44,这两种方法使用了相同的初始化列表,显示字符串的 for 循环代码也相同,则只要修改形参和局部变量的声明即可。由于数组变量名的值是指针,因此无论传递给函数的是指针还是数组名,函数都能运行。尽管它们的声明不同,但从某些方面看起来,它们非常相似,两者都代表 5 个字符串。当使用一个下标时都分别表示一个字符串,但两者的类型并不相同。当使用 2 个下标时都分别表示一个字符,如 keyWord[1][2] 表示 keyWord 数组中第 2 个指针指向的字符串的第 3 个字母 't'。

如果它们的长度差不多,那么二维数组形式更紧凑一些。如果各个字符串的长度差别很大,绝大多数的字符串都很短,只有少数几个很长,那么使用指针数组形式会更紧凑一些,这取决于指针所占用的空间是否小于每个字符串都存储于固定长度的行所浪费的空间。实际上,除了非常巨大的表,它们之间的差别是非常小的,所以根本不重要。除非要改变其中的任何一个字符串,二维数组是更好的选择。

1.9   动态分配内存

首先回顾一下内存分配,所有程序都必须预留足够的内存存储程序使用的数据,这些内存中有些是自动分配的。例如,声明"int iNum;"为一个 int 类型的值预留了足够的内存,或显式指定分配一定数量的内存,"int pData[20];"声明预留了 20 个内存位置,每个位置存储的是 int 类型的值。声明还为内存提供了标识符,因此可以使用 iNum 或 pData 识别数据。静态数据在程序载入内存时分配的,自动数据是在程序执行时分配的,并在程序离开时销毁。但 C 语言能做的远不止这些,可以在程序运行时请求所需要的内存大小。

程序在运行时分配的内存空间称为"堆"的存储池,虽然计算机在硬件上不直接支持堆,但 C 语言函数库(stdlib. h)分别提供了用于动态内存分配和释放的函数 malloc()和 free(),即在运行时根据需要创建一个存储单元,在不需要时释放。

1.9.1 malloc()函数

malloc()函数原型如下:

```
void * malloc(unsigned int size);
```

其中,void * 表示该函数是指针函数,size 为所需内存的字节数,可以用 sizeof 运算符计算每个元素所需的空间数量和所有元素需要内存的字节数。如果分配成功,虽然 malloc()不会为分配的内存赋名,但它却返回了动态分配内存块的首字节地址,因此可以将该地址赋给一个指针变量,并使用指针变量访问这块内存。如果分配不成功或内存不足,则返回空指针 NULL,因此在使用它返回的指针之前,一定要先检查返回值,否则可能会导致程序非正常终止。例如:

```
int * pi = malloc(sizeof(int));
if(pi ! = NULL){
    // 指针没有问题
}else{
    // 无效的指针
}
```

malloc()函数可用于返回指向数组的指针、指向结构的指针等,所以通常该函数的返回值会被强制转换为匹配的类型,但从 C99 版本开始,void * 类型的指针不需要强制转换赋给所有的指针类型变量。

当编写程序时,常常很难为数组估计合适的大小,较为方便的做法是等到程序运行时,再来确定数组的实际大小。其方法是用 malloc()在程序执行期间为数组分配空间,然后通过指向数组第一个元素的指针访问数组。假设正在编写的程序需要 n 个整数构成的数组,这里的 n 可以在程序执行期间计算出来。首先需要声明指针变量:

```
int * pi, n;
```

一旦 n 的值已知,就让程序调用 malloc()函数为数组分配存储空间:

```
pi = malloc(n * sizeof(int));
    if(pi == NULL)    return - 1;
```

当 pi 指向分配动态分配的内存块时,就可以忽略 pi 是指针的事实,将它作为数组名使用,这是 C 语言数组和指针形成紧密关系所带来的便利。由于数组名是该数组首元素的地址,如果让 pi 指向这个块的首元素,便可以像使用数组名一样使用它,即可以使用 pi[0]访问该块的首元素,pi[1]访问第 2 个元素,以此类推。例如,使用下列循环对 pi 指向的数组进行初始化:

```
for(i = 0; i < n; i++)    pi[i] = 0;
```

动态内存分配可以提供更多的灵活性。例如:

```
char * pcStr;
char * pcStr = malloc(strlen("OK!") + 1);
strcpy(pcStr, "OK!");
```

在这里,使用 strlen()计算字符串的长度,一定要记得加上结束符 NUL。为何不用 sizeof 呢?因为 szieof 会返回数组和指针的长度,而不是字符串的长度。

1.9.2 calloc()函数

虽然可以用 malloc()函数为数组分配内存,但 C 语言提供了一种更好用的 calloc()函数,其函数原型如下:

```
void * calloc(size_t nmenb, size_t size);
```

calloc()函数为 nmemb 个元素的数组分配内存空间,其中,每个元素的长度都是 size 个字节。如果要求的空间无效,那么此函数返回指针。在分配了内存之后,calloc()函数会通过将所有位设置为 0 的方式进行初始化。例如,调用 calloc()函数为 n 个整数的数组分配存储空间,且保证所有整数初始化为 0。例如:

```
pi = calloc(n, sizeof(int));
```

因为 calloc()函数会清楚分配的内存,而 malloc()函数不会,所以可以调用以"1"作为第一个实参的 calloc()函数,为任何类型的数据项分配空间。例如:

```
struct point{ int x, y;} * pi;
pi = calloc(1, sizeof(struct point));
```

在执行此语句后,pi 将指向一个结构体,且此结构体的成员 x 和 y 都会被设为 0。

1.9.3 free()函数

对于程序而言,不可再访问的内存块称为垃圾,留有垃圾的程序存在内存泄漏现象。虽然一些语言提供了垃圾收集器用于垃圾的自动定位和回收,但 C 语言不提供。要求每个程序负责回收各自的垃圾,方法是调用 free() 函数释放不需要的内存。

通常 malloc() 要与 free() 配套使用,当动态内存使用完毕时,如果不及时释放,必然导致"内存泄漏(即内存空间减少)",进而影响程序的正常运行。释放内存的 free() 函数原型如下:

```
void free(void * pointer);
```

即将 malloc() 返回的指针 pointer 作为参数传给 free() 释放内存。虽然 free() 函数允许收回不再需要的内存,但使用此函数会导致一个新的问题:悬空指针。虽然调用 free(pi) 函数会释放 pi,但不会改变 pi 本身。如果忘记了 pi 不再指向有效内存块,那么混乱就有可能随即而来。例如:

```
char * pi = malloc(5);
free(pi);
strcpy(pi, "abc");                        // 错误
```

即修改了 pi 指向的内存是严重的错误,因为程序对此内存失去了控制权。事实上,悬空指针是很难发现的,因为几个指针可能指向相同的内存块,在释放内存块后,全部的指针都悬空了。有了 free() 函数,也可以用 malloc() 在运行时分配一块连续的内存空间,达到改变数组大小的目的。例如:

```
char * pi = malloc(5);
```

即变量 pi 指向已经在堆内分配的 5 个连续字节,好像声明了一个有 5 个字符的数组一样,显然动态数组就是分配在"堆"上,用指针变量引用的数组。分配动态数组的步骤如下:

- 声明一个指针变量用于保存数组变量首元素的地址;
- 调用 malloc() 为数组变量中的元素分配内存;
- 将 malloc() 的结果赋给指针变量。

由于不同的数据类型占用的内存大小不一样,其大小为数组变量元素个数乘以每个元素所占内存的大小。例如,有 5 个 int 型元素的数组变量需要分配内存:

```
int * pi = malloc(5 * sizeof(int));
```

与数组不同的是,当不再使用时,必须释放内存。例如:

```
free(pi);
```

如果需要 10 个元素才够用,那么应该先释放原内存,然后再申请新内存。例如:

```
free(pi);
pi = malloc(10 * sizeof(int));
```

显然,存放在原内存的数据不见了,为了保留原来的数据,需要再做些工作:

```
int * temp = pi;                        // 让 temp 指向原内存
pi = malloc(10 * sizeof(int));          // 让 pi 指向新内存
memcpy(pi, temp, 5 * sizeof(int));      // 将原内存的数据复制到新内存
free(temp);                             // 释放原内存
```

但上面的工作仅需一条语句即可完成。例如:

```
pi = realloc(pi, 10 * sizeof(int));
```

由于 free 函数不会检查传入的指针是否为 NULL,也不会在返回前将指针设置为 NULL,因此程序员会创建自己的 free()函数,saferFree()函数的接口和实现详见程序清单 1.49 和程序清单 1.50。

程序清单 1.49   saferFree()函数的接口(saferFree.h)

```
1    #pragma once
2    void saferFree(void * * pp);
```

程序清单 1.50   saferFreeh()函数接口的实现(saferFree.c)

```
1    # include <saferFree.h>
2    # include <malloc.h>
3
4    void saferFree(void * * pp)
5    {
6        if(pp ! = NULL && * pp ! = NULL)
7            free( * pp);
8            * pp = NULL;
9        }
10   }
```

如果使用 saferFree 宏调用 saferFree()函数,则可以省略类型转换和传递指针的地址,即

```
#define NewSaferFree(P) saferFree((void * * )&p)
```

其调用形式如下:

```
int * pi = malloc(sizeof(int));
NewSaferFree(pi);
```

1.9.4   realloc()函数

alloc 是 allocate 分配的缩写,前缀 re 就是重新分配的意思。如果原内存后面还有剩余,则 realloc()只是修改分配表,还是返回原内存的地址;如果没有剩余内存,

realloc()将申请新的内存,然后将原内存的数据复制到新内存中,原内存将被 free()释放掉,realloc()返回新内存的地址。realloc()函数原型如下:

```
void * realloc(void * pointer, unsigned int size);
```

当调用 realloc()函数时,point 必须指向先前通过 malloc、calloc 或 realloc 调用获得的内存块。size 表示新分配内存的大小,以字节为单位。其作用是将 pointer 所指向的动态空间的大小改变为 size,pointer 的值不变。如果重新分配不成功,则返回 NULL;如果通过 malloc()已经获得了动态空间,又不想改变其大小,则可以使用 realloc()重新分配。

第 2 章

程序设计技术

📖 本章导读

作者经常听嵌入式软件开发者说,"我几乎不用函数指针……"。言下之意,那些复杂的语法似乎毫无用处,而实际上很多人根本没有认识到其无穷的威力。例如,状态机的实现非常依赖于函数指针,它最终是通过虚拟表得到事件处理函数的操作的,而虚拟表就是调用函数指针的列表。

通过一个函数指针的函数调用反汇编机器码,实际上只需一条机器指令,它前面的指令是将函数的参数压入堆栈,这些指令在各种实现中都是需要的。显然当一个函数指针直接映射到绝大多数 CPU 构架上时,仅需要最小、最快的代码,因此函数指针是使用 C/C++ 实现状态机最快的途径,状态机是函数指针的"杀手级"应用。

2.1 函数指针与指针函数

2.1.1 函数指针

变量的指针指向的是一块数据,而指针指向的是不同的变量,它们取到的是不同的数据。经过编译后的函数都是一段代码,系统随即为相应的代码分配一段存储空间,而存储这段代码的起始地址(又称为入口地址)就是这个函数的指针,即跳转到某一个地址单元的代码处去执行。函数指针指向的是一段代码(即函数),指针指向的是不同的函数,它们具有不同的行为。

因为函数名是一个常量地址,所以只要将函数的地址赋给函数指针,即可调用相应的函数。如同数组名一样,我们用的是函数本身的名字,它会返回函数的地址。当一个函数名出现在表达式中时,编译器就会将其转换为一个指针,即类似于数组变量名的行为,隐式地取出了它的地址。也即函数名直接对应于函数生成的指令代码在内存中的地址,因此函数名可以直接赋值给指向函数的指针。既然函数指针的值可以改变,那么就可以使用同一个函数指针指向不同的函数。例如有以下定义:

```
int ( * pf)(int);                    // pf 函数指针的类型是什么
```

C 语言的发明者 K&R 是这样解释的，"因为 ＊ 是前置运算符，它的优先级低于（），为了让连接正确地进行，有必要加上括号。"这未免有些牵强附会，如此解释反而使人更糊涂。因为声明中的 ＊ 、（）、[] 都不是运算符，而运算符的优先顺序在语法规则中是在其他地方定义的。其详解如下：

```
int ( * pf)(int a);                    // pf 是指向…的指针
int ( * pf)(int  a);                   // pf 是指向…的函数(参数为 int)的指针
int ( * pf)(int  a);                   // pf 是指向返回 int 的函数(参数为 int)的指针
```

即 pf 是一个指向返回 int 的函数的指针，它所指向的函数接受一个 int 类型的参数。"int(＊)(int)"类型名被解释为指向返回 int 函数(参数为 int)的指针类型。如果在该定义前添加 typedef，例如：

```
typedef int ( * pf)(int a);
```

在未添加 typedef 前，pf 是一个函数指针变量；而添加 typedef 后，pf 就变成了函数指针类型，习惯的写法是类型名 pf 大写为 PF。例如：

```
typedef int ( * PF)(int a);
```

与其他类型的声明不同，函数指针的声明要求使用 typedef 关键字。另外，函数指针的声明与函数原型的唯一不同是函数名用(＊PF)代替了，"＊"在此处表示"指向类型名为 PF 的函数"。显然，有了 PF 类型，即可定义函数指针变量 pf1、pf2。例如：

```
PF pf1, pf2;
```

虽然此声明等价于：

```
int ( * pf1)(int a);
int ( * pf2)(int a);
```

但这种写法更难理解。既然函数指针变量是一个变量，那么它的值就是可以改变的，因此可以使用同一个函数指针变量指向不同的函数。使用函数指针必须完成以下工作：

● 获取函数的地址，如 pf ＝ add，pf ＝ sub；
● 声明一个函数指针例如"int （ ＊ pf)(int, int)；"；
● 使用函数指针来调用函数，如 pf(5, 8)，(＊ pf)(5, 8)。

为何 pf 与(＊ pf)等价呢？

一种说法是，由于 pf 是函数指针，假设 pf 指向 add() 函数，则 ＊ pf 就是函数 add，因此使用(＊pf)()调用函数。虽然这种格式不好看，但它给出了强有力的提示——代码正在使用函数指针调用函数。

另一种说法是,由于函数名是指向函数的指针,那么指向函数的指针的行为应该与函数名相似,因此使用 pf() 调用函数。因为这种调用方式既简单又优雅,所以人们更愿意选择——说明人类追随美好感受的内心是无法抗拒的。

虽然它们在逻辑上互相冲突,但不同的流派有不同的观点,且容忍逻辑上无法自圆其说的观点,正是人类思维活动的特点。

在一个袖珍计算器中,经常需要用到加、减、乘、除、开方等各种各样的计算,虽然其调用方法都一样,但在运行中需要根据具体情况决定选择调用支持某一算法的函数。如果使用如图 2.1(a) 所示的直接调用方式,则势必形成了依赖关系结构,策略会受到细节改变的影响,当使用如图 2.1(b) 所示的函数指针接口倒置(或反转)这种依赖关系结构时,使得细节和策略都依赖于函数指针接口,断开了不想要的直接依赖。

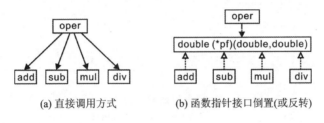

(a) 直接调用方式   (b) 函数指针接口倒置(或反转)

图 2.1   使用函数指针倒置依赖关系

当将直接访问抽象成函数指针倒置(或反转)了依赖的关系时,高层模块不再依赖于低层模块。高层模块依赖于抽象,即一个函数指针形式的接口,同时细节也依赖于抽象,pf() 实现了这个接口,即两者都依赖于函数指针接口。在 C 语言中,通常用函数指针来实现 DIP(倒置依赖关系),断开不想要的直接依赖。既可以通过函数指针调用服务(被调用代码),服务也可以通过函数指针回调用户函数。

函数指针是程序员经常忽视的一个强大的语言能力,不仅使代码更灵活可测,而且对消除重复条件逻辑有很大的帮助,同时还可以使调用者免于在编译时或链接时依赖于某个特定的函数,其好处是减少了 C 语言模块之间的耦合。但函数指针的使用是有条件的,如果主调函数与被调函数之间的调用关系永远不会发生改变,则采用直接调用方式是最简单的,在这种情况下,模块之间耦合是合理的,不仅代码简单直截了当,而且开销也是最小的。如果需要在运行时使用一个或多个函数指针调用某一函数,那么使用函数指针是最佳的选择,通常将其称为动态接口,其范例程序详见程序清单 2.1。

程序清单 2.1   通过函数指针调用函数范例程序

```
1     #include<stdio.h>
2     int add(int a, int b)
3     {
4         printf("addition function\n");
5         return a + b;
6     }
7
8     int sub(int a, int b)
9     {
10        printf("subtration function\n");
11        return a - b;
12    }
13
14    int main(void)
15    {
16        int (*pf)(int, int);
17
18        pf = add;
19        printf("addition result: % d\n", pf(5, 8));
20        pf = sub;
21        printf("subtration result: % d\n", pf(8, 5));
22        return 0;
23    }
```

由于任何数据类型的指针都可以给 void 指针变量赋值，且函数指针的本质就是一个地址，因此可以利用这一特性，将 pf 定义为一个 void ＊ 类型指针，那么任何指针都可以赋值给 void ＊ 类型指针变量。其调用方式如下：

```
void     * pf = add;
printf("addition result: % d\n", ((int (*)(int, int)) pf)(5, 8));
```

在函数指针的使用过程中，指针的值表示程序将要跳转的地址，指针的类型表示程序的调用方式。在使用函数指针调用函数时，务必保证调用的函数类型与指向的函数类型完全相同，所以必须将 void ＊ 类型转换为((int (＊)(int, int)) pf)来使用，其类型为"int (＊)(int, int)"。

2.1.2 指针函数

实际上，指针变量的用途非常广泛，指针不仅可以作为函数的参数，而且指针还可以作为函数的返回值。当函数的返回值是指针时，这个函数就是指针函数。当给定指向两个整数的指针时(见程序清单 2.2),函数返回指向两个整数中较大数的指针。当调用 max 时,用指向两个 int 类型变量的指针作为参数,且将结果存储在一个指针变量中,其中,max 函数返回的指针是作为实参传入的两个指针之一。

程序清单 2.2　求最大值函数(指针作为函数的返回值)

```
1    # include<stdio.h>
2    int * max(int * p1, int * p2)
3    {
4        if( * p1 > * p2)
5            return p1;
6        else
7            return p2;
8    }
9
10   int main(int argc, char * argv[])
10   {
11       int * p, a, b;
12       a = 1; b = 2;
13       p = max(&a, &b);
14       printf(" % d\n", * p);
15       return 0;
16   }
```

当然,函数也可以返回字符串,它返回的实际是字符串的地址,但一定要注意如何返回合法的地址。既可以返回静态的字符串地址,也可以在堆上分配字符串的内存,然后返回其地址。**注意**:不要返回局部字符串的地址,因为内存有可能被其他的栈帧覆写。

下面再来看一看指针函数与函数指针变量有什么区别? 如果有以下定义:

```
int * pf(int * , int);          // int * (int * , int)类型
int ( * pf)(int, int);          // int ( * )(int, int)类型
```

虽然两者之间只差一个括号,但表示的意义却截然不同。函数指针变量的本质是一个指针变量,其指向的是一个函数;指针函数的本质是一个函数,即将 pf 声明为一个函数,它接受 2 个参数,其中一个是 int * ,另一个是 int,其返回值是一个 int 类型的指针。

在指针函数中,还有一类这样的函数,其返回值是指向函数的指针。对于初学者,别说写出这样的函数声明,就是看到这样的写法也是一头雾水。如下面这样的语句:

```
int ( * ff (int))(int, int);    // ff 是一个函数
int ( * ff (int))(int, int);    // ff 是一个指针函数,其返回值是指针
int ( * ff (int))(int, int);    // 指针指向的是一个函数
```

这种写法确实让人难以理解,以至于一些初学者产生误解,认为写出别人看不懂的代码才能显示自己水平高。而事实上恰好相反,能否写出通俗易懂的代码才是衡量程序员是否优秀的标准。当使用 typedef 后,PF 就成为了一个函数指针类型,即

```
typedef int ( * PF)(int, int);
```

有了这个类型,那么上述函数的声明就变得简单多了,即

```
PF ff(int);
```

下面将以程序清单 2.3 为例,说明用函数指针作为函数返回值的用法。当用户分别输入 d、x 和 p 时,求数组的最大值、最小值和平均值。

程序清单 2.3   求最值与平均值的范例程序

```
1     # include<stdio. h>
2     # include <assert. h>
3     double getMin(double * dbData, int iSize)              // 求最小值
4     {
5         double dbMin;
6
7         assert((dbData ! = NULL) && (iSize > 0));
8         dbMin = dbData[0];
9         for (int i = 1; i < iSize; i ++ ){
10            if (dbMin > dbData[i]){
11                dbMin = dbData[i];
12            }
13        }
14        return dbMin;
15    }
16
17    double getMax(double * dbData, int iSize)              // 求最大值
18    {
19        double dbMax;
20
21        assert((dbData ! = NULL) && (iSize > 0));
22        dbMax = dbData[0];
23        for (int i = 1; i < iSize; i ++ ){
24            if (dbMax < dbData[i]){
25                dbMax = dbData[i];
26            }
27        }
28        return dbMax;
29    }
30
31    double getAverage(double * dbData, int iSize)          // 求平均值
32    {
33        double dbSum = 0;
34
35        assert((dbData ! = NULL) && (iSize > 0));
36        for (int i = 0; i < iSize; i ++ ){
```

```
37              dbSum += dbData[i];
38          }
39          return dbSum/iSize;
40      }
41
42      double unKnown(double * dbData, int iSize)          // 未知算法
43      {
44          return 0;
45      }
46
47      typede double ( * PF)(double * dbData, int iSize);       // 定义函数指针类型
48      PF getOperation(char c)                      // 根据字符得到操作类型,返回函数指针
49      {
50          switch (c){
51          case 'd':
52              return getMax;
53          case 'x':
54              return getMin;
55          case 'p':
56              return getAverage;
57          default:
58              return unKnown;
59          }
60      }
61
62      int main(void)
63      {
64          double dbData[] = {3.1415926, 1.4142, - 0.5, 999, - 313, 365};
65          int iSize = sizeof(dbData) / sizeof(dbData[0]);
66          char c;
67
68          printf("Please input the Operation :\n");
69          c = getchar();
70          PF pf = getOperation(c);
71          printf("result is % lf\n", pf(dbData, iSize));
72          return 0;
73      }
```

前 4 个函数分别实现了求最大值、最小值、平均值和未知算法,getOperation()
根据输入字符得到的返回值是以函数指针的形式返回的,从 pf(dbData,iSize)可以
看出是通过这个指针调用函数的。**注意**:指针函数可以返回新的内存地址、全局变
量的地址和静态变量的地址,但不能返回局部变量的地址,因为函数结束后,在函数

内部声明的局部变量的声明周期已经结束,内存将自动放弃。显然,在主调函数中访问这个指针所指向的数据,将会产生不可预料的结果。

2.1.3　回调函数

1. 分层设计

分层设计就是将软件分成具有某种上下级关系的模块,由于每一层都是相对独立的,因此只要定义好层与层之间的接口,从而每层都可以单独实现。例如,设计一个保险箱电子密码锁,其硬件部分大致包括键盘、显示器、蜂鸣器、锁与存储器等驱动电路,因此根据需求将软件划分为硬件驱动层、虚拟层与应用层三大模块,当然每个大模块又可以划分为几个小模块,下面将以键盘扫描为例予以说明。

（1）硬件驱动层

硬件驱动层处于模块的最底层,直接与硬件打交道。其任务是识别哪个键按下了,实现与硬件电路紧密相关的部分软件,更高级的功能将在其他层实现。虽然通过硬件驱动层可以直达应用层,但由于硬件电路变化多样,如果应用层直接操作硬件驱动层,则应用层势必依赖于硬件层,因此最好的方法是增加一个虚拟层应对硬件的变化。显然,只要键盘扫描的方法不变,则产生的键值始终保持不变,那么虚拟层的软件也永远不会改变。

（2）虚拟层

它是依据应用层的需求划分的,主要用于屏蔽对象的细节和变化,则应用层就可以用统一的方法来实现了。即便控制方法改变了,也无需重新编写应用层的代码。

（3）应用层

应用层处于模块的最上层,直接用于功能的实现,如应用层对外只有一个"人机交互"模块,当然内部还可以划分几个模块供自己使用。三层之间数据传递的关系非常清晰,即应用层→虚拟层→硬件驱动层,详见图2.2,图中的实线代表依赖关系,即应用层依赖于虚

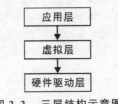

图 2.2　三层结构示意图

拟层,虚拟层依赖于硬件驱动层。基于分层的架构具有以下优点:

- 降低系统的复杂度:由于每层都是相对独立的,层与层之间通过定义良好的接口交互,每层都可以单独实现,从而降低了模块之间的耦合度。
- 隔离变化:软件的变化通常发生在最上层与最下层,最上层是图形用户界面,需求的变化通常直接影响用户界面,大部分软件的新老版本在用户界面上都会有很大差异。最下层是硬件,硬件的变化比软件的发展更快,通过分层设计可以将这些变化的部分独立开来,让它们的变化不会给其他部分带来大的影响。

- 有利于自动测试：由于每一层具有独立的功能,因此更易于编写测试用例。
- 有利于提高程序的可移植性：通过分层设计将各种平台不同的部分放在独立的层里。例如,下层模块是对操作系统提供的接口进行包装的包装层,上层是针对不同平台所实现的图形用户界面。当移植到不同的平台时,只需要实现不同的部分,而中间层都可以重用。

2. 隔离变化

（1）好莱坞原则（Hollywood）

类似于键盘扫描这样的模块,其共性是各层之间的调用关系,不可能随着时间而改变,即便上下层之间形成依赖关系,采用直接调用方式也是最简单的。为了降低层与层之间的耦合,层与层之间的通信必须按照一定的规则进行,即上层可以直接调用下层提供的函数,但下层不能直接调用上层提供的函数,且层与层之间绝对不能循环调用。因为层与层之间的循环依赖会严重妨碍软件的复用性和可扩展性,使得系统中的每一层都无法独立构成一个可复用的组件。虽然上层也可以调用相邻下层提供的函数,但不能跨层调用,即下层模块实现了在上层模块中声明并被高层模块调用的接口,这就是著名的好莱坞（Hollywood）扩展原则："不要调用我,让我调用你。"当下层需要传递数据给上层时,采用回调函数指针接口隔离变化。通过倒置依赖的接口所有权,创建了一个更灵活、更持久和更易于修改的结构。

实际上,由上层模块（即调用者）提供的回调函数的表现形式就是在下层模块中通过函数指针调用另一个函数,即将回调函数的地址作为实参初始化下层模块的形参,由下层模块在某个时刻调用这个函数,这个函数就是回调函数,详见图2.3。其调用方式有以下两种：

- 在上层模块 A 调用下层模块 B 的函数中,直接调用回调函数 C；
- 使用注册的方式,当某个事件发生时,下层模块调用回调函数。

在初始化时,上层模块 A 将回调函数 C 的地址作为实参传递给下层模块 B。在运行中,当下层模块需要与上层

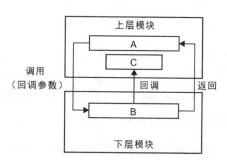

图 2.3　回调函数的使用

模块通信时,调用这个回调函数。其调用方式为 A→B→C,上层模块 A 调用下层模块 B,在 B 的执行过程中,调用回调函数将信息返回给上层模块。对于上层模块来说,C 不仅监视 B 的运行状态,而且干预 B 的运行,其本质上依然是上层模块调用下层模块。由于增加了回调函数,即可在运行中实现动态绑定。下面将以标准的冒泡排序函数对

一个任意类型的数据进行排序为例予以说明。

（2）数据比较函数

假设待排序的数据为 int 型，即可通过比较相邻数据的大小，做出是否交换数据的处理。当给定两个指向 int 型变量的指针 e1 和 e2 时，比较函数返回一个数。如果 * e1 小于 * e2，那么返回的数为负数；如果 * e1 大于 * e2，那么返回的数为正数；如果 * e1 等于 * e2，那么返回的数为 0，详见程序清单 2.4。

程序清单 2.4　compare_int( )数据比较函数

```
1    int compare_int(const int * e1, const int * e2)
2    {
3        return * e1 - * e2;                         // 升序比较
4    }
5
6    int compare_int(const int * e1, const int * e2)
7    {
8        return * e2 - * e1;                         // 降序比较
9    }
```

由于任何数据类型的指针都可以给 void * 指针赋值，因此可以利用这一特性，将 void * 指针作为数据比较函数的形参。当函数的形参声明为 void * 类型时，虽然 bubbleSort()冒泡排序函数内部不知道调用者会传递什么类型的数据过来，但调用者知道数据的类型和对数据的操作方法，那就由调用者编写数据比较函数。

由于在运行时调用者要根据实际情况才能决定调用哪个数据比较函数，因此根据比较操作的要求，其函数原型如下：

```
typedef int ( * COMPARE)(const void * e1, const void * e2);
```

其中的 e1、e2 是指向 2 个需要进行比较的值的指针。当返回值＜ 0 时，表示 e1 ＜ e2；当返回值＝ 0 时，表示 e1 = e2；当返回值＞ 0 时，表示 e1 ＞ e2。

当用 typedef 声明后，COMPARE 就成了函数指针类型，有了类型就可以定义该类型的函数指针变量。例如：

```
COMPARE compare;
```

此时，只要将函数名（如 compare_int）作为实参初始化函数的形参，即可调用相应的数据比较函数。例如：

```
COMPARE compare = compare_int;
```

虽然编译器看到的是一个 compare，但调用者实现了多种不同类型的 compare，即可根据接口函数中的类型改变函数的行为方式，通用数据比较函数的实现详见程序清单 2.5。

程序清单 2.5　compare 数据比较函数的实现

```
1    int compare_int(const void * e1, const void * e2)
2    {
3         return ( * ((int * )e1) - * ((int * )e2));          // 升序比较
4    }
5
6    int compare_int_invert(const void * e1, const void * e2)
7    {
8         return * (int * )e2 - * (int * )e1;                 // 降序比较
9    }
10
11   int compare_vstrcmp(const void * e1, const void * e2)
12   {
13        return strcmp( * (char * * )e1, * (char * * )e2);   // 字符串比较
14   }
```

注意：如果 e1 是很大的正数，而 e2 是大负数，或者相反，则计算结果可能会溢出。由于这里假设它们都是正整数，从而避免了风险。

由于该函数的参数声明为 void * 类型，因此数据比较函数不再依赖于具体的数据类型。即可将算法的变化部分独立出来，无论是升序还是降序或字符串比较，完全取决于回调函数。**注意**：不能直接用 strcmp() 作为字符串的比较，因为 bubbleSort() 传递的是类型为 char * * 的数组元素的地址 &array[i]，而不是类型为 char * 的 array[i]。

（3）bubbleSort()冒泡排序函数

标准函数 bubbleSort() 是 C 语言中使用函数指针的经典示例，该函数是对一个具有任意类型的数组进行排序，其中单个元素的大小和要比较的元素的函数都是给定的。其原型初定如下：

bubbleSort(参数列表);

既然 bubbleSort() 是对数组中的数据排序，那么 bubbleSort() 必须有一个参数保存数组的起始地址，且还有一个参数保存数组中元素的个数。为了通用还是在数组中存放 void * 类型的元素，这样一来就可以用数组存储用户传入的任意类型的数据，因此用 void * 类型参数保存数组的起始地址。其函数原型如下：

bubbleSort(void * base, size_t nmemb);

由于数组的类型是未知的，那么数组中元素的长度也是未知的，同样也需要一个参数来保存。其函数原型进化为：

bubbleSort(void * base, size_t nmemb, size_t size);

其中,size_t 是 C 语言标准库中预定义的类型,专门用于保存变量的大小。参数 base 和 nmemb 标识了这个数组,分别用于保存数组的起始地址和数组中元素的个数,size 存储的是打包时单个元素的大小。

此时,如果将指向 compare() 的指针作为参数传递给 bubbleSort(),即可"回调" compare() 进行值的比较。由于排序是对数据的操作,因此 bubbleSort() 没有返回值,其类型为 void,bubbleSort() 函数接口详见程序清单 2.6。

程序清单 2.6   bubbleSort()冒泡排序函数接口(bubbleSort.h)

```
1    #pragma once;
2    void bubbleSort(void * base, size_t nmemb, size_t size, COMPARE compare);
```

虽然大多数初学者也会选择回调函数,但又经常用全局变量保存中间数据。这里提出的解决方法就是给回调函数传递一个称为"回调函数上下文"的参数,其变量名为 base。为了能接受任何数据类型,选择 void * 表示这个上下文。"上下文"的意思就是说,如果传进来的是 int 类型值,则回调 int 型数据比较函数;如果传进来的是字符串,则回调字符串比较函数。

当 bubbleSort() 将 base 声明为一个 void * 类型时,即允许 bubbleSort() 用相同的代码支持不同类型的数据比较实现排序,其关键之处是 type 类型域,它允许在运行时根据数据的类型调用不同的函数。这种在运行时根据数据的类型将函数体与函数调用相关联的行为称为动态绑定,因此将一个函数的绑定发生在运行时而非编译期,就称该函数是多态的。显然,多态是一种运行时绑定机制,其目的是将函数名绑定到函数的实现代码。一个函数的名称与其入口地址是紧密相连的,入口地址是该函数在内存中的起始地址,因此多态就是将函数名动态地绑定到函数入口地址的运行时绑定机制。bubbleSort() 的接口与实现详见程序清单 2.7 和程序清单 2.8。

程序清单 2.7   bubbleSort()接口(bubbleSort.h)

```
1    #pragma once
2    #include<stddef.h>
3
4    typedef int( * COMPARE)(const void * e1, const void * e2);
5    void bubbleSort(void * base, size_t nmemb, size_t size, COMPARE compare);
```

程序清单 2.8   bubbleSort()接口的实现(bubbleSort.c)

```
1    #include"bubbleSort.h"
2
3    void byte_swap(void * pData1, void * pData2, size_t stSize)
4    {
5        unsigned char * pcData1 = pData1;
6        unsigned char * pcData2 = pData2;
```

```
7              unsigned char ucTemp;
8
9          while (stSize--){
10             ucTemp = *pcData1; *pcData1 = *pcData2; *pcData2 = ucTemp;
11             pcData1++; pcData2++;
12         }
13     }
14
15 void bubbleSort(void * base, size_t nmemb, size_t size, COMPARE compare)
16 {
17     int hasSwap = 1;
18
19     for (size_t i = 1; hasSwap&&i < nmemb; i++) {
20         hasSwap = 0;
21         for (size_t j = 0; j < numData - 1; j++) {
22             void * pThis = ((unsigned char *)base) + size * j;
23             void * pNext = ((unsigned char *)base) + size * (j+1);
24             if (compare(pThis, pNext) > 0) {
25                 hasSwap = 1;
26                 byte_swap(pThis, pNext, size);
27             }
28         }
29     }
30 }
```

◆ **静态类型和动态类型**

类型的静态和动态指的是名称与类型绑定的时间,如果所有的变量和表达式的类型在编译时就固定了,则称之为静态绑定;如果所有的变量和表达式的类型直到运行时才知道,则称之为动态绑定。

假设要实现一个用于任意数据类型的冒泡排序函数并简单测试,其要求是同一个函数既可以从大到小排列,也可以从小到大排列,且同时支持多种数据类型。例如:

```
int array[] = {39, 33, 18, 64, 73, 30, 49, 51, 81};
```

显然,只要将比较函数的入口地址 compare_int 传递给 compare,即可调用 bubbleSort():

```
bubbleSort(array, numArray , sizeof(array[0]), compare_int);
```

在数量不大时,所有排序算法性能差别不大,因为高级算法只有在元素个数多于 1 000 时,性能才出现显著提升。其实在 90% 以上的情况下,存储的元素个数只有几十到几百个,冒泡排序可能是更好的选择。bubbleSort() 的实现与使用范例程序详

程序设计与数据结构

见程序清单 2.9。

程序清单 2.9   bubbleSort( )冒泡排序范例程序

```c
1    # include<stdio. h>
2    # include<string. h>
3    # include"bubbleSort. h"
4
5    int compare_int(const void * e1, const void * e2)
6    {
7        return * (int * )e1 - * (int * )e2;
8    }
9
10   int compare_int_r(const void * e1, const void * e2)
11   {
12       return   * (int * )e2 - * (int * )e1 ;
13   }
14
15   int compare_str(const void * e1, const void * e2)
16   {
17       return strcmp( * (char * * )e1, * (char * * )e2);
18   }
19
20   void main()
21   {
22       int arrayInt[] = { 39, 33, 18, 64, 73, 30, 49, 51, 81 };
23       int numArray = sizeof(arrayInt) / sizeof(arrayInt[0]);
24       bubbleSort(arrayInt, numArray, sizeof(arrayInt[0]), compare_int);
25       for (int i = 0; i <numArray; i++) {
26           printf(" % d ", arrayInt[i]);
27       }
28       printf("\n");
29
30       bubbleSort(arrayInt, numArray, sizeof(arrayInt[0]), compare_int_r);
31       for (int i = 0; i <numArray; i++) {
32           printf(" % d ", arrayInt[i]);
33       }
34       printf("\n");
35
36       char * arrayStr[] = { "Sunday","Monday","Tuesday","Wednesday","Thursday","
         Friday","Saturday" };
37       numArray = sizeof(arrayStr) / sizeof(arrayStr[0]);
38       bubbleSort(arrayStr, numArray, sizeof(arrayStr[0]), compare_str);
```

•118•

```
39        for ( int i = 0 ; i < numArray ; i + + ) {
40            printf ( " % s\n" , arrayStr[ i ] ) ;
41        }
42    }
```

由此可见,调用者 main() 与 compare_int() 回调函数都同属于上层模块,bubbleSort() 属于下层模块。当上层模块调用下层模块 bubbleSort() 时,将回调函数的地址 compare_int 作为参数传递给 bubbleSort(),进而调用 compare_int()。显然,使用参数传递回调函数的方式,下层模块不必知道需要调用上层模块的哪个函数,从而减少了上下层之间的联系,这样上下层可以独立修改,而不影响另一层代码的实现。这样一来,在每次调用 bubbleSort() 时,只要给出不同的函数名作为实参,bubbleSort() 就不必做任何修改。

使用回调函数的最大优点就是便于软件模块的分层设计,降低软件模块之间的耦合度,即回调函数可以将调用者与被调用者隔离,调用者无需关心谁是被调用者。当特定的事件或条件发生时,调用者将使用函数指针调用回调函数对事件进行处理。

2.1.4 函数指针数组

如果要实现一个袖珍式计算器,假设程序的其他部分已经读入 2 个数 op1 和 op2,以及一个操作符 oper,可以使用下面的代码对操作符进行测试,然后决定调用哪个函数。例如:

```
switch(oper){
case ADD:
    result = add(op1, op2);
    break;
case SUB:
    result = sub(op1, op2);
    break;
case MUL:
    result = (op1, op2);
    break;
case DIV:
    result = (op1, op2);
    break;
}
```

显然,对于一个具有上百个操作符的计算器来说,这条 switch 语句将会很长。并且为了使用 switch 语句,表示操作符的代码必须是整数。如果它们是从 0 开始的连续整数,则可以使用转移表实现相同的任务,而转移表就是一个函数指针数组,该数组的每个元素是一个函数的地址。如果有以下声明:

```
typedef double ( * PF)(double, double);
```

其中,PF 是一个指向返回值为 double 的函数的指针类型,该函数有两个 double 类型参数。假设需要声明一个包含 4 个元素的数组变量 oper_func,用于存储 4 个函数的地址。可使用 PF 定义一个存储函数指针的数组:

```
PF oper_func[4];
```

其中,oper_func 为指向函数的指针的数组,上述声明与以下声明:

```
double ( * oper_func[4])(double, double);
```

虽然形式不一样,但其意义完全相同。

如果给函数指针数组变量中的元素赋值,则与普通数组元素相同。例如:

```
oper_func[0] = add;
```

在上述表达式中,除了等号右侧是函数名之外,这是一个正常的数组元素,因此,同样可以在定义中初始化指针数组变量的所有元素。创建一个转移表,需要声明并初始化一个函数指针数组,但一定要确保这些函数的原型出现在这个数组的声明之前。例如:

```
double add(double, double);
double sub(double, double);
double mul(double, double);
double div(double, double);
double ( * oper_func[4])(double, double) = {add, sub, mult, div};
```

该语句初始化了 4 个元素,因此不再需要执行初始化的赋值语句。**注意**:初始化列表中各个函数名的正确顺序取决于程序中用于表示每个操作符的整型代码,这个示例中的 ADD、SUB、MUL 和 DIV 分别对应 0、1、2、3。其调用形式如下:

```
result = oper_func[oper](op1, op2);
```

即 oper 从数组中选择正确的函数指针,函数调用操作符执行这个函数。当然,也可以去掉数组的大小,由初始化列表确定数组的大小。例如:

```
double ( * oper_func[])(double, double) = {add, sub, mult, div};
```

其中,大括号内的初始值个数确定了数组中元素的数目,因此函数指针数组的初始化列表与其他数组的初始化列表的作用一样。

2.2 结构体

我们知道,数组和指针是相同类型有序数据的集合,但很多时候需要将不同类型的数据捆绑在一起作为一个整体来对待,使程序设计更方便。在 C 语言中,这样的一组数据被称为结构体。

2.2.1 内存对齐

虽然所有的变量最后都会保存到特定地址的内存中,但相应的内存空间必须满足内存对齐的要求。其主要出于两个方面的原因:

- 平台原因:不是所有的硬件平台(特别是嵌入式系统中使用的低端微处理器)都能访问任意地址上的任意数据,某些硬件平台只能访问对齐的地址,否则会出现硬件异常。
- 性能原因:如果数据存放在未对齐的内存空间中,则处理器访问变量时需要做两次内存访问,而对齐的内存访问仅需要一次访问。

在 32 位微处理器中,处理器访问内存都是按照 32 位进行的,即一次读取或写入都是 4 个字节。例如地址 0x0 ～ 0xF 这 16 字节的内存,对于微处理器来说,不是将其看作 16 个单一字节,而是 4 个块,每块 4 字节,详见图 2.4。

图 2.4　内存空间示意图

显然,只能从 0x0、0x4、0x8、0xC 等地址为 4 的整数倍的内存中一次取出 4 字节,并不能从任意地址开始一次读取 4 字节。假定将一个占用 4 字节的 int 类型数据存放到地址 0 开始的 4 字节内存中,其示意图详见图 2.5。

图 2.5　按内存对齐的方式存储 int 数据

由于 int 类型数据存放在块 0 中,因此 CPU 仅需一次内存访问即可完成对该数据的读取或写入。反之,如果将该 int 类型数据存放在地址 1 开始的 4 字节内存空间中,则其示意图详见图 2.6。此时,数据存放在块 0 和块 1 两个块中,若要完成对该数据的访问,则必须经过两次内存访问,先通过访问块 0 得到该数据的 3 字节,再通过访问块 1 得到该数据的 1 字节,最后通过运算,将这几个字节合并为一个完整的 int 型数据。由此可见,若数据存储在未对齐的内存空间中,将大大降低 CPU 的效率。但在某些特定的微处理器中,它根本不愿意干这种事情,这种情况下,系统就会出现异常,直接崩溃了。内存对齐的具体规则如下:

图 2.6   按内存未对齐的方式存储 int 数据

● 结构体各个成员变量的内存空间的首地址必须是"对齐系数"和"变量实际长度"中较小者的整数倍。假设要求变量的内存空间按照 4 字节对齐,则内存空间的首地址必须是 4 的整数倍,满足条件的地址有 0x0、0x4、0x8、0xC⋯

● 对于结构体,在其各个数据成员都完成对齐后,结构体本身也需要对齐,即结构体占用的总大小应该为"对齐系数"和"最大数据成员长度"中较小值的整数倍。

一般来说,对齐系数与微处理器的字长相同,例如 32 位微处理器的对齐系数是 4 字节。变量的实际长度与其类型相关,计算类型长度的方法如下:

```
printf("sizeof(char)     = %d\n", sizeof(char));
printf("sizeof(int)      = %d\n", sizeof(int));
printf("sizeof(long)     = %d\n", sizeof(long));
printf("sizeof(float)    = %d\n", sizeof(float));
printf("sizeof(double)   = %d\n", sizeof(double));
```

该程序的输出为 1、4、4、4、8。假定 CPU 为 32 位微处理器,对齐系数为 4,结构体变量 data 的定义如下:

```
struct data_test {
    char        a;
    short       b;
    char        c[2];
    double      d;
    char        e;
    int         f;
    char        g;
}data;
```

结构体的各个成员都是从结构体首地址(其由编译器保证必然满足内存对齐的要求,假定为 0)开始计算,按照定义的顺序依次存放各个成员,详见表 2.1。

表 2.1   依次存放各个成员

存放成员	成员长度	内存对齐要求 (字节数)	实际存放位置 (相对于起始地址的偏移)
a	1	1	[0]
b	2	2	[2, 3]
c[0]	1	1	[4]

存放成员	成员长度	内存对齐要求 （字节数）	实际存放位置 （相对于起始地址的偏移）
c[1]	1	1	[5]
d	8	4	[8, 15]
e	1	1	[16]
f	4	4	[20, 23]
g	1	1	[24]

实际存放位置使用[x,y]表示，x 表示起始地址，y 表示结束地址。如果 x 与 y 相等，则直接使用[x]表示。以成员 b 为例，其长度为 2，小于对齐系数，因此按照 2 字节对齐，就要求其地址必须是 2 的倍数，地址 0 已经被成员 a 占用，则只能使用满足要求的邻近的内存空间[2,3]存放成员 b。而空间[1]由于不满足存放成员 b 的要求，则只能被弃用。特别地，对于数组成员 c，存放时不能将其看作一个整体，即长度为 2 的成员，应该分别看作两个成员 c[0]和 c[1]。由此可见，实际存放位置为[0,24]，1、6、7、17、18、19 部分内存空间被弃用。

当所有成员存放完毕后，结构体本身也需要对齐，即结构体的大小也应该为对齐字节数的整数倍，对齐字节数取长度最长的成员和"对齐系数"的较小值。在这里，其长度最长的成员为 double 类型的成员 d，其长度为 8，大于对齐系数，因此结构体本身也要按照 4 字节对齐，其占用的空间大小必须是 4 的整数倍。虽然当前存放位置为[0,24]，只占用了 25 字节。由于必须满足 4 的整数倍，因此实际上结构体占用的空间是 28 字节，即[0,27]。验证结构体占用空间大小的方法如下：

```
printf("sizeof(data) = %d\n", sizeof(data));
```

虽然所有成员的总长度为 19 字节，但结构体实际占用了 28 字节，多余的 9 字节空间为内存对齐弃用的空间，即 1、6、7、17、18、19、25、26、27，分为 4 个段：[1]、[6,7]、[17,19]、[25,27]。查看表 2.1 可知，这些浪费空间的前面，存放的都是 char 型数据，由于 char 型数据只占用一个字节，往往使其紧接着的空间不能被其他长度更长的数据使用。

为了降低内存浪费的概率，应该在 char 型数据之后，存放长度最小的成员，即在定义结构体时，应按照长度递增的顺序依次定义各个成员。优化示例结构体的定义如下：

```
struct data_test{
    char        a;
    char        c[2];
    char        e;
    char        g
```

```
        short    b;
        int      f;
        double   d;
    }data;
```

类似地,依次存放各个成员,详见表 2.2。

表 2.2　依次存放各个成员

存放成员	成员长度	内存对齐要求 (字节数)	实际存放位置 (相对于起始地址的偏移)
a	1	1	[0]
c[0]	1	1	[1]
c[1]	1	1	[2]
e	1	1	[3]
g	1	1	[4]
b	2	2	[6, 7]
f	4	4	[8, 11]
d	8	4	[12, 19]

所有成员实际存放位置为[0,19],中间的地址为 5 的内存空间被弃用。由于结构体占用的大小为 20 个字节,已经是 4 的整数倍,因此无需再做额外的处理。结构体只浪费了 1 字节空间,使用率达到 95%。显然,通过优化结构体成员的定义顺序,在同样满足内存对齐的要求下,可以大大地减少内存的浪费。

2.2.2　内含基本数据类型

1. 范围值校验

如果有 $min \leqslant value \leqslant max$,则 check() 范围值校验函数需要 3 个 int 型参数 value、min 和 max。如果 value 合法,则返回 true;否则返回 false,详见程序清单 2.10。

程序清单 2.10　rangeCheck()范围值校验函数的实现(1)

```
1   bool rangeCheck(int min, int max, int value)
2   {
3       if(value < min || value > max)
4           return false;
5       else
6           return true;
7   }
```

◆ 代码整洁之道

rangeCheck 是一个非常具有描述性的名称,因为它较好地描述了函数要做的事。如果每个示例都让读者感到深合己意,那就是整洁代码。函数越短小,功能越集中,就越容易取一个好名称。名称长一些并不可怕,长而具有描述性的名称,比短而令人费解的名称更好。选择具有描述性的名称能帮助程序员理清模块的设计思路,追索好名称往往会使代码重构得更好。

从代码整洁之道的角度来看,最理想的函数首先是参数个数为 0(零参数函数),其次是单参数函数,再次是双参数函数,应尽量避免三参数函数。如果需要三个以上的参数,则需要有足够的理由,否则无论如何也不要这样做,因为参数带有太多的概念性。

从测试的角度来看,参数甚至更叫人感到为难,因为编写确保参数的各种组合运行正常的测试用例,且测试覆盖所有可能值的组合是令人生畏的事情。输出参数比输入参数还要难以理解,因为人们习惯性地认为,信息通过参数输入函数,通过返回值从函数中输出,输出参数往往让人苦思之后才会恍然大悟。如果函数看起来需要两个、三个或三个以上的参数,说明其中的一些参数就应该封装为结构体类。例如:

```
bool rangeCheck (int min, int max, int value);
bool rangeCheck(Range * pRange, int value);
```

由此可见,减少函数参数的最佳方法是一个函数只做一件事,“函数要么做什么事,要么回答什么事!”两者不可兼得。函数应该修改某个对象的状态,或返回该对象的有关信息,两样都干常常会出现混乱。

2. 类型与变量

由于有了结构体,因此可以将 rangeCheck()的形参 min 和 max 转移到结构体中,不仅减少了一个形参,而且处理起来更方便。例如:

```
struct _Range{
    const int min;
    const int max;
}range;
```

该声明描述了一个由两个 int 类型变量组成的结构体,不仅创建了实际数据的对象 range,而且描述了该对象是由什么组成的,因为它勾勒出了结构体是如何存储数据的。显然,range 是 struct _Range 类型的结构体变量,如果在该结构体定义前添加 typedef:

```
typedef struct _Range{
    const int min;
    const int max;
}range;
```

则 range 就变成了该结构体的类型,即 range 等同于 struct _Range。习惯的写法是将类型名的首字符大写,将变量名的首字符小写。有了 Range 类型,即可同时定义一个 Range 类型的变量 range 和一个指向 Range * 类型的指针变量 pRange,当然也可以省略类型名_Range。例如:

```
typedef struct{
    const int min;
    const int max;
}Range;
```

注意:结构体有两层含义。一层含义是"结构体布局",结构体布局告诉编译器是如何表示数据的,但它并未让编译器为数据分配空间。下一步是创建一个结构体变量,即结构体的另一层含义,其定义如下:

```
Range range;
```

编译器执行这行代码便创建了一个结构体变量 range,编译器使用 Range 为该变量分配空间:一个 int 类型的变量 min 和一个 int 类型的变量 max,这些存储空间都与一个名称 range 结合在一起。

3. 初始化

假设 value 值的有效范围为 0~9,在这里可以使用名为 newRangeCheck 的宏方便地将结构体初始化。例如:

```
#define newRangeCheck(min, max)  {(min),(max)}
```

使用方法如下:

```
Range range = newRangeCheck(0, 9);
```

宏展开后如下:

```
Range range = {(0),(9)};
```

其相当于:

```
range.min = 0;    range.max = 9;
```

从本质上来看,. min 和. max 的作用相当于 Range 结构体的下标。虽然 Range 是一个结构体,但 range. min 和 range. max 都是 int 类型的变量,因此可以像使用其他 int 类型变量那样使用它,如 &(range. min)。

由此可见,如果初始化一个静态存储器的结构体,初始化列表中的值必须是常量表达式。如果是自动存储器,初始化列表中的值可以不是常量。

4. 接口与实现

（1）传递结构体成员

只要结构体成员是一个具有单个值的数据类型，如 int、char、float、double 或指针，便可将它作为参数传递给接受该特定类型的函数。rangeCheck() 函数的实现（2）详见程序清单 2.11。

程序清单 2.11   rangeCheck() 函数的实现（2）

```
1    bool rangeCheck(int x, int y, int value)
2    {
3        return x <= value && value <= y;
4    }
```

其调用形式如下：

```
rangeCheck(range.min, range.max, 8);
```

rangeCheck() 既不知道也不关心实参是否是结构体的成员，它只要求传入的数据是 int 类型。如果需要在被调函数中修改主调函数中成员的值，就要传递成员的地址。

（2）传递结构体

虽然传递一个结构体比一个单独的值复杂，但标准 C 语言同样允许将结构体作为参数使用，rangeCheck() 函数的实现（3）详见程序清单 2.12。

程序清单 2.12   rangeCheck() 函数的实现（3）

```
1    bool rangeCheck(Range rangeValidator, int value)
2    {
3        return rangeValidator.min <= value && value <= rangeValidator.max;
4    }
```

其调用形式如下：

```
rangeCheck(range, 8);
```

虽然通过这种方法能够得到正确的结果，但它的效率很低，因为 C 语言的参数传址调用方式要求将参数的一份复制传递给函数。假设结构体的成员是一个占用 128 字节的数组，甚至更大的数组。如果要将它作为参数进行传递，则必须将所占用的字节数复制到堆栈中，以后再丢弃。

（3）传递结构体的地址

假设有一组这样的数据，存储在结构体成员数组中。其数据结构如下：

```
struct MyStruct{
    int array[10];
}st;
```

显然,只要将结构体的地址(int ＊)&st 作为实参传递给 iMax()的形参,即可求出数组中元素的最大值,详见程序清单 2.13。

程序清单 2.13   求数组中元素的最大值范例程序

```
1    # include<stdio.h>
2    # include "iMax.h"
3
4    int main(int argc, char ＊ argv[])
5    {
6        struct MyStruct{
7            int array[10];
8        }st;
9
10       int n = sizeof(st.array)/sizeof(st.array[0]);
11       for(int i = 0; i < n; i ++)
12           st.array[i] = (int)i;
13       printf("％d\n", iMax((int ＊)&st, n));
14       return 0;
15   }
```

下面还是以范围值校验器为例,定义一个指向该结构体的指针变量 pRange,其初始化、赋值与普通指针变量是一样的:

```
Range ＊ pRange = &range;
```

和数组不一样,结构名并不是结构体的地址,因此要在结构名前加上 & 运算符,这里的 pRange 为指向 Range 结构体变量 range 的指针变量。虽然 pRange、&range 和 &range.min 的类型不一样,但它们的值相等,那么下面的关系恒成立:

```
range.min == (＊pRange).min == pRange ->min
range.max == (＊pRange).max == pRange ->max
```

由于".”运算符比"＊”运算符的优先级高,因此必须使用圆括号。这里着重理解 pRange 是一个指针,pRange→min 表示 pRange 指向结构体的首成员,所以 pRange →min 是一个 int 类型的变量,rangeCheck()函数的实现(4)详见程序清单 2.14。

程序清单 2.14   rangeCheck()函数的实现(4)

```
1    bool rangeCheck(Range ＊ pRange, int value)
2    {
3        return pRange ->min <= value && value <= pRange ->max;
4    }
```

rangeCheck()使用指向 Range 的指针 pRange 作为它的参数,将地址 &range 传递给该函数,使得指针 pRange 指向 range,然后通过"→”运算符获取 range.min 和

range. max 的值。**注意**：必须使用"&"运算符获取结构体的地址，与数组名不同，结构体名只是其地址的别名。

其调用形式如下：

```
rangeCheck(&range, 8);
```

（4）用函数指针调用

如果需要增加一个奇偶校验器对 value 值进行偶校验，则其数据结构如下：

```
1    typedef struct{
2        bool isEven;
3    }OddEven;
4    OddEven * pOddEven;
```

oddEvenCheck()函数的实现详见程序清单 2.15。

程序清单 2.15   oddEvenCheck( )函数的实现

```
1    bool oddEvenCheck(OddEven  * pOddEven, int value)
2    {
3        return (! pOddEven ->isEven && (value % 2)) || (pOddEven ->isEven && ! (value % 2));
4    }
```

当系统需要多个校验器时，在运行时调用者将根据实际情况决定调用哪个函数，根据依赖倒置原则，最好的方法是用函数指针隔离变化。无论什么校验器，其相同的处理部分是 value 值的合法性判断，因此将其抽象为模块。而可变的是 value 值和校验参数，由外部传入的参数应对。由于各种校验器的类型不一样，因此必须使用"void * pData"作为形参才能接受任意类型的数据，即将 Range * pRange 和 OddEven * pOddEven 泛化成了 void * pData。Validate 类型的定义如下：

```
typedef bool ( * const Validate)(void * pData, int value);
```

其中，pData 为指向任意校验器参数的指针，value 为待校验的值，通用校验器的接口详见程序清单 2.16。

程序清单 2.16   通用校验器接口(validator. h)

```
1    # pragma conce;
2    # include<stdbool>
3
4    typedef struct{
5        const int min;
6        const int max;
7    }Range;
8
9    typedef struct{
```

```
10      bool isEven;
11    }OddEven;
12
13    bool validateRange(void * pData, int value);
14    bool validateOddEven(void  * pData, int value);
```

以范围值校验器为例,其调用形式如下:

```
Validate validate = validateRange;
validate(&range, 8);
```

这次传递给函数的是一个指向结构体的指针,指针比整个结构体要小得多,所以将它压入堆栈的效率会更高。validator 接口的实现详见程序清单 2.17。

程序清单 2.17   validator 接口的实现(validator.c)

```
1    # include "validator.h"
2
3    bool validateRange(void * pData, int value)
4    {
5        Range * pRange = (Range * )pData;
6        return pRange ->min <= value && value <= pRange ->max;
7    }
8
9    bool validateOddEven(void  * pData, int value)
10    {
11        OddEven * pOddEven = (OddEven * )pData;
12        return (! pOddEven ->isEven && (value % 2)) || (pOddEven ->isEven && ! (value % 2));
13    }
```

由于 pRange、pOddEven 与 pData 的类型不同,因此需要对 pData 强制类型转换,才能引用相应结构体的成员。**注意**:在这里,作者并没有提供完整的代码,请读者补充完善。

2.2.3 内置函数指针

面对一系列数据,真正重要的不是如何存储数据,而是如何使用数据。实际上,一个结构体的成员可以是数据,还可以是包含操作数据的函数指针。为了支持这种风格,在这里不妨引入一个新的概念——方法是作为某个结构体的一部分声明的,有了方法就可以操作存储在结构体中的数据。

1. 类型与变量

当函数指针作为结构体的成员时,即将校验参数和调用校验器的函数指针封装在一起,形成了一个新的结构体类型。有了类型就可以定义一个该类型的变量,然后就可以用这个变量引用校验参数和调用校验器函数。

为了支持这种风格，C语言允许将方法作为某个结构体的一部分来声明，那么操作存储在结构体中的数据就很容易了，详见程序清单 2.18。

程序清单 2.18　范围值校验器接口

```
1    typedef struct _RangeValidator{
2        bool ( * const RangeValidate )(struct _RangeValidator * pThis, int value);
3        const int min;
4        const int max;
5    }RangeValidator;
6
7    RangeValidator rangeValidator;
```

接下来需要设计一个判断 value 值是否符合范围值要求的 validateRange()接口函数，其具体的实现详见程序清单 2.19。

程序清单 2.19　范围值校验器接口函数的实现

```
1    bool validateRange(struct _RangeValidator * pThis, int value)
2    {
3        return pThis ->min <= value && value <= pThis ->max;
4    }
```

同理，偶校验器 OddEvenValidator 和变量 oddEvenValidator 的定义详见程序清单 2.20。

程序清单 2.20　偶校验器接口

```
1    typedef struct _OddEvenValidator{
2        bool ( * const OddEvenValidate )(struct _OddEvenValidator * pThis, int value);
3        bool isEven;
4    }OddEvenValidator;
5
6    OddEvenValidator oddEvenValidator;
```

接下来同样需要设计一个判断 value 值是否符合偶校验要求的 validateOddEven()接口函数，其具体的实现详见程序清单 2.21。

程序清单 2.21　偶校验器接口函数的实现

```
1    bool validateOddEven(struct _OddEvenValidator * pThis, int value)
2    {
3        return (! pThis ->isEven && (value % 2))||(pThis ->isEven && ! (value % 2));
4    }
```

显然，无论是什么校验器，其共性是 value 值合法性判断，因此可以共用一个函数指针，即特殊的函数指针类型 RangeValidate 和 OddEvenValidate 被泛化成了一般的函数指针类型 Validate。另外,由于每个函数都有一个指向当前对象的 pThis 指针,因此特殊的结构体类型 struct _RangeValidator * 和 struct _OddEvenValidator * 被泛化成了 void * 类型,即可接受任何类型数据的实参。例如:

```
1    typedef bool( * const Validate )(void * pThis , int value);
2    typedef struct{
3        Validate validate;
4        const int min;
5        const int max;
6    }RangeValidator;
7
8    typedef struct{
9        Validate validate;
10       bool isEven;
11   }OddEvenValidator;
```

这就是范型编程,校验器泛化接口的实现详见程序清单 2.22。由于 pRangeValidator 与 pThis 的类型不同,因此必须对 pThis 指针强制类型转换才能引用相应结构体的成员。

程序清单 2.22   通用校验器接口的实现(validator. c)

```
1    # include "validator.h"
2
3    bool validateRange(void * pThis, int value)
4    {
5        RangeValidator * pRangeValidator = (RangeValidator * )pThis;
6        return pRangeValidator ->min <= value && value <= pRangeValidator ->max;
7    }
8
9    bool validateOddEven(void  * pThis, int value)
10   {
11       OddEvenValidator * pOddEvenValidator = (OddEvenValidator * )pThis;
12       return (! pOddEvenValidator ->isEven && (value % 2))||
13           (pOddEvenValidator ->isEven && ! (value % 2));
14   }
```

由此可见,当将方法作为结构体的一部分声明时,就直接将方法和数据打包成为了一个新的数据类型 RangeValidator。有了 RangeValidator 类型,就可以创建一个该类型的变量 rangeValidator,即可通过 rangeValidator 引用该结构体的数据,并调用相应的处理函数。真正想强化的是由方法定义结构体的思想,而不是实现结构体时碰巧用到的那些数据。

2. 初始化

使用名为 newRangeValidator 的宏将结构体初始化：

```
#define newRangeValidator(min, max)        {(validateRange),(min),(max)}
```

其中，validateRange 为范围值校验器的函数名，使用方法如下：

```
RangeValidator rangeValidator = newRangeValidator(0,9);
```

宏展开后如下：

```
RangeValidator rangeValidator  = {(validateRange),(0),(9) };
```

其相当于：

```
rangeValidator.validate = validateRange;
rangeValidator.min = 0;
rangeValidator.max = 9;
```

如果有以下定义：

```
void * pValidator = &rangeValidator;
```

即可通过 pValidator 引用 RangeValidator 的 min 和 max。校验函数的调用方式如下：

```
(RangeValidator * )pValidator ->validate(pValidator, 8);
```

以上调用形式的前提是已知 pValidator 指向了确定的结构体类型，如果将 pValidator 指向未知的校验器，显然以上调用形式无法做到通用，那么将如何调用？

虽然 pValidator 与 &rangeValidator. validate 的类型不一样，但它们的值相等，因此可以利用这一特性获取 validateRange()函数的地址。例如：

```
Validate validate = *((Validate * )pValidator);
```

其调用形式如下：

```
validate(pValidator,8);
```

3. 接口与实现

为了便于阅读，如程序清单 2.23 所示详细地展示了通用校验器的接口。

程序清单 2.23　通用校验器接口(validator. h)

```
1    #pragma once;
2    #include<stdbool.h>
3
4    typedef bool( * const Validate )(void * pThis, int value);
5    typedef struct{
```

```
6        Validate validate;
7        const int min;
8        const int max;
9    }RangeValidator;
10
11   typedef struct{
12       Validate validate;
13       bool isEven;
14   }OddEvenValidator;
15
16   bool validateRange(void * pThis, int value);              // 范围值校验器
17   bool validateOddEven(void * pThis, int value);           // 奇偶校验器
18   #define newRangeValidator(min, max)    {(validateRange),(min),(max)}
                                                             // 初始化范围值校验器
20   #define newOddEvenValidator(isEven) {{validateOddEven},(isEven)}
                                                             // 初始化偶校验器
```

以范围值校验器为例,调用 validateRange()的 rangeCheck()函数的实现如下:

```
1    bool rangeCheck(void * pValidator, int value)
2    {
3        Validate validate = *((Validate * )pValidator);
4        return validate(pValidator, value);
5    }
```

rangeCheck()函数的调用形式如下:

```
rangeCheck(&rangeValidator, 8);
```

由此可见,rangeCheck()函数的实现不依赖任何具体校验器。**注意:**在这里,作者并没有提供完整的代码,请读者补充完善。

2.2.4 嵌套结构体

1. 重 构

随着添加一个又一个功能,处理一个又一个错误,代码的结构会逐渐退化。如果对此置之不理,这种退化最终会导致纠结不清,难以维护的混乱代码,因此需要经常性地重构代码,以扭转这种退化。

重构就是在不改变代码行为的前提下,对其进行一系列小的改进,旨在改进系统结构的实践活动。虽然每个改进都是微不足道的,甚至几乎不值得去做,但如果将所有的改造叠加在一起,则对系统设计和架构的改进效果是十分明显的。

在每次细微改进后,通过运行单元测试以确保改进没有造成任何破坏,然后才去做下一次改进。如此往复周而复始,每次改进后都要运行,通过这种方式保证在改进

系统设计的同时系统能够正常工作。

重构是持续进行的,而不是在项目结束时、发布版本时、迭代结束时、甚至每天下班时才进行。重构是每隔一个小时或半个小时就要去做的事情,通过重构可以持续地保持尽可能干净、简单且有表现力的代码。

大量的实践证明,重复可能是软件中一切邪恶的根源,许多原则和实践规则都是为了控制与消除重复而创建的。消除重复最好的方法就是抽象,即将所有公共的函数指针移到一个单独的结构体中,创建一个通用的 Validator 类型校验器。也就是说,如果两种事物相似,必定存在某种抽象能够统一它们,因此消除重复的行为会迫使团队提炼出许多的抽象,进一步减少代码之间的耦合。

自从发明子程序以来,软件开发领域的所有创新都是在不断尝试从源代码中消灭重复,即 DRY(Don't Repeat Yourself)原则——别重复自己,因为重复粘贴会带来很多的问题,所以无论在哪里发现重复的代码,都必须消除它们。

2. 类型与变量

实际上,不管是范围值校验器还是奇偶校验器,其本质上都是校验器,其相同的属性是校验参数和待校验的值,其相同的行为可以共用一个函数指针调用不同的校验器。根据依赖倒置原则,将它们相同的属性和行为抽象为一个结构体类型 Validator。例如:

```
typedef struct _Validator{
    bool ( * const validate)(struct _Validator * pThis, int value);
}Validator;
```

在这里,还是以范围值校验为例,在 RangeValidatro 结构体中嵌套一个 Validator 类型的结构体,即将 Validator 类型的变量 isa 作为 RangeValidator 结构体的成员。例如:

```
typedef struct{
    Validator isa;
    const int min;
    const int max;
}RangeValidator;
RangeValidator rangeValidator;
```

由于 &rangeValidator 与 &rangeValidator. isa 的值相等,因此以下关系恒成立。例如:

```
Validator * pThis = &rangeValidator. isa;
Validator * pThis = (Validator * )&rangeValidator
```

即可将 validateRange()函数原型:

```
bool validateRange(void * pThis, int value);
```

中的"void ＊pThis"转换为"Validator ＊pThis",validatrRange()函数原型进化为:

```
bool validateRange(Validator * pThis, int value);
```

3. 初始化

当将 Validator 类型的 isa 作为 RangeValidator 结构体成员时,显然 rangeValidator. isa 是一个结构体变量名,可以像任何普通结构体变量一样使用。使用 Validator 类型表达式:

```
rangeValidator.isa
```

即可引用 rangeValidator 变量的结构体成员 isa 的成员 validate,也即将 rangeValidator. isa 作为另一个点操作符的左操作符。例如:

```
(rangeValidator.isa).valadate
```

由于点操作符的结合性是从左向右的,因此可以省略括号。其等价于:

```
rangeValidator.isa.valadate
```

只要将 rangeValidator. isa 看作一个 Validator 类型的变量即可。

使用名为 newRangeValidator 的宏将结构体初始化:

```
#define newRangeValidator(min, max)      {{validateRange}, (min), (max)}
```

其中,validateRange 为范围值校验器函数名,使用方法如下:

```
RangeValidator  rangeValidator = newRangeValidator(0, 9);
```

宏展开后如下:

```
RangeValidator  rangeValidator = {{validateRange}, (0), (9) };
```

其中,外面的{}为 RangeValidator 结构体赋值,内部的{}为 RangeValidator 结构体的成员变量 isa 赋值,即

```
rangeValidator.isa.validate = validateRange;
rangeValidator.min = 0;
rangeValidator.max = 9;
```

如果有以下定义:

```
Validator * pValidator = (Validator * )&rangeValidator;
```

即可用 pValidator 引用 RangeValidator 的 min 和 max。

由于 pValidator 与 &rangeValidator. isa 不仅类型相同且值相等,则以下关系同

样成立：

```
Validator * pValidator = &rangeValidator.isa;
```

因此可以利用这一特性获取 validateRange() 函数的地址,即 pValidator→validate
指向 validateRange()。其调用形式如下：

```
pValidator ->validate(pValidator, 8);
```

4. 接口与实现

以范围值校验器为例,validatorCheck() 函数的调用形式如下：

```
validatorCheck(&rangeValidator.isa, 8);
```

当然,也可以采取以下调用形式：

```
validatorCheck((Validator * )&rangeValidator, 8);
```

其效果是一样的。

为了便于阅读,如程序清单 2.24 所示,详细地展示了通用校验器的接口。

程序清单 2.24　通用校验器接口(validator.h)

```
1    # pragma once;
2    # include<stdbool.h>
3
4    typedef struct _Validator{
5        bool ( * const validate)(struct _Validator * pThis, int value);
6    }Validator;
7
8    typedef struct{
9        Validator isa;
10       const int min;
11       const int max;
12   } RangeValidator;
13
14   typedef struct{
15       Validator isa;
16       bool isEven;
17   }OddEvenValidator;
18
19   bool validateRange(Validator * pThis, int value);          // 范围校验器函数
20   bool validateOddEven(Validator * pThis, int value);        // 奇偶校验器函数
21   # define newRangeValidator(min, max) {{validateRange}, (min), (max)}
22   # define newOddEvenValidator(isEven) {{validateOddEven}, (isEven)}
```

以范围值校验器为例,调用 validateRange( )的 validatorCheck( )函数的实现如下:

```
1    bool validatorCheck(void * pValidator, int value)
2    {
3        Validate validate = * ((Validate * )pValidator);
4        return validate(pValidator, value);
5    }
```

由此可见,validatorCheck( )函数的实现不依赖于任何具体校验器,通用校验器接口的实现详见程序清单 2.25。

程序清单 2.25　通用校验器接口的实现(validator.c)

```
1    # include "validator.h"
2
3    bool validateRange(Validator * pThis, int value)
4    {
5        RangeValidator * pRangeValidator = (RangeValidator * )pThis;
6        return pRangeValidator ->min <= value && value <= pRangeValidator ->max;
7    }
8
9    bool validateOddEven(Validator * pThis, int value)
10   {
11       OddEvenValidator * pOddEvenValidator = (OddEvenValidator * )pThis;
12       return (! pOddEvenValidator ->isEven && (value % 2))||
13           (pOddEvenValidator ->isEven && ! (value % 2));
14   }
```

在这里,作者并没有提供完整的代码,请读者补充完善。

2.2.5　结构体数组

下面将以控制台菜单选项为例,介绍多分支选择结构程序设计的思想与实现方法。一般来说,菜单栏至少包括新建文件、打开文件、保存文件和退出 4 项基本功能。例如:

```
1    void CreateFile()
2    {
3        printf("新建文件\n");
4    }
5
6    void OpenFile()
7    {
8        printf("打开文件\n");
```

```
9    }
10
11   void SaveFile()
12   {
13       printf("保存文件\n");
14   }
15
16   void Exit()
17   {
18       printf("谢谢使用,再见! \n");
19       exit(0);
20   }
```

如果使用函数指针,这 4 个函数的调用形式如下:

```
void ( * pfuncmd)();
```

而新建文件、打开文件、保存文件和退出都可以作为字符串"新建文件"、"打开文件"、"保存文件"和"退出"存储在 char 数组中。例如:

```
char cHelp[64];
```

基于此,可以先声明一个结构体类型 CmdEntry,其声明如下:

```
1    typedef struct CmdEntry{
2        void ( * pfuncmd)();
3        char cHelp[64];
4    }CmdEntry;
```

接着定义一个结构体数组作为函数表,分别用于存储菜单函数的入口地址和菜单信息。其声明如下:

```
1    static CmdEntry cmdArray[10] = {
2        {&CreateFile,"新建文件"},
3        {&OpenFile,"打开文件"},
4        {&SaveFile,"保存文件"},
5        {&Exit,"退出"},
6        // <标注 1>可以在这里添加函数
7        {0, 0}                          // 退出
8    };
```

在这里,将 cmdArray 声明为一个内含 10 个元素的数组,数组的每个元素都是一个 CmdEntry 类型的数组,因此 cmdArray[0]是第一个 CmdEntry 类型的结构体变量,cmdArray[1]是第 2 个 CmdEntry 类型的结构体变量,以此类推。cmyArray 是数组名,该数组中的每个元素都是 CmdEntry 类型的结构体变量。

为了标识结构体数组中的成员,可以采用访问单独结构体的规则:在结构体名后面加一个点运算符,再在点运算符后面加上成员名。例如:

```
cmdArray[0].cHelp                    // 第 1 个数组元素与 cHelp 相关联
cmdArray[3].cHelp                    // 第 4 个数组元素与 cHelp 相关联
```

注意:数组下标紧跟在 cmyArray 后面,不是成员名后面。例如:

```
cmdArray.cHelp[0]                         // 错误
cmdArray[2].cHelp                         // 正确
```

使用 cmdArray[2].cHelp 的原因是:cmdArray[2]为结构体变量名,正如 cmdArray[1]为一个结构体变量名一样。使用 cmdArray[3].cHelp 的原因是:cmdArray[3]为结构体变量名,如同 cmdArray[0]为另一个变量名一样。由于数组变量名代表数组首元素的地址,因此下面两个语句是等价的:

```
CmdEntry * pCmdEntry  = &cmdArray[0];     // pCmdEntry->cHelp 即是 cmdArray[0].cHelp
CmdEntry  * pCmdEntry = cmdArray;
```

那么 * pCmdEntry=cmdArray[0],因为 & 和 * 是一对逆运算符,所以可以做以下替换:

```
cmdArray[0].cHelp = ( * pCmdEntry).cHelp
```

由于“.”运算符比“ * ”运算符的优先级高,因此必须使用圆括号。下面的表达式代表什么呢?

```
cmdArray[0].cHelp[1]
```

这是 cmdArray 数组第 1 个结构体变量(cmdArray[0]部分)中的第 2 个字符(cHelp[1]部分),这个字符为“建”。这个示例指出,点运算符右侧的下标作用于各个成员,点运算符左侧的下标作用于结构体数组。最后总结一下:

```
cmdArray                      // 一个 CmdEntry 结构体的数组
cmdArray[0]                   // 一个数组元素,该元素是 CmdEntru 结构体
cmdArray[0].cHelp             // 一个 char 数组(cmdArray[0]的 cHelp 成员)
cmdArray[0].cHelp[1]          // cmdArray[0]元素的 cHelp 成员的一个字符
```

根据上面的定义,即可用以下方式获得相应函数的入口地址。例如:

```
cmdArray[0].pfuncmd = &CreateFile;
```

即 pfuncmd 函数指针指向 CreateFile()函数,其调用形式如下:

```
cmdArray[0].pfuncmd();
```

由此可见,采用回调函数动态绑定的方式,程序的可扩展性得到了很大的提升。

只需在"＜标注＞1"处添加自定义的函数,无需多处修改代码,不仅可以很好地解决程序的可扩展性问题,而且还大大地降低程序的错误率,详见程序清单 2.26。

程序清单 2.26　控制台菜单选项程序

```
1    # include <stdio. h>
2    # include <stdlib. h>
3    // 将上面的代码拷贝在这里
4    void showHelp()
5    {
6
7        for (int i = 0; (i < 10) && cmdArray[i].pfuncmd; i ++){
8            printf("%d\t%s\n", i, cmdArray[i].cHelp);
9        }
10   }
11
12   int main(void)
13   {
14       int iCmdNum;
15       char cTmp1[256];
16
17       while (1){
18           showHelp();
19           printf("请选择! \n");
20           iCmdNum = getchar() - '0';          // 将字符转换为数字,转换失败也可以
21           gets(cTmp1);                        // 清空缓冲区
22           if ( iCmdNum >= 0 && iCmdNum < 10 && cmdArray[iCmdNum].pfuncmd){
23               cmdArray[iCmdNum].pfuncmd();
24           }else{
25               printf("对不起,你选择的数字不存在,请重新选择! \n");
26           }
27       }
28       return 0;
29   }
```

请用 bubbleSort() 算法完成这个练习,将 employeeArray 结构体数组分别按下列要求排序并输出:① 按 id 从小到大排序;② 按 weight、age、height 从小到大排序,相同时按 id 从小到大排序;③ bloodType 按 A、B、O、AB 顺序排序,相同时按 id 从小到大排序。

2.3　栈与函数返回

当函数执行完毕后,如何返回调用处呢?由于该函数可能会被多次调用,且每次调用的地方很可能不一样,这样被调用函数也就不可能知道自己该返回到哪里,因此在调用函数时必须告诉被调用函数应返回到哪里。

2.3.1　堆　栈

为了保存变量(数据),通常计算机会提供非常多的内存。为了便于管理内存,将所有变量使用的内存称为栈,而将未分配的内存区域称为堆。这些未分配的内存区域,程序员可以块为单位请求它。这部分内存是由操作系统管理的,一旦一块内存被分配出去,它只能由分配了这块内存的原始代码使用,并使用指针访问这块内存。由于内存是稀缺资源,当程序不再需要该内存时,都应该释放回去。如果不这样做,程序将会耗光内存,导致运行速度下降甚至崩溃。这就是因为程序员没有释放本应释放的内存,造成了所谓的内存泄漏。

堆和栈是两种常用的数据结构,主要用于数据的动态存储。当程序执行时,栈中存储的是程序的执行过程,如 main() 函数的局部变量 argc 和 argv 都在栈中,而使用malloc()函数动态分配的内存是存储在堆中的,堆栈共享同一块内存区域。通常程序栈占据这块区域的下部,而堆用的是上部。当调用函数时,函数的栈帧被推到栈上,栈向上"长出"一个栈帧。当函数终止时,其栈帧从程序栈弹出。虽然栈所使用的内存不会被清理,但最终可能会被推到程序栈上的另一个栈帧覆盖。动态分配的内存来自堆,堆向下生长。随着内存的分配和释放,堆中会布满碎片。尽管堆是向下生长的,但这只是大体方向,实际上内存可能在堆上的任意位置分配。

平常大家所说的"堆栈"主要是指栈,计算机在硬件上直接支持栈。在计算机科学中,栈是一个抽象的概念。它的抽象行为特征是栈可以存储相同类型的数据,通常又将栈中的数据称为元素。只允许向栈中压入一个元素(即入栈 push),或从栈中删除一个元素(即出栈 pop),且元素按照"后进先出"原则处理(Last In First Out,LIFO),禁止测试或修改不在栈顶的元素。

如图 2.7 所示为通用计算机 4 种形式的栈,分别称之为满递减堆栈、空递减堆栈、满递增堆栈和空递增堆栈,这些都是栈的物理结构。其中的"递减"是指数据入栈时堆栈指针的值减少,即堆栈从高地址向下增长,就像钟乳石一样。"递增"是指数据入栈时堆栈指针的值增加,即堆栈从低地址向上增长,就像石笋一样。而"满"是指SP 指向的存储单元保存最后入栈的数据;"空"是指 SP 指向的存储单元将保存下一个入栈的数据。4 种形式的栈都对应相同的逻辑数据结构,本书后续章节除非特殊说明,否则均以"满递增堆栈"为例。

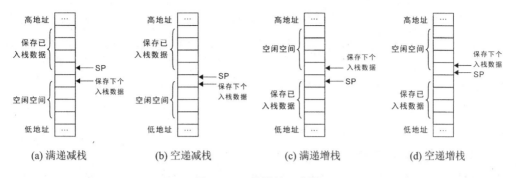

| (a) 满递减栈 | (b) 空递减栈 | (c) 满递增栈 | (d) 空递增栈 |

图 2.7　4 种栈的示意图

2.3.2　入栈与出栈

假设允许入栈和出栈数据为 int,即 sp 为(int ＊)类型变量。如果入栈的数据小于 sizeof(int)个字节,则需要将其转换成 int 类型数据才能入栈,且出栈后也要进行相应的类型转换。对于入栈的数据大于 sizeof(int)个字节,则只能拆分数据,一次入栈数据的一部分,通过多次入栈完成整个数据的入栈;而出栈这个数据也要多次,全部出栈后再组合成原始数据。

1. 入栈(push)操作

如果将 sp 当作(int ＊)类型的变量,则对于满递增堆栈来说,将数据 data 入栈用 C 语言描述如下(详见图 2.8):

```
＊( ++ sp) = (int)data;
```

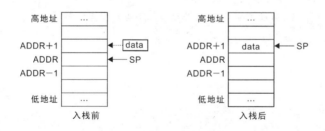

图 2.8　入栈操作示意图

如果 data 的长度大于 sizeof(int),则需要将数据拆分后多次入栈,入栈的顺序可以先低位后高位,也可以反过来。如果入栈的顺序为先低位后高位,其示例详见程序清单 2.27。

程序清单 2.27　先低位后高位顺序入栈示例

```
1    ＃define  push(data) ＊( ++ sp) = (int)(data)
2
3    push(data);
```

```
4     data = data ≫ (sizeof(int) * 8);
5     push(data);
6     data = data ≫ (sizeof(int) * 8);
7     push(data);
8     data = data ≫ (sizeof(int) * 8);
9     push(data);
```

这里假设 data 可以像整数一样移位,且 sizeof(data)是 sizeof(int)的 4 倍。

2. 出栈(pop)操作

如果将 sp 当作(int *)类型的变量,则对于满递增堆栈来说,将数据出栈用 C 语言描述如下(假设出栈的数据保存到变量 data 中,详见图 2.9):

```
* ((int *)&(data)) = * sp--;
```

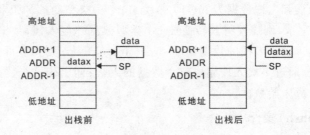

图 2.9   出栈操作示意图

如果出栈数据 data 的长度大于 sizeof(int),则需要多次出栈后拼接数据,其拼接的顺序为入栈的反序。如果入栈的顺序为先低位后高位,详见程序清单 2.28。

程序清单 2.28   先高位后低位顺序出栈示例

```
1     #define  pop(data) (int)(data) = * sp--
2     int temp;
3
4     data = 0;
5     data = data | (pop(temp) ≪ (3 * sizeof(int) * 8));
6     data = data | (pop(temp) ≪ (2 * sizeof(int) * 8));
7     data = data | (pop(temp) ≪ (1 * sizeof(int) * 8));
8     data = data | (pop(temp) ≪ (0 * sizeof(int) * 8));
```

这里假设 data 可以像整数一样进行位操作,且 sizeof(data)是 sizeof(int)的 4 倍。

2.3.3   函数的调用与返回

在讨论 ADT 栈之前,首先看一种用于处理程序运行时函数调用的系统栈。每当函数被调用时,系统首先创建一个称作活动记录或栈帧的结构,将其放在系统栈的栈顶。初始时,被调函数的活动记录只包含一个指向前一个活动记录的指针和一个返回地址。前一个活动记录的指针指向调用函数的活动记录,而返回地址包含的是函数调用结束后下一条执行语句的地址。因为在任何时刻只有一个函数被执行,所以被执行的函数就是活动记录位于系统栈栈顶的函数。

如果该函数又调用其他函数,那么函数中的局部变量(静态局部变量除外)及其参数也将加到其活动记录中,然后为被调函数创建一个新的活动记录并存放在系统栈栈顶的函数。当被调函数结束时,删除该活动记录。此时调用函数的活动记录又位于系统栈的栈顶,继续运行该函数。

C语言通过硬件栈保存函数的返回地址,被调用函数将返回地址出栈到程序计数器PC中,以返回到调用点,其示例代码详见程序清单2.29。

程序清单2.29   函数的调用与返回示例

```
1    #include<stdio.h>
2    void a (void)
3    {
4        printf("In a()\n");
5            return;                              // 函数的返回类型为 void
6    }
7
8    int main(void)
9    {
10       a();
11   a_return:
12           return 0;
13   }
```

对于程序清单2.29的第10行,用C语言描述如下:

```
push(a_return);
PC = a;                              // 相当于 goto a
```

对于程序清单2.29的第5行,用C语言描述如下:

```
pop(PC);
```

由此可见,当调用函数时,将主程序代码行下一条指令的地址保存到栈中;当函数返回时,程序就会从栈中获取该地址,并从那一点继续向下执行。在函数调用了其他函数的情况下,将每一个返回地址都放到栈中;当函数结束时,就可以找到它们在栈中的地址。

2.4 栈 ADT

2.4.1 不完全类型

不完全类型是指"函数之外、类型的大小不能被确定的类型",结构体标记的声明就是一个不完全类型的典型示例。例如:

```
1    struct _TypeA{
2        struct _TypeB * B ;
3    };
4
5    struct _TypeB{
6        struct _TypeA * A ;
7    };
```

此时,struct _TypeA 和 struct _TypeB 是互相引用的,虽然无论先声明哪一边都很麻烦,但可以先通过声明结构体标记回避以上问题。例如:

```
1    struct _TypeB;                          // 提前声明_TypeB
2    struct _TypeA{
3        struct _TypeB * B ;
4    };
5
6    struct _TypeB{
7        struct _TypeA * A ;
8    };
```

当使用 typedef 声明结构体类型时,例如:

```
1    typedef struct _TypeB TypeB;            // 提前定义 TypeB 类型
2    typedef struct{
3        TypeB * B ;
4    }TypeA;
5
6    struct _TypeB{
7        TypeA * A ;
8    };
```

由于 TypeB 类型的标记被声明时,还不知道它的内容,因此无法确定它的大小,这样的类型就称为不完全类型。因为不能确定大小,所以不能将不完全类型变成数组,也不能将其作为结构体的成员,或声明为变量。但如果声明为指针,则可以使用不完全类型。在后续定义 struct _TypeB 的内容时,TypeB 就不是不完全类型了。

　　通常在".h"头文件中声明不包含任何实现细节的结构体,然后在".c"实现文件中定义与数据结构的特定实现配合使用的函数。数据结构的用户可以看到声明和函数原型,但实现会隐藏在".c"文件中。只有使用数据结构所需要的信息会对用户可见,如果太多的内部信息可见,用户可能会使用这些信息从而产生依赖。一旦内部结构发生变化,则用户代码可能就会失效。不完全类型是因为编译器看不见".c"文件中的实际定义,它只能看到_demoB结构体的类型定义,而看不见结构体的实现细节。

　　下面将以数组为例介绍不完全类型的使用,尽管可以使用数组保存元素,由于数组的大小是固定的,因此数组并不会存储它的大小,而且也不会检查下标是否越界。通常用一个指向数组的指针 pBuffer 和记录数组元素个数的值 count 代替数组。其实现如下(IA_array.c):

```
1   struct _IntArray{
2       int * pBuffer;
3       size_t count;
4   };
```

　　为了防止用户直接访问结构体的成员,通常将结构体移到实现代码中(IA_array.c)隐藏起来,然后使用不完全的类型在接口中(IA_array.h)声明一个 IntArray 处理相应的数据。虽然不完全类型描述了对象,但缺少对象大小所需的信息。例如:

```
struct _IntArray;
```

它告诉编译器_IntArray是一个结构体标记,却没有描述结构体的成员,因此编译器没有足够的信息确定结构体的大小,其意图是不完全类型将会在程序的其他地方将信息补充完整。不完全类型的使用是受限的,因为编译器不知道它的大小,所以不能在接口中用它声明变量:

```
struct _IntArray IntArray;                    // 错误的声明
```

但可以在接口中(IA_array.h)定义一个指针类型引用不完全类型:

```
typedef struct _IntArray IntArray;
```

　　在这里,仅仅声明了它的存在,而没有做其他任何事情。对于用户来说,看到的只是 IA_array.h,而对_IntArray的构造或实现却一无所知。

　　当将 IntArray 定义为一个指向 struct _IntArray 结构体类型时,即可声明 IntArray * 类型的变量,将其作为函数参数进行传递。即:

```
IntArray * pIntArray;
```

　　尽管此时还没有定义 IntArray,但指针的大小始终相同,且不依赖于它指向的对象。即便在不知道结构体本身细节的前提下,编译器同样允许处理指向结构体的指针,这就解释了为什么 C 语言允许这种行为。虽然这个结构体是一个不完全类型,但在实现代码中信息变得完整,因此该结构体的成员依赖于实现方法。

虽然数组和指针有区别,但 C 语言不会区分它们,C 语言对数组提供的支持只是为了便于内存管理和指针运算,最好的证明莫过于括号运算符居然有交换性。当在结构体内创建一个数组时,为了避免直接对数据进行访问,将通过接口函数和对象交互,详见程序清单 2.30。

程序清单 2.30　访问数组元素和大小接口(IntArray.h)

```
1    #pragma once
2    #include <stdbool.h>
3    #include <stddef.h>
4
5    typedef struct _IntArray IntArray;
6    IntArray * IA_ini();                                      // 创建 IntArray
7    void IA_cleanup(IntArray * pThis);                        // 销毁 IntArray
8    void IA_setSize(IntArray * pThis, size_t size);           // 设置数组元素个数
9    size_t IA_getSize(IntArray * pThis);                      // 获取数组元素个数
10   bool IA_setElem(IntArray * pThis, size_t index, int value);   // 设置数组元素
11   bool IA_getElem(IntArray * pThis, size_t index, int * pValue); // 获取数组元素
```

为了说明这些函数构成了 IntArray 对象的接口,并防止函数名和其他对象的接口冲突,于是在每个函数名前使用了前缀 IA_,且每个函数都有一个 IntArray * 型的对象作为参数,这个参数就是函数将要操作的对象。

IA_init()初始化使数组处于空元素的状态,IA_cleanup()释放在数组生存期中分配给用户的内存。剩余的函数是控制对数组中数据的访问,IA_setSize()设置了数组中的元素个数,且为这些元素分配存储空间,IA_getSize()返回当前数组中的元素个数。IA_setElem()和 IA_getElem()用于访问单个数据元素,其具体实现详见程序清单 2.31。

程序清单 2.31　访问数组元素和大小接口的实现(IntArray.c)

```
1    #include <malloc.h>
2    #include "IntArray.h"
3
4    struct _IntArray{
5        int * pBuffer;
6        size_t count;
7    };
8
9    IntArray * IA_ini()
10   {
11       IntArray * pIntArray = malloc(sizeof(IntArray));
```

```
12
13          pIntArray ->pBuffer = 0;
14          pIntArray ->count = 0;
15          return pIntArray;
16     }
17
18     void IA_cleanup(IntArray * pThis)
19     {
20          free(pThis ->pBuffer);
21          pThis ->pBuffer = 0;
22          free(pThis);
23     }
24
25     void IA_setSize(IntArray * pThis, size_t size)
26     {
27          pThis ->count = size;
28          pThis ->pBuffer = (int *)realloc(pThis ->pBuffer, size * sizeof(int));
29     }
30
31     size_t IA_getSize(IntArray * pThis)
32     {
33          return pThis ->count;
34     }
35
36     bool IA_setElem(IntArray * pThis, size_t index, int value)
37     {
38          if (index >= pThis ->count) return false;
39          pThis ->pBuffer[index] = value;
40          return true;
41     }
42
43     bool IA_getElem(IntArray * pThis, size_t index, int * pValue)
44     {
45          if (index >= pThis ->count) return false;
46          * pValue = pThis ->pBuffer[index];
47          return true;
48     }
```

其中,IA_setSize()用于改变数组大小,首先释放原有的元素,然后保存新的元素,且为新元素分配存储空间。当然,也可以进一步优化代码,如只有数组大小增加时才重新分配空间。IA_getSize()访问给定下标所指的元素,让 IntArray 检查下标是否在界内。

由此可见,IntArray 的实现是由两部分组成的,即保存对象信息的数据和构成对象接口的函数,其使用范例程序详见程序清单 2.32。

程序清单 2.32   使用 IntArray.h 范例程序

```
1     # include<stdio.h>
2     # include"IntArray.h"
3
4     int main()
5     {
6         IntArray * pIntArray;
7         const size_t count = 10;
8         int temp = 0;
9
10        pIntArray = IA_ini();
11        IA_setSize(pIntArray, count);
12        for (size_t i = 0; i < count; i++)
13            IA_setElem(pIntArray, i, (int)i * 2);
14        for (size_t i = 0; i < count; i++){
15            IA_getElem(pIntArray, i, &temp);
16            printf("% d ", temp);
17        }
18        IA_cleanup(pIntArray);
19        return 0;
20    }
```

2.4.2　抽象数据类型

1. 栈的实现

假设需要一个字符栈,且栈的大小是固定的,即可使用数组保存栈中的元素,然后指定一个计数器表明栈中元素的数量。其数据结构定义如下:

```
1     # define MAXSIZE 100              // 栈中可能的最大结点数
2     typedef struct{
3         char elements[MAXSIZE];       // 保存 char 栈的数组
4         size_t top;                   // 栈顶元素的位置
5     }Stack;
```

由于调用者并不能直接访问底层,因此在向栈中压入元素之前,必须先创建一个栈。其函数原型为:

```
void newStack(Stack * stack);
```

由于刚开始时栈为空,暂时还没有元素存储到数组 elements[0]中,因此只要将数组的下标置为 0,即可创建一个空栈,即

```
1    newSrack(Stack * stack)
2    {
3        stack ->top = 0;
4    }
```

其调用形式如下:

```
Stack * stack;
newStack(stack);
```

当向栈中压入一个新的元素时,将元素存储在数组接下来的空间中,并计数递增。其函数原型为:

```
void push(Stack * stack, char value);
```

也就是说,当 top 的值加 1 时,将新的元素值 value 入栈,即

```
stack ->elements[(stack ->top) ++] = value;
```

当弹出元素时,计数递减并返回栈顶元素。其函数原型如下:

```
char pop(Stack * stack);
```

也就是说,当 top 的值减 1 时,删除栈顶结点,返回该结点的值。例如:

```
return stack ->elements[ -- (stack ->top)];
```

除了这些基本的操作之外,经常还需要知道栈所包含的元素数量,以及栈是空还是满,这些函数的原型为:

```
int getStackDepth(Stack * stack);          // 返回栈中元素的个数
bool stackIsEmpty(Stack * stack);          // 判断栈是否空
bool stackIsFull(const Stack * stack);     // 判断栈是否满
```

显然,只要返回栈顶值就知道栈中存储了多少个元素,而当 stack→top 为 0 时,说明栈为空;当 stack→top 大于或等于 MAXSIZE 时,说明栈已满。

实际上,当定义了一个结构体指针变量 stack 后,(stack→top)就成为了一个变量,即可通过 stack→top 与 stack→elements[stack→top++]分别实现对 stack 的各成员的访问。显然程序暴露了"数组和下标"这一内部结构,且无法阻止用户使用 stack 指针变量直接访问结构体的成员。例如:

```
stack ->top = 0;
stack ->elements[stack ->top ++] = 1;
```

由于直接访问 top 和 elements,因此用户有可能破坏栈中的数据。如果其内部实现发生变化,也必须对程序进行相应的修改。如果程序规模很大,则修改的工作量也很大,因此很多时候明明知道通过重构能够改善程序,也会因工作量太大而不愿意改变具体的实现。

由此可见,上述栈的实现方法不仅暴露了栈的数据结构,而且仅有 1 个栈。如果需要多个栈时,怎么办呢? 一种方法是编写多个名称不同功能相同的函数,这样就会出现多段处理完全相同的代码。为了解决这个问题,抽象的方法是将栈中的数据结构隐藏到实现代码中。

2. 建立抽象

虽然标准 C 语言提供了类似于 int、char、float、double 这样不可分割的原子数据类型,但如果需要表示任意大的整数,显然原子数据类型无能为力。此时,创建一种新的整数类型势在必行,而这种新的数据类型便是一种抽象数据类型 ADT(Abstract Data Type)。

设计一个基于 Stack 的抽象数据类型,我们应该从哪里开始呢? 一个不错的方法是用一句话来描述。这种描述应该尽可能地抽象,尽量不要涉及数据的内部结构,要简单到谁都能够理解它,因此可以描述"栈(Stack)是一个可以在同一个位置上插入(push)和删除(pop)数据(value)的存储器,该位置是存储器的末端,即栈顶(top)"。该定义既未说明栈中存储什么数据,也未指定是用数组、结构体还是其他数据形式存储数据,而且也没有规定用什么方式实现操作,这些细节都留给实现去完成。

关于栈的详细描述如下:

- 类型名:Stack。
- 类型属性:可以存储有序的数据(value)。
- 类型操作:创建栈(newStack)和销毁栈(freeStack),从栈顶添加数据(push)和从栈顶删除数据(pop),确定栈是否为空(stackIsEmpty),确定栈是否已满(stackIsFull),返回栈中元素的个数(getStackDepth),读取栈中任何位置的元素(getStackElement)。

也就是说,在向栈中添加元素之前,必须先创建一个栈。当不再使用内存时,必须销毁栈。对栈的基本操作有 push(进栈)和 pop(出栈),前者相当于插入,后者相当于删除最后插入的元素。对空栈进行的 pop,认为是栈 ADT 的错误。另一方面,当运行 push 时空间用尽是一个实现错误,但不是 ADT 错误。

3. 建立接口

(1) 隔离变化

为了防止用户直接访问 top 和 elements 而破坏栈中的数据,根据以往的经验,可以使用依赖倒置原则。将保存在结构体中栈的实现所需的数据结构隐藏在". c"

文件中,将处理数据的接口包含在".h"文件中,用户将无法看到栈的数据结构在底层是如何实现的。

虽然可以将一个数组看作是具有固定大小的,但是内置数组并不会存储它的大小,而且也不会检查下标是否越界。通常将一个指向数组的指针 data 和记录数组元素个数的值 numData 存储栈的最大容量,以及记录栈顶元素的位置 top 进行打包,将栈的数据结构隐藏在".c"文件中,即

```
1    struct stackCDT{
2        int * data;
3        size_t top;
4        size_t numData;
5    };
```

对于用户来说,现在只能通过".h"文件中的接口操作栈。尽管此时还没有定义 stackCDT,由于指针的大小始终相同,且不依赖于它指向的对象。即便在不知道结构体本身细节的前提下,编译器同样允许处理指向结构体的指针,因此可以定义一个指针类型引用不完全类型,将 stackADT 定义为一个指向 stackCDT * 结构体类型。例如:

```
typedef struct stackCDT * stackADT;
```

虽然这个结构是一个不完全类型,但在实现栈的文件中信息变得完整,因此该结构的成员依赖于栈的实现方法。stackADT 结构体类型的变量定义如下:

```
stackADT stack1;
```

由于一个 stack1 指向一个存储单元,即一个存储单元代表一个栈,因此想要多少个栈就有多少个栈。例如:

```
stackADT stack1, stack2, stack3;
```

显而易见,stackADT 是代表 stack1、stack2、stack3 等所有具体栈的总称的抽象数据类型,stack1、stack2 和 stack3 分别指向不同的栈。因此只要将 stack1、stack2 和 stack3 作为实参传递给相应的函数,即可访问与之相应的栈。而抽象的方法是在栈的实现代码和使用栈的代码之间添加一个函数层。例如:

```
bool IA_init(stackADT stack);
```

通常将称为函数上下文的 stackADT 类型的 stack 作为函数的第一个参数,这个参数就是函数将要操作的对象。它代表指向当前对象(栈)的指针,用于请求对象对自身执行某些操作。而结构体的成员变量就是通过 stack 指针找到自己所属的对象的,其引用方式如下:

```
1    void IA_init(stackADT stack)
2    {
3        stack ->data = 0;
4        stack ->top = 0;
5        stack ->numData = MAXSIZE;
6    }
```

由此可见,用户仅通过接口函数与栈交互,而不是直接访问它的数据。

(2) 操作方法

1) 创建栈

由于用户完全不知道底层是如何表示的,因此必须提供一个用于创建一个新 stackADT 的函数,且将它返回给用户。用于创建一个新的抽象类型的值的函数名称以 new 开始,以强调动态分配。其函数原型如下:

```
stackADT newStack();
```

前置条件:stackADT 被定义为一个指向结构体的指针,该结构体包含 top 和 numData。一旦知道最大容量,则该栈即可被动态确定。创建一个具有给定最大值 MAXSIZE 的栈,分别是为 stackCDT 结构体分配空间和长度为 MAXSIZE 的数组分配空间。同时将 top 初始化为 0,并将 numData 置为最大值 MAXSIZE。

后置条件:返回栈。

其调用形式如下:

```
StackADT stack;
stack = newStack();
```

2) 销毁栈

当接口定义了一个分配新的抽象类型的值的函数时,通常还要为接口提供一个用于释放用户不再使用的栈的动态内存的函数。其函数原型如下:

```
void freeStack(stackADT stack);
```

前置条件:stack 指向之前创建的栈。

后置条件:释放动态分配的所有内存,即先释放栈的数组,然后释放栈的结构。

其调用形式如下:

```
freeStack(stack);
```

3) 从栈顶添加数据(进栈)

当用户向栈顶添加一个数据时,就是将该值存储在内部的数据结构中,即通过在容器的顶端插入元素实现 push,其函数原型如下:

```
bool push(stackADT stack, int value);
```

前置条件：stack 指向之前创建的栈，value 是待压入栈顶的数据。

后置条件：如果栈不满，则将 value 放在栈顶，该函数返回 true；否则栈不变，该函数返回 false。

其调用形式如下：

```
for(int i = 0; i < 16; i++)    push(stack, i);
```

4）从栈顶删除数据（出栈）

当用户弹出栈元素时，就是将存储的值返回给用户，即通过删除容器顶端的元素实现 pop，其函数原型如下：

```
bool pop(stackADT stack, int  * pValue);
```

前置条件：stack 指向之前创建的栈，pValue 为指向存储返回值变量的指针。

后置条件：如果栈不空，则将栈顶的值复制到 * pValue，删除栈顶的值，该函数返回 true；如果删除前栈为空，则栈不变，该函数返回 false。

其调用形式如下：

```
int temp;
pop(stack, &temp);
```

5）判断栈是否为空

判断栈是否为空的函数原型如下：

```
bool stackIsEmpty(stackADT stack);
```

前置条件：stack 指向之前创建的栈。

后置条件：如果栈为空，则返回 true；否则返回 false。

其调用形式如下：

```
stackIsEmpty(stack);
```

6）判断栈是否已满

判断栈是否已满的函数原型如下：

```
bool stackIsFull(stackADT stack);
```

前置条件：stack 指向之前创建的栈。

后置条件：如果栈已满，则返回 true；否则返回 false。

其调用形式如下：

```
stackIsFull(stack);
```

7）确定栈中元素的个数

确定栈中元素的个数的函数原型如下：

```
size_t getStackDepth(stackADT stack);
```

前置条件：stack 指向之前创建的栈。

后置条件：返回栈中元素的个数。

其调用形式如下：

```
getStackDepth(stack);
```

8) 读取栈中任何位置的元素

读取栈中任意位置元素的函数原型如下：

```
bool getStackElement(stackADT stack, size_t index, int * pValue);
```

前置条件：stack 指向之前创建的栈，index 为索引值，表示返回栈中某个位置的元素，pValue 为指向存储返回值变量的指针。

后置条件：如果 index 大于 top，则该函数返回 false；反之，将 index 位置的值复制到 * pValue，该函数返回 true。

其调用形式如下：

```
getStackElement(stack, 0, &temp);
```

由于数组的下标是从 0 开始的，当 index 为 0 时，getStackElemnt(stack, 0, &temp)返回栈顶的元素，getStackElemnt(stack, 1, &temp)返回接下来的那个元素，以此类推。

封装时，头文件中只放最小的接口函数声明，且内部函数都要加上 static 关键字。抽象栈的接口详见程序清单 2.33，接口揭示了栈的数据类型和用户在操作栈时需要的各种功能，这些功能实现了抽象栈类型的基本操作。

程序清单 2.33　抽象栈接口(stack.h)

```
1    # pragma once
2    # include <stdbool.h>
3    # include <stddef.h>
4
5    typedef int stackElementT;
6    typedef struct stackCDT * stackADT;
7
8    stackADT newStack();
9    void freeStack(stackADT stack);
10   bool push(stackADT stack, stackElementT value);
11   bool pop(stackADT stack, stackElementT * pValue);
12   bool stackIsEmpty(stackADT stack);
13   bool stackIsFull(stackADT stack);
14   size_t getStackDepth(stackADT stack);
15   bool getStackElement(stackADT stack, size_t index, stackElementT * pValue);
```

这些函数共同创建了接口,每个函数都以 stackADT 作为它的第一个参数。当声明了函数接口后,即可实现相应的接口。

4. 实现接口

由于数组的长度在编译时就已经确定了,无法在运行时动态地调整。但有些应用在编译时并不知道应该分配多大的内存空间才能满足要求,因此可以根据需要使用动态内存"在运行时"为它分配内存空间。和任何接口一样,实现 Stack.h 接口需要编写一个模块 Stack.c,它提供了抽象类型的输出函数和表示细节的代码,详见程序清单 2.34。

程序清单 2.34　抽象栈的实现(Stack.c)

```
1    # include "Stack.h"
2    # include <malloc.h>
3
4    # define MAXSIZE 100
5    struct stackCDT{
6        int * data;
7        size_t top;
8        size_t numData;
9    };
10
11   stackADT newStack()
12   {
13       stackADT stack;
14       stack = (stackADT)malloc(sizeof(struct stackCDT));
15       stack ->data = (int * )malloc(MAXSIZE * sizeof(int));
16       stack ->top = 0;
17       stack ->numData = MAXSIZE;
18       return stack;
19   }
20
21   void freeStack(stackADT stack)
22   {
23       free(stack ->data);
24       free(stack);
25   }
26
27   bool push(stackADT stack, stackElementT value)
28   {
29       if(stackIsFull(stack))          return false;
30       stack ->data[stack ->top ++] = value;
```

```
31          return true;
32      }
33
34      bool pop(stackADT stack, stackElementT * pValue)
35      {
36          if (stackIsEmpty(stack))      return false;
37          * pValue = stack ->data[ -- stack ->top];
38          return true;
39      }
40
41      bool stackIsEmpty(stackADT stack)
42      {
43          return (stack ->top == 0);
44      }
45
46      bool stackIsFull(stackADT stack)
47      {
48          return (stack ->top == stack ->numData);
49      }
50
51      size_t getStackDepth(stackADT stack)
52      {
53          return (stack ->top);
54      }
55
56      bool getStackElement(stackADT stack, size_t index, stackElementT * pValue)
57      {
58          if (index > stack ->top)      return false;
59          * pValue = stack ->data[stack ->top - index - 1];
60          return true;
61      }
```

　　表面上看起来 getStackDepth()函数只有一行代码,也许有人会说,为何不直接使用"stack→top;"代替该函数呢?如果用户在程序中使用 top,那么程序将依赖于 stackADT 表示的具体结构,而使用该函数的好处是为用户和实现之间提供了隔离层。由于维护代码是软件工程生命周期中的一个重要步骤,因此要尽量做好随时修改的准备。

　　当然,上述程序还是不能创建两种数据类型不同的栈,最常见的方法是使用 void *作为数据类型,这样就可以压入和弹出任意类型的指针了。这里不再详细描述,将留给读者自己实现。但使用 void *作为数据类型的最大缺点是不能进行错误检测,存放 void ＊数据的栈允许各种类型的指针共存,因此无法检测由压入错误的指针类型而导致的错误。

5. 使用接口

实际上使用栈的人并不关心栈是如何实现的,即使要改变栈的内部实现方式,也不用对使用栈的程序做任何修改。将整数推入栈,然后再打印输出的范例程序详见程序清单 2.35。

程序清单 2.35　使用栈接口的范例程序

```
1    # include<stdio. h>
2    # include"stack. h"
3    int main(int argc, int ＊argv[])
4    {
5        stackADT stack;
6        int temp;
7
8        stack = newStack();
9        for(int i = 0; i < 16; i++)        push(stack, i);
10       printf("%d\n", getStackDepth(stack));
11       getStackElement(stack, 5, &temp);
12       printf("%d\n", temp);
13       while (! stackIsEmpty(stack))      {
14           pop(stack, &temp);
15           printf("%d ", temp);
16       }
17       printf("\n");
18       freeStack(stack);
19       return 0;
20   }
```

综上所述,Stack 栈的接口分为两部分:一是描述如何表示数据;二是描述实现 ADT 操作的函数。因此,必须首先提供存储数据的方法。设计一个结构体,在“.h”接口中定义栈的抽象数据类型 stackADT,在“.c”实现中定义栈的具体类型 stack-CDT。其次必须提供管理该数据的函数(方法),通过函数原型隐藏它们的底层实现。只要保留它们的接口不变,对于任何抽象都可以改变它的实现。实际上,当引入一个抽象数据类型 stackADT 时,就是在使用依赖倒置原则,将保存在结构体中栈的实现所需要的数据和处理数据的接口彻底分离,因为 stackADT 没有暴露它的细节,用户依赖于 satcADT 抽象,而不是细节。

显然,抽象数据类型可利用已经存在的原子数据类型构造新的结构,用已经实现的操作组合新的操作。对于 ADT,用户程序除了通过接口中提到的那些操作之外,并不访问任何数据值。数据的表示和实现操作的函数都在接口的实现里面,与用户完全分离。抽象的接口隐藏不相关的细节,用户不能通过接口看到方法的实现,将注意力集中在本质特征上,将程序员从关心程序如何实现的细节上得到解放。对于任何抽象来说,只要保持接口不变,便可以根据需要改变其实现方式。

2.4.3 开闭原则(OCP)

开闭原则(Open - Closed Princple,OCP)就是敏捷软件开发(Agile Software Development,又称敏捷开发,是 1990 年代开始逐渐引起广泛关注的新型软件开发方法,目的是提升软件开发能力,以应对快速变化的需求)的基本原则之一,一个模块应该"对扩展开放,而对修改关闭。"例如,一个 USB 端口可以扩展,但不需要做任何修改就可以接受一个新的设备,因此,对于 USB 应用设备来说,一台有 USB 端口的计算机是扩展开放而对修改关闭的。当设计遵循 OCP 原则时,它可以通过增加新的代码来进行扩展,而不是修改已有的代码。例如,即使某个模块的内部实现改变了,但对外的接口也不能变,其目的是隔离变化。OCP 通常要求我们对软件进行抽象,因为只有具有共性的抽象的接口,才会有具体的实现的可能性。接口放在哪里呢? 应该放在用户端,而不是实现的一方。

假设只允许将 $0 \sim 9$ 之内的 value 值 push 到栈中,即 $min = 0, max = 9$。根据 OCP 原则,需要编写一个调用 push()功能的函数 pushWithRangeCheck()。将其共性——范围值的合法性判断包含在函数体内,而可变的 value 值、min 和 max 通过形参应对。其函数原型为:

```
bool pushWithRangeCheck (stackADT stack, int value, int min, int max);
```

如果 value 值非法,则返回 false;如果 value 值合法,则调用 push()。此时,如果栈不满,则返回 true;否则返回 false。详见程序清单 2.36。

程序清单2.36 范围值校验器范例程序(1)

```
1    #include<stdio.h>
2    #include"Stack.h"
3
4    bool pushWithRangeCheck(stackADT stack, int value, int min, int max)
5    {
6        if (value < min||value > max)      return false;
7        return push(stack, value);
8    }
9
10   int main(int argc, int * argv[])
11   {
12       stackADT stack;
13        int temp;
14
15       stack = newStack();
16       for(int i = 0; i < 16; i++)
```

```
17              pushWithRangeCheck (stack, i, 0, 9);
18          while (! stackIsEmpty(stack)){
19              pop(stack, &temp);
20              printf("%d ", temp);
21          }
22          freeStack(stack);
23          return 0;
24      }
```

由此可见,如果正确地应用OCP,那么以后再进行同样的改动时,只需要添加新的代码,而不必改动已经正常运行的代码。如果仅需1～2种校验器,则上述方法非常简单明了。当需要组合多种校验器一起使用时,上述方法传递的参数太多,而且每次push时,都要传递允许的范围参数。如果将 min 和 max 分离出来成为一个 Range 类型结构体,即可避免以上问题:

```
1   typedef struct{
2       const int min;
3       const int max;
4   }Range;
```

根据OCP开闭原则,需要再编写一个扩展push功能的pushWithRangeCheck(),范围值校验器范例程序详见程序清单2.37。

程序清单 2.37   范围值校验器范例程序(2)

```
1   #include<stdio.h>
2   #include"Stack.h"
3
4   typedef struct{
5       const int min;
6       const int max;
7   }Range;
8
9   bool pushWithRangeCheck(stackADT stack, Range * pRange, int value)
10  {
11      if (value < pRange ->min||value > pRange ->max)      return false;
12      return push(stack, value);
13  }
14
15  int main(int argc, int * argv[])
16  {
17      stackADT stack;
18      int temp;
```

```
19
20        stack = newStack();
21        Range range = {0, 9};
22        for(int i = 0; i < 16; i++)
23            pushWithRangeCheck(stack, &range, i);
24        while (! stackIsEmpty(stack))    {
25            pop(stack, &temp);
26            printf("%d", temp);
27        }
28        freeStack(stack);
29        return 0;
30    }
```

如果再添加一个奇偶校验器,则需要判断 push 到栈中的数据是否为偶数,创建与之相应的 OddEven 类型结构体如下:

```
1    typedef struct{
2        bool isEven;
3    }OddEven;
```

根据 OCP 开闭原则,还需要再编写一个扩展 push 功能的 pushWithOddEven-Check(),即

```
1    bool pushWithOddEvenCheck(stackADT stack, OddEven * pOddEven, int value)
2    {
3        if(! pOddEven ->isEven && (value % 2))||(pOddEven ->isEven && ! (value % 2));
4            return false;
5        return push(stack, value);
6    }
```

为了避免用户直接操作成员,则需要定义相应的校验接口函数,即

```
1    bool validateRange(Range * pRange, int value)
2    {
3        return pRange ->min <= value && value <= pRange ->max;
4    }
5
6    bool validateOddEven(OddEven * pOddEven, int value)
7    {
8        return (! pOddEven ->isEven && (value % 2)) || (pOddEven ->isEven && ! (value % 2));
9    }
```

由于范围值校验函数和偶数校验函数都有一个指向当前对象的指针,因此可以将特殊的 Range * pRange 和 OddEven * pOddEven 泛化为 void * pData,即

```
1   bool validateRange(void * pThis, int value)
2   {
3       RangeValidator * pRangeValidator = (RangeValidator * )pThis;
4       return pRangeValidator ->min <= value && value <= pRangeValidator ->max;
5   }
6
7   bool validateOddEven(void * pThis, int value)
8   {
9       OddEvenValidator * pOddEvenValidator = (OddEvenValidator * )pThis;
10      return (! pOddEvenValidator ->isEven && (value % 2))||
11          (pOddEvenValidator ->isEven && ! (value % 2));
12  }
```

无论是范围值校验还是偶数校验,其共性是对输入参数进行校验,因此可以共用一个函数指针。其函数原型如下:

```
typedef bool ( * const Validate)(void * pData, int value);
```

为了便于阅读,如程序清单 2.38 所示展示了通用校验器的接口。

程序清单 2.38　通用校验器的接口(validator.h)

```
1   # pragma once;
2   # include<stdbool.h>
3
4   typedef struct{
5       const int min;
6       const int max;
7   }Range;
8
9   typedef struct{
10      bool isEven;
11  }OddEven;
12
13  bool validateRange(void * pData, int value);
14  bool validateOddEven(void * pData, int value);
```

尽管无法预知将要支持什么校验器,但调用者知道,因此可以将范围值校验器和奇偶校验器功能分离出来成为单独的函数,编写一个通用的 pushWithValidate()函数,通过函数指针调用相应的校验函数,且不用在意具体校验器内部的实现,使用validator.h 接口的通用校验器范例程序详见程序清单 2.39。

程序清单 2.39　通用校验器范例程序

```c
1    # include<stdio.h>
2    # include"Stack.h"
3    # include"validator.h"
4
5    typedef bool ( * const Validate)(void * pData, int value);
6    bool pushWithValidate(stackADT stack, Validate validate, void * pData, int value)
7    {
8        if (validate && ! validate(pData, value))          return false;
9        return push(stack, value);
10   }
11
12   int main(int argc, int * argv[])
13   {
14       stackADT stack;
15       int temp;
16
17       stack = newStack();
18       Range range = {0, 9};
19       for (int i = 0; i < 16; i++)
20           pushWithValidate(stack, validateRange, &range, i);
21       while (! stackIsEmpty(stack))      {
22           pop(stack, &temp);
23           printf(" % d ", temp);
24       }
25       printf("\n");
26       OddEven oddEven = {true};
27       for (int i = 0; i < 16; i++)
28           pushWithValidate(stack, validateOddEven, &oddEven, i);
29       while (! stackIsEmpty(stack))      {
30           pop(stack, &temp);
31           printf(" % d ", temp);
32       }
33       freeStack(stack);
34       reurn 0;
35   }
```

第3章

算法与数据结构

本章导读

数据结构主要研究组织大量数据的方法,例如数组和链表通常被看作是最简单的数据结构,而算法分析则是对算法运行时间的评估。因此数据结构和算法的研究是计算机科学的重要基石,这是一个集优雅技术和复杂数学分析于一体的领域,一个好的数据结构或算法可能使某个原来需要用几年或几个月才能完成的问题在分秒之中得到解决。

在某些特殊的领域,如图形学、数据库、语法分析、数值分析和模拟等,解决问题的能力几乎完全依赖于最新的数据结构和算法。即使是编译器或浏览器这样复杂的程序,主要的数据结构也是数组、表、树和哈希表等。如果程序需要某些更精巧的数据结构和算法,它多半也是由这些基础的数据结构和算法构造出来的。因此,无论怎么变化,数据结构都是由基本的数组组织形式构造出来的,任何复杂的计算方法都是由算术和代数演变而来的,通常都可以从中找到可遵循的规律。

3.1 算法问题

3.1.1 排　序

对较大型的数组而言,快速排序方法是最有效的排序算法之一,该算法是 1960 年由 C. A. R. Hoare 发明的。它将数组不断分成更小的数组,直到变成单元素数组。首先,将数组分成两部分,一部分的值都小于另一部分的值,这个过程一直持续到数组完全有序为止。

标准函数 qsort()是对一个具有任意类型的数组进行排序,其中单个元素的大小和待比较元素的函数都是给定的。其函数原型如下:

```
# include <stdlib.h>
typedef int ( * COMPARE)(const void * e1, const void * e2);
void qsort(void * base, size_t nmemb, size_t size, COMPARE compare);
```

其中,base 必须指向数组的首元素,如果只对数组的一个区域进行排序,那么要使

base 指向这个区域的首元素,base 就是数组名。nmemb 是要排序元素的数量,不一定是数组中元素的数量。size 是每个元素的大小(按字节计算)。compare 是指向比较函数的指针。

由于数组的元素可能是任何类型的,甚至是结构体或联合,必须告诉 qsort()函数如何确定两个数组哪一个"更小",因此可以通过编写比较函数为 qsort()函数提供这些信息。当给定两个指向数组元素的指针 e1 和 e2 时数,比较函数必须返回一个整数。如果 *e1"小于" *e2,那么返回的数为负数;如果 *e1"等于" *e2,那么返回的数为零;如果 *e1"大于" *e2,那么返回的数为正数。这里将"小于""等于"和"大于"放在双引号中,是因为需要由调用者来确定如何比较 *e1 和 *e2。

当将 base 声明为一个 void * 类型时,如果传入的数据是 int 类型,即可通过 compare 函数指针调用整数比较函数;如果传入的数据是字符串类型,即可通过 compare 函数指针调用字符串比较函数。特别地,要注意浮点数的比较,与整数不同的是浮点数是有精度的,浮点数比较函数 compare_float()详见程序清单 3.1。

程序清单 3.1　compare_float()浮点数比较函数

```
1    int compare_float(const void  * e1, const void  * e2)
2    {
3        float EPSINON = 0.0001;
4
5        float dif =  * (const float  * )e1 -  * (const float  * )e2;
4        if (dif < EPSINON){
5            return - 1;
6        }else if (dif > EPSINON){
7            return 1;
8        }else{
9            return 0;
10       }
11   }
```

当然,也可以用 0.0f 来代替 EPSINON,因为 0.0 后面的 f 表示它的类型是 flaot。如果一个浮点数后面没有加 f,那么 C 语言默认它是 double 类型的。记住,当用函数名作为参数时,即指向该函数的指针,compare_float 与 compare 的原型必须匹配。

由此可见,使用 qsort()可以对任意数组排序而不用考虑元素的实际类型。如果需要搜索某个学生的信息,则必须先对学生记录进行排序,其范例详见程序清单 3.2。

程序清单 3.2　搜索并排序范例程序

```
1   #include<stdio.h>
2   #include<stdlib.h>
3
4   typedef struct _student{
5       char name[8];
6       float height, weight;
7       char sex;
8   }student_t;
9
10  student_t student_table[] = {
11      { "Jack", 170, 76, 'm' },
12      { "mary", 164, 50, 'f' },
13      { "Tom", 178, 80, 'm' },
14      { "John", 174, 77, 'm' }
15  };
16
17  int name_compare(const void * e1, const void * e2)
18  {
19      return strcmp(((student_t *)e1) ->name, ((student_t *)e2) ->name);
20  }
21
22  void main()
23  {
24      student_t st = {"Tom", 0, 0, 0};
25      qsort(student_table, sizeof(student_table) / sizeof(student_table[0]),
26          sizeof(student_table[0]), name_compare);
27      student_t * p_student = bsearch(&st, student_table, sizeof(student_table) /
        sizeof(student_table[0]),
28                                  sizeof(student_table[0]), name_compare);
29      printf(" % s, % f, % f, % c", p_student ->name,
30          p_student ->height, p_student ->weight, p_student ->sex);
31  }
```

3.1.2　搜　索

二分搜索是人在字典里查看单词时采用的一种有条理性的方法：先查看位于中间的元素，如果那里的值比想要找的值更大，那么就去查前面一半，否则就去查后面的一半。持续这样做直到发现要找的元素，或确定它根本不存在为止。

使用二分搜索法的前提是表格本身必须预先排好序，同时还必须知道表格的长度。二分搜索算法的实现详见程序清单 3.3。

程序清单 3.3　二分搜索算法的实现

```
1    int lookup(char * name, student_t student_table[], int ntab)
2    {
3        int low, high, mid, cmp;
4        low = 0;
5        high = ntab − 1;
6        while(low <= high){
7            mid = (low + high) / 2;
8            cmp = strcmp(name, student_table[mid].name);
9            if(cmp < 0)
10               high = mid 1;
11           else if(cmp > 0)
12               low = mid + 1;
13           else
14               return mid;
15       }
16       return − 1;
17   }
```

　　二分搜索在每个工作步骤中丢掉一半数据，完成搜索需要的步数相当于对表的长度 n 反复除以 2，直到最后剩下一个元素时所做的除法次数。忽略舍入后得到的是 $\log_2 n$，由此可见，项目越多，二分搜索法的优势更加明显。

　　标准 C 语言提供了一个二分搜索函数 bsearch()，直接使用即可。其函数原型如下：

```
# include <stdlib.h>
typedef int ( * COMPARE)(const void * e1, const void * e2);
void * bsearch(const void * key, const void * base, int size_t nmemb, size_t size, COMPARE compare);
```

　　bsearch()函数在有序数组中搜索一个特定的值(键)，当调用 bsearch() 函数时，形参 key 指向键时，base 是指向数组的指针，nmemb 是数组中的元素数量，size 是每个元素的大小(按字节计算)，compare 是一个指向 COMPARE 类型比较函数的指针。

　　当按顺序将指向键的指针和指向数组元素的指针传递给比较函数时，函数必须根据键是小于、等于还是大于数组元素，而返回负整数、零或正整数。bsearch()函数返回一个指向与键匹配的元素的指针，如果找不到匹配的元素，那么 bsearch()函数会返回一个空指针。

　　虽然标准 C 语言不要求，但 bsearch()函数通常会使用二分搜索算法搜索数组。

bsearch()函数首先将键与数组的中间元素进行比较。如果相匹配,则函数返回;如果键小于数组的中间元素,那么 bsearch()函数将搜索限制在数组的前半部分。如果键大于数组的中间元素,那么 bsearch()函数只搜索数组的后半部分。bsearch()函数会重复这种方法直到它找到键或没有元素可搜索。这种方法使 bsearch()运行起来很快,例如搜索 1 000 个元素的数组最多需要进行 10 次比较,搜索有 1 000 000 个元素的数组需要的比较次数不超过 20 次。

3.1.3 O 记法

软件的核心技术是什么?一个软件做出来后很难模仿才能称为拥有核心技术。软件上市后,只要使用一下便知道有哪些功能,所以功能性需求是非常容易模仿的。而难以模仿的有两个方面:一是软件设计;二是数据结构和算法。好的算法可以申请专利,用作保护知识产权和限制竞争对手的重要手段,由此可见算法在软件中的重要意义。软件开发人员和测试人员的最大区别在于开发人员在数据结构和算法方面要掌握得更好,因此数据结构和算法已经成为软件开发人员的必备基础知识之一。

假设有 N 个数,如果要确定其中第 k 个最大值,通常称之为选择问题。该问题的一种解法是将 N 个数读入一个数组,然后再通过冒泡排序法,以递减顺序将数组排序,然后返回位置 k 的元素。

最直接的算法是将前 N 个元素读入数组,并以递减的顺序对其排序。接着将剩下的元素再逐个读入。当新元素被读到时,如果它小于数组中的第 k 个元素,则忽略不计;否则将其放到数组中正确的位置上,同时将数组中的一个元素挤出数组。当算法终止时,位于第 k 个位置上的元素作为答案返回。

到底哪种算法更好呢?还是两种算法都很好呢?假设使用含有 100 万个元素的随机数,在 $k=500\ 000$ 的条件下进行模拟,将会发现这两种算法在合理的时间量内均不能结束。虽然能够得出正确的答案,但每种算法都需要计算机处理若干天才能算完,显然这两种算法都不是好算法。

在许多问题中,一个重要的观念告诉我们,写出一个可以工作的程序是远远不够的。如果这个程序在巨大的数据集上运行,那么运行时间就成为了一个极其重要的问题了。如何估计程序的运行时间,尤其是在尚未编码的情况下如何比较两个程序的运行时间呢?

如何从效率方面判断一个算法的好坏呢?应用数学方法预测算法效率的过程称为算法分析,计算机科学家用一种特殊记号表示算法的计算复杂度,这个符号为 O 记法(读作 Big Oh)。O 记法表示某种算法对于变量(即使用的元素个数)是如何变化的。这个符号由一个大写的字母 O 及其后面一个用圆括号括起来的公式组成,该公式表示运行时间随问题规模变化的函数。字母 O 代表单词 order(顺序),因为它用于短语 on the order of,所以指的是近似值。

当使用 O 记法估计一个算法的复杂度时,目的是提供一种量化手段,便于衡量

当 N 变大时,N 的变化是如何影响算法的性能的。因为 O 记法并非一种精确的量化手段,所以最好能简化括号中的表达式,便于用最简单的形式量化算法的行为。

在计算机科学中,如果一个操作所需要的时间与问题规模无关,则该操作以恒定时间运行。在 O 记法中,恒定时间用 O(1) 表示,O(1) 的意思是,当 N 变大时,该程序的运行时间随1的改变而改变。因为1是常数,所以当 N 值增加时,它并不会发生变化,这也是恒定时间操作的一个显著特征。如果一个操作的运行时间与问题规模成正比,则称此操作以线性时间运行,用 O 记法为 O(N)。

假设 i 的变换范围为 $0 \sim N$,求 i^3 的连加和,相应的范例程序详见程序清单3.4。

程序清单3.4 i^3 连加和范例程序

```
1    int sum(int N)
2    {
3        int partialSum = 0;
4        for(int i = 0; i <= N; i++)
5            partialSum += i * i * i;
6        return partialSum;
7    }
```

首先声明是不计时间的,程序清单3.4的第5行和第8行各占一个时间单元。程序清单3.4的第7行每执行一次,包括两次乘法、一次加法和一次赋值,共占用4个单元时间,因此执行 N 次将占用 $4N$ 个时间单元。程序清单3.4的第6行在初始化 i、测试 $i \leqslant N$ 和对 i 自增运算中隐含了开销,这些开销是初始化1个时间单元,所有的测试 $N+1$ 个时间单元,以及所有的自增运算 N 个时间单元,共计 $2N+2$。如果忽略调用函数和返回值的开销,开销的总量为 $6N+4$,因此这种算法的计算量为线性时间分析 O(N)。

如果每次都这样计算,则工作量巨大,且意义不大。假设某一算法的计算量对元素个数来说为 N^2,另一算法的计算量是 N^2+3N,随着数据量的增加,两种算法的表现不一样。由于 O 记法中最大项(即 N^2,随着 n 增大,增长最快的项即为最大项)以外的项被忽视,则这两种算法都写成二次方时间分析 O(N^2)。

如果最大项是 n 的对数常数倍,那么就称该算法为"n 的对数的大 O",记作对数时间分析 O($\log n$),且称该算法为对数算法。对数的底可能为10,也可能是其他数。显然 O 记法只能表示随着元素个数的增加,该算法的大体趋势。例如,O(N^2)表示数据量变成10倍时,其执行时间按元素个数的2次方比例增长的这一趋势,从而使我们得到若干一般的准则。

准则1——for 循环:一次 for 循环的运行时间最多是该 for 循环内语句(包括测试)运行时间乘以迭代的次数。

准则2——嵌套的 for 循环:在一组嵌套循环内部的一条语句总的运行时间为该语句运行时间乘以该组所有的 for 循环的大小的乘积。例如,O(N^2)的程序段:

```
1    for(i = 0; i <= N; i++)
2        for(j = 0; j <= N; j++)
3            k++;
```

准则 3——顺序语句：将各个语句的运行时间求和即可，其中的最大值就是所得的运行时间。例如，下面的程序段先用去 $O(N)$，再花费 $O(N^2)$，则总的开销还是 $O(N^2)$：

```
1    for(i = 0; i <= N; i++)
2        a[i] = 0;
3    for(i = 0; i <= N; i++)
4        for(j = 0; j <= N; j++)
5            a[i] += a[j] + i + j;
```

准则 4——if - else 语句：一个 if - else 语句的运行时间从不超过判断，再加上 s1 和 s2 中运行时间长者的总的运行时间。例如：

```
1    if(condition)
2        s1;
3    else
4        s2;
```

为了确定一个程序需要的时间，常用的方法是使用标准 C 语言接口 time. h 的 clock()函数对事件计时，该函数给出了从程序开始运行后所用的处理器时间总量。为了完成对事件进行计时，需调用 clock 两次：一次在事件开始时；另一次在事件结束时。时间的返回类型是内置类型 clock_t，一个事件所需的时间是其终止时间减去其起始时间。

由于这个结果可能是任意合法的数据类型，因此需将它强制类型转换为 double 类型。此外，由于这个结果是以内部处理器时间为计量单位的，因此必须将它除以时钟频率，才能得到以秒为单位的结果：

```
(double) clock () / CLOCK_PER_SEC
```

如果将开始时间和结束时间分别存储在变量 start 和 finish 中，可以用以下代码计算一个操作所需的时间：

```
1    double start, finish, elapsed;
2    start = (double) clock () / CLOCK_PER_SEC;
3    …执行某些计算…
4    finish = (double) clock () /CLOCK_PER_SEC;
5    elapsed = finish - start;
```

当数组中元素的个数很小时，选择排序算法所需要的时间很少。但随着元素的个数的增加，执行选择排序算法需要的时间显著增加，详见程序清单 3.5。

程序清单 3.5　选择排序性能测试范例程序

```
1     #include<stdio.h>
2     #include<time.h>
3     #include<stdlib.h>
4     #include<malloc.h>
5     #include"swap.h"
6     #include"selectSort.h"
7
8     void main()
9     {
10        int length = 20000;
11        long runtime;
12        int * pData = (int *)malloc(sizeof(int) * length);
13
14        for (int i = 0; i < length; i++)
15            pData[i] = rand();                              // rand()为伪随机数产生函数
16        runtime = clock();
17        selectSort(pData, length/2);
18        runtime = clock() - runtime;
19        printf("%lf\n", (double)runtime/CLOCKS_PER_SEC);
20        runtime = clock();
21        selectSort(pData, length);
22        runtime = clock() - runtime;
23        printf("%lf\n", (double)runtime / CLOCKS_PER_SEC);
24        free(pData);
25    }
```

　　通过测试可以看出,当数组的元素个数增加 1 倍时,所需要的时间是原来的 4 倍,其执行时间和输入数组大小的平方成正比,因此将选择排序算法称为具有平方律的性质。在对一个具有 20 000 个元素的数组进行排序时,该算法需要执行 20 000 次外层 for 循环。第 1 个循环周期找出 20 000 个数中的最小值,下一个循环周期则在剩下的 19 999 个元素中找到最小值,以此类推。程序执行的操作次数和该数组的个数成正比,对于 selectSort() 需要执行的操作次数为 20 000＋19 999＋19 998＋…＋5＋4＋3＋2＋1。测试 10 000 个数据耗时 0.168 s,20 000 个数据耗时 0.796 s,运行时间增加了 4 倍。

　　假设数组有 N 个数,选择排序需要的时间与下面的和成正比。即:
$$N + (N-1) + (N-2) + \cdots + 3 + 2 + 1 = (N^2+N)/2$$
即从上式的 N^2 中很容易看出这种方法律的性质。当用 O 记法时,可以忽略 N 而重点关注 N^2,并消去常数项,因此用于表示选择排序的复杂性的表达式为 $O(N^2)$。运行性能为 $O(N^2)$ 表示的算法称为以平方时间运行,平方复杂度的基本特征是,如果问题的规模翻倍,则运行时间会增加 4 倍。

◆ **随机数**

首先,考虑一个依赖随机数的俄罗斯方块问题。如果每次游戏方块的下落顺序都相同,用户便会记住下落顺序,因为可以预测接下来会出现什么方块,所以得分会一次比一次高,最后游戏和背诵圆周率的千位小数没有任何不同。为了让俄罗斯方块更有意思,程序便需要随机选择下一次方块的形状和朝向。

为了实现这个功能,计算机需要生成随机数。因为计算机会准确执行命令,当执行相同的操作时,计算机总会返回同样的结果,这就很难生成真正的随机数。不过没有必要生成真的随机数,即生成像随机数那样的数也能达到目的,这就是伪随机数。

要生成伪随机数,计算机需要一个种子,利用数学变换将种子转换为另一个值,新值再成为下一个种子。如果程序每次采用不同的种子,程序便永远不会生成相同的数据序列。这里使用数学转换需要特别挑选,要让所有数字的生成概率相等,但又不会有明显的计算模型,例如,它不会只是每次对数字加 1。

C 语言提供了所有的功能,因此无需关心数学转换问题。所有要做的只是提供随机种子,使用当前时间做种子即可。其中,一个设置随机种子,另一个用种子产生随机数。C 语言标准库(stdlib.h)提供的用于模拟程序的伪随机序列生成函数。rand()函数的原型为:

```
int rand(void);
// 后置条件:返回值是一个非 0 的伪随机整数
```

注意:rand 函数没有任何参数,仅有一个返回值。每次调用 rand 时,都会返回一个 0～RAND_MAX(在 stdlib.h 定义的宏)的数,其至少是 32 767。例如:

```
1  # include <stdio.h>
2  # include <stdlib.h>
3  int main(int argc, char * argv[])
4  {
5      printf("rand() = %d\n", rand());
6      return 0;
7  }
```

经过多次运行发现,rand 返回的数据不是真正随机的。如果要每次运行的结果不一样,需要调用 srand 函数为 rand 函数提供种子值。如果在 srand 函数之前调用 rand 函数,那么会将种子值设定为 1。每个种子值确定了一个特定的伪随机序列,srand 函数允许用户选择自己想要的序列。其函数原型为:

```
void srand(unsigned int);
```

如果设置种子值为 2,再产生随机数,即

```
1    # include <stdio.h>
2    # include <stdlib.h>
3    int main( int argc, char * argv[])
4    {
5        srand(2);
6        printf("rand() = % d \n", rand());
7        return 0;
8    }
```

由此可见,虽然产生的随机数与之前相比改变了,但由于种子数固定为 2,因此多次运行该程序其结果还是一样的。为了使每次运行的结果不一样,必须保证种子值不同。

由于每次启动程序时,其启动的时间是不同的,因此可以将当前时间值作为种子值。那么每次启动程序后,就会产生不同的随机数。C 语言标准库提供的获取当前时间的 time() 函数原型如下:

```
time_t time( time_t * );
```

其中,time() 函数获取的时间是从 1970 年 1 月 1 日 00:00:00 时刻以来的秒数,而 time_t 类型是在 C 语言标准库 types.h 中定义的:

```
typedef long  time_t;
```

即可通过参数或返回值两种方式获取时间值,从而保证 rand 函数在每次运行时的行为都不相同。例如:

```
time_t  t;
time(&t);                           // 通过参数获取时间值
t = time(NULL);                     // 通过返回值获取时间值
```

由于只是将时间值作为 srand() 的参数,因此可以使用返回值的方式,即

```
1    # include <stdio.h>
2    # include <stdlib.h>
3    # include <time.h>
4    int main( int argc, char * argv[])
5    {
6        srand(time(NULL));
7        printf("rand() = % d \n", rand());
8        return 0;
9    }
```

3.2 单向链表

3.2.1 存值与存址

1. 存 值

在结构体中,虽然不能用"当前结构体类型"作为结构体成员的类型,但可以用"指向当前结构体类型的指针"作为结构体成员的类型。例如:

```
1   struct _slist_node{
2       int              data;
3       struct _slist_node   * p_next;
4   };
```

其中,slist 是 single list 的缩写,表明该结点是单向链表结点。由于 AMetal 平台规定字母大小写不能混用,且类型名、变量名、函数名等只能使用小写字母,宏定义只能使用大写字母,因此为了与 AMetal 平台保持一致,类型名中的字母全部使用小写。

由于 p_next 是指针类型而不是结构体,它所指向的是同一种类型的结构体变量。事实上,编译器在确定结构体的长度之前就已经知道了指针的长度,因此这种类型的自引用是合法的。p_next 不仅是 struct _slist_node 类型中的一员,而且又指向 struct _slist_node 类型的数据,接着开始为这个结构体创建类型名 slist_node_t,即

```
1   typedef  struct      _slist_node{
2       int              data;
3       struct _slist_node    * p_next;
4   }slist_node_t;
```

AMetal 规定使用 typedef 定义的新类型名必须以"_t"结尾,为了与 AMetal 保持一致,后续的类型名结尾为"_t"。但一定要警惕下面这样的声明陷阱:

```
1   typedef struct{
2       int              data;
3       slist_node_t    * p_next;
4   }slist_node_t;
```

在声明 p_next 指针时,typedef 还没有结束,slist_node_t 还不能使用,所以编译器报告错误信息。当然,也可以在定义结构体前先用 typedef,即可在声明 p_next 指针时,使用类型定义 slist_node_t。例如:

```
1    struct _slist_node;
2    typedef struct _slist_node * slist_node_t;
3    struct _slist_node{
4        int          data;
5        slist_node_t   * p_next;
6    };
```

最后也可以结合上述 2 种方法按照以下形式进行定义：

```
1    typedef int element_type_t;
2    typedef struct _slist_node{
3        element_type_t    data;
4        struct _slist_node   * p_next;
5    }slist_node_t;
```

即定义了一个结构体类型，这种方法常用于链表（list）、树（tree）与许多其他的动态数据结构。p_next 称为链（link），每个结构将通过 p_next 链接到后面的结构，详见图 3.1。其中，data 用于存放结点中的数据，该数据是由调用者（应用程序）提供的，p_next 用于存放指向链表中下一个结点的指针（地址）。其中的箭头表示链，p_next 的值是下一个结点的地址，当 p_next 的值为 NULL(0)时，表示链表已经结束。因此可以将链表想象为一系列连续的元素，元素与元素之间的链接关系只是为了确保所有的元素都可以被访问。如果错误地丢失了一个链接，则从这个位置开始往后的所有元素都无法访问。

图 3.1　链表示意图

通常需要定义一个指向链表头结点的指针 p_head，便于从链表的头结点开始，顺序地访问链表中所有的结点。例如：

```
slist_node_t * p_head;
```

添加头结点 p_head 后，完整的链表示意图详见图 3.2。

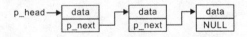

图 3.2　添加指向链表头结点的指针

此时，只要获取 p_head 的值，即可依次遍历（访问）链表的所有结点。例如：

```
1    while (p_head ! = NULL){                          // 从头结点开始，依次遍历各个结点
2        // 访问结点……
3        p_head = p_head ->p_next;
4    }
```

　　对于操作链表的函数,必须进行测试,以确保在操作空链表也是正确的。如果直接使用 p_head 访问各个结点,当遍历结束后,则 p_head 的值为 NULL,它不再指向第一个结点,从而丢失了整个链表,因此必须通过一个临时指针变量访问链表的各个结点。例如:

```
1   slist_node_t * p_tmp = p_head;
2   while (p_tmp ! = NULL){
3       // 访问结点……
4       p_tmp = p_tmp ->p_next;
5   }
```

　　接下来,考虑将结点添加到链表的尾部。在初始状态下,链表是一个不包含任何结点的空表,此时 p_head 为 NULL,那么新增的结点就是头结点,直接修改 p_head 的值,使其从 NULL 变为指向新结点的指针,链表的变化详见图 3.3。

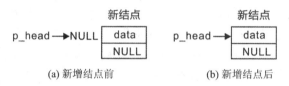

图 3.3　链表为空时新增结点

　　由于新结点添加在链表的尾部,因此新结点中 p_next 的值为 NULL,详见程序清单 3.6。

程序清单 3.6　新增结点范例程序(链表为空)

```
1   int  slist_add_tail(slist_node_t * p_head, slist_node_t * p_node)
2   {
3       if (p_head == NULL){
4           p_head          = p_node;
5           p_node ->p_next = NULL;
6       }
7       return 0;
8   }
```

　　现在来编写一个简单的示例,验证结点是否添加成功,详见程序清单 3.7。

程序清单 3.7　添加结点范例程序(1)

```
1   # include <stdio. h>
2   int main(int argc, char * argv[])
3   {
4       slist_node_t * p_head = NULL;
5       slist_node_t   node1;
6       slist_node_t * p_tmp;
7
```

```
8        node1.data = 1;
9        slist_add_tail(p_head, &node1);
10       p_tmp = p_head;
11       while (p_tmp ! = NULL){
12           printf("% d   ", p_tmp ->data);
13           p_tmp = p_tmp ->p_next;
14       }
15       return 0;
16   }
```

如果结点加入成功,则可以通过 printf 将数据 1 打印出来。遗憾的是,运行该程序后,什么现象都没有看到。当链表为空时,添加一个结点的核心工作是"修改 p_head 的值,使其从 NULL 变为指向新结点的指针"。在调用 slist_add_tail()后,p_head 被修改了吗?

当将指针传递给函数时,其传递的是值。如果想要修改原指针,而不是指针的副本,则需要传递指针的指针。p_head 是在主程序中定义的,其后仅仅是将 NULL 值作为实参传递了 slist_add_tail()的形参。此后 p_head 与 slist_add_tail()再无任何关联,因此 slist_add_tail()根本不可能修改 p_head。要想在调用时修改 p_head,则必须将该指针的地址传递给 slist_add_tail(),详见程序清单 3.8。

程序清单 3.8　链表为空时新增结点的范例程序

```
1    int slist_add_tail(slist_node_t * * pp_head, slist_node_t * p_node)
2    {
3        if ( * pp_head == NULL){
4            * pp_head        = p_node;
5            p_node ->p_next = NULL;
6        }
7        return 0;
8    }
```

如程序清单 3.9 所示的测试程序可以验证添加结点是否成功。首先初始化链表为空,接着传递 p_head 的地址,然后从头结点开始,依次访问各个结点。

程序清单 3.9　添加结点范例程序(2)

```
1    # include <stdio. h>
2    int main(int argc, char * argv[])
3    {
4        slist_node_t * p_head = NULL;
5        slist_node_t   node1;
6        slist_node_t * p_tmp;
7
8        node1.data = 1;
```

```
9        slist_add_tail(&p_head, &node1);
10       p_tmp = p_head;
11       while (p_tmp ! = NULL){
12           printf("% d   ", p_tmp ->data);
13           p_tmp = p_tmp ->p_next;
14       }
15       return 0;
16   }
```

当链表不为空时,假定已经存在一个值为 data1 的结点,再添加一个值为 data2 的结点,链表的变化详见图 3.4。

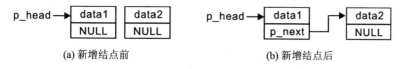

(a) 新增结点前　　　　　　　　　　(b) 新增结点后

图 3.4　链表非空时新增结点

它实现的过程仅需要修改原链表尾结点 p_next 的值,使其从 NULL 指针变为指向新结点的指针,详见程序清单 3.10。

程序清单 3.10　新增结点范例程序(1)

```
1    int slist_add_tail (slist_node_t * * pp_head, slist_node_t * p_node)
2    {
3        if ( * pp_head == NULL){
4            * pp_head       = p_node;
5            p_node ->p_next = NULL;
6        }else{
7            slist_node_t * p_tmp = * pp_head;
8            while (p_tmp ->p_next ! = NULL){
9                p_tmp = p_tmp ->p_next;
10           }
11           p_tmp ->p_next   = p_node;
12           p_node ->p_next  = NULL;
13       }
14       return 0;
15   }
```

现在可以在程序清单 3.9 的基础上,添加更多的结点作为测试程序,详见程序清单 3.11。

程序清单 3.11　添加结点范例程序(3)

```
1     #include <stdio.h>
2     int main(int argc, char * argv[])
3     {
4         slist_node_t   * p_head = NULL;
5         slist_node_t   node1, node2, node3;
6         slist_node_t   * p_tmp;
7
8         node1.data = 1;
9         slist_add_tail(&p_head, &node1);
10        node2.data = 2;
11        slist_add_tail(&p_head, &node2);
12        node3.data = 3;
13        slist_add_tail(&p_head, &node3);
14        p_tmp = p_head;
15        while (p_tmp != NULL){
16            printf("%d ", p_tmp->data);
17            p_tmp = p_tmp->p_next;
18        }
19        return 0;
20    }
```

通过该程序可以验证结点添加成功,但仔细观察程序清单 3.10 可以发现,新增一个结点时,需要判定当前链表是否为空,然后再根据实际情况作出相应的处理。产生条件判断的原因是链表可能为空,没有一个有效结点。如果链表初始时就存在一个结点 head:

> slist_node_t　head

由于这是一个实际的结点,不再是指向头结点的指针,因此链表不可能为空,链表示意图详见图 3.5。

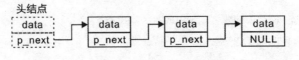

图 3.5　链表示意图

对于这种类型的链表,始终存在一个无需有效数据的头结点。对于空链表,它至少包含该头结点,空链表示意图详见图 3.6。由于在初始化时不包含其他任何结点,因此 p_next 的值为 NULL。

当需要添加一个新的结点时,则从头结点开始寻找尾结点。当找到尾结点时,修改尾结点的 p_next 值,使其从 NULL 指针变为指向

图 3.6　空链表示意图

新结点的指针,详见程序清单 3.12。

程序清单 3.12 新增结点范例程序(2)

```
1    int  slist_add_tail (slist_node_t * p_head, slist_node_t * p_node)
2    {
3        slist_node_t * p_tmp = p_head;
4        while (p_tmp ->p_next ! = NULL){
5            p_tmp = p_tmp ->p_next;
6        }
7        p_tmp ->p_next    = p_node;
8        p_node ->p_next = NULL;
8        return 0;
9    }
```

注意,这里的 p_head 始终指向存在的头结点,与程序清单 3.6 中的 p_head 意义不同,可以使用如程序清单 3.13 所示的测试程序对其进行测试,由于初始化时无后继结点,因此 p_next 域的值为 NULL。

程序清单 3.13 添加结点范例程序(4)

```
1    # include <stdio. h>
2    int main(int argc, char * argv[])
3    {
4        slist_node_t  head = {0, NULL};
5        slist_node_t  node1, node2, node3;
6        slist_node_t  * p_tmp;
7
8        node1.data = 1;
9        slist_add_tail(&head, &node1);
10       node2.data = 2;
11       slist_add_tail(&head, &node2);
12       node3.data = 3;
13       slist_add_tail(&head, &node3);
14       p_tmp = head.p_next;
15       while (p_tmp ! = NULL){
16           printf("% d   ", p_tmp->data);
17           p_tmp = p_tmp->p_next;
18       }
19       return 0;
20   }
```

虽然如程序清单 3.7 所示的程序不再使用判断语句,但又带来了新的问题,即头结点的 data 被闲置,仅使用了 p_next,则势必浪费内存。当然,对于当前示例来说

data 是 int 类型数据，仅占用 4 字节，浪费 4 字节或许还能接受，如果 data 是其他类型呢？

如果链表的元素是学生记录中的数据，由于学生记录中的数据分别为不同类型的数据，因此结构体是最好的选择。而作为范例程序无法面面俱到，所以仅以几个典型的数据为例作为结构体的成员。基于此，专门为学生记录中的数据定义一个结构体类型与新的结构体类型名。其数据类型定义如下：

```
1    typedef struct _student{
2        char     name[10];               // 姓名为字符串
3        char     sex;                     // 性别为字符型
4        float    height, weight;          // 身高、体重为实型
5    }student_t;
```

即可用此结构体存储学生记录中的数据，其成员在内存中的存储关系详见图 3.7。
如果将 element_type_t 声明与 student_t 相同的类型，则链表数据结构为：

```
1    typedef student_t element_type_t;
2    typedef struct _slist_node{
3        element_type_t    data;
4        struct _slist_node    * p_next;
5    }slist_node_t;
```

即与应用程序相关的数据 data 的类型为另一个结构体类型 student_t。

此时只要定义一个 slist_node_t 类型的变量 node，即可引用结构体的成员：

```
    slist_node_t  node;
```

那么该链表各成员在内存中的存储关系就确定下来了，详见图 3.8。如果使用表达式

```
    node.data
```

图 3.7　结构体成员在
内存中的存储关系

图 3.8　链表各成员在
内存中的存储关系

则可通过 node 变量引用 slist_node_t 结构体的成员 data。此时，只要将 node.data

看作一个 student_t 类型变量,即可使用表达式

```
node.data.name
```

引用 student_t 结构体成员 data 的成员 name(学生记录中的数据)。

当链表中的数据从 int 类型变为 student_t 时,浪费的空间将是 student_t 类型的大小。这里仅仅是一个示例,学生记录可能包含更多其他的信息,如学号、年级、血型、宿舍号等,则头结点浪费的空间将会更大。

同时,这里也隐含了一个问题,数据类型的改变将导致程序行为的改变,使得该程序无法做到通用,必须在编译前确定好数据类型,则程序不能以通用库的形式发布。如果要使代码通用,就要使用能接受任意数据类型的 void * 。

2. 存　址

为了通用还是在链表中存放 void * 类型的元素,即可用链表存储用户传入的任意指针类型数据,则链表结点的数据结构定义如下:

```
1   typedef void * element_type_t;
2   typedef struct _slist_node{
3       element_type_t        data;
4       struct _slist_node    * next;
5   }slist_node_t;
```

其中,结点的数据域类型为 void * 类型指针,data 指向用户数据,结点中的数据是由调用者(应用程序)提供的用户数据。

虽然 void * 看起来是一个指针,其本质上则是一个整数,因为在大多数编译器中指针与 int 占用的存储空间大小一样,所以通用链表是一个结点数据域类型为 int 型的链表,只不过结点的数据域中存储的是与应用程序关联的用户数据的地址。

假设存储在 struct _student 结构体学生记录中的数据就是用户数据,那么只要将存储学生记录的结构体变量的地址传递给链表结点的数据域即可,即 p→data 指向用户数据的结构体存储空间,详见图 3.9。如果 void * 指针指向的不是结构体或者字符串,而是 int 型之类的简单类型,那么只要在使用时进行强制类型转换即可。

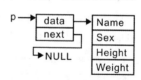

图 3.9　data 指向用户数据

如果为了使链表数据与学生记录结构体关联,则必须先定义一个学生记录,然后将链表结点中的 void * 指针指向该学生记录。与之前直接将学生结构体作为链表结点的数据成员的链表相比,每个结点都会多耗费一个 void * 指针的空间。虽然一个结点耗费的空间并不多,但如果结点很多,则浪费的内存还是相当可观的,特别是在一些内存资源本身就很紧张的嵌入式系统中。

显然,要想节省内存空间,则不能定义 void * 类型指针,必须将数据(如学生记

录)和链表结点的 p_next 放在一起,但这样做则无法做到重用链表程序。

分析当前链表结点的定义,其主要包含两个部分:链表关心的 p_next 指针和用户关心的 data 数据。回顾如程序清单 3.7 所示的 slist_add_tail()函数,没有出现任何访问 data 的代码,从而说明 data 与链表无关。既然如此,是否可以将它们分离呢?

3.2.2 数据与 p_next 分离

由于链表只关心 p_next 指针,因此完全没有必要在链表结点中定义数据域,那么只保留 p_next 指针即可。链表结点的数据结构(slist.h)定义如下:

```
1  typedef struct _slist_node{
2      struct _slist_node  * p_next;            // 指向下一个结点的指针
3  }slist_node_t;
```

由于结点中没有任何数据,因此节省了内存空间,其示意图详见图 3.10。

图 3.10   链表示意图

当用户需要使用链表管理数据时,仅需关联数据和链表结点,最简单的方式是将数据和链表结点打包在一起。以 int 类型数据为例,首先将链表结点作为它的一个成员,再添加与用户相关的 int 类型数据。该结构体定义如下:

```
1  typedef struct _slist_int{
2      slist_node_t  node;                      // 包含链表结点
3      int           data;                      // int 类型数据
4  }slist_int_t;
```

由此可见,无论是什么数据,链表结点只是用户数据记录的一个成员。当调用链表接口时,仅需将 node 的地址作为链表接口参数即可。在定义链表结点的数据结构时,由于仅删除了 data 成员,因此还是可以直接使用原来的 slist_add_tail()函数,管理 int 型数据的范例程序详见程序清单 3.14。

程序清单 3.14   管理 int 型数据的范例程序(1)

```
1  # include <stdio.h>
2  typedef struct _slist_int{
3      slist_node_t  node;
4      int           data;
5  }slist_int_t;
6
7      int main (void)
8      {
9      slist_node_t  head = {NULL};
```

```
10          slist_int_t      node1, node2, node3;
11          slist_node_t * p_tmp;
12
13          node1.data = 1;
14          slist_add_tail(&head, &node1.node);
15          node2.data = 2;
16          slist_add_tail(&head, &node2.node);
17          node3.data = 3;
18          slist_add_tail(&head, &node3.node);
19          p_tmp = head.p_next;
20          while (p_tmp ! = NULL){
21              printf("% d   ", ((slist_int_t * )p_tmp) ->data);
22              p_tmp = p_tmp ->p_next;
23          }
24          return 0;
25      }
```

由于用户需要初始化 head 为 NULL,且遍历时需要操作各个结点的 p_next 指针。而将数据和 p_next 分离的目的就是使各自的功能职责分离,链表只需要关心 p_next 的处理,用户只关心数据的处理。因此,对于用户来说,链表结点的定义就是一个“黑盒子”,只能通过链表提供的接口访问链表,不应该访问链表结点的具体成员。

为了完成头结点的初始赋值,应该提供一个初始化函数,其本质上就是将头结点中的 p_next 成员设置为 NULL。链表初始化函数原型为:

```
int slist_init (slist_node_t * p_head);
```

由于头结点的类型与其他普通结点的类型一样,因此很容易让用户误认为这是初始化所有结点的函数。实际上,头结点与普通结点的含义是不一样的,由于只要获取头结点就可以遍历整个链表,因此头结点往往是被链表的拥有者持有,而普通结点仅仅代表单一的一个结点。为了避免用户将头结点和其他结点混淆,需要再定义一个头结点类型(slist. h):

```
typedef   slist_node_t     slist_head_t;
```

基于此,将链表初始化函数原型(slist. h)修改为:

```
int slist_init (slist_head_t * p_head);
```

其中,p_head 指向待初始化的链表头结点,slist_init () 函数的实现详见程序清单 3.15。

程序清单 3.15   链表初始化函数

```
1    int slist_init (slist_head_t * p_head)
2    {
3        if (p_head == NULL){
4                return − 1;
5        }
6        p_head −>p_next = NULL;
7        return 0;
8    }
```

在向链表添加结点前,需要初始化头结点,即

```
slist_node_t head;
slist_init(&head);
```

由于重新定义了头结点的类型,因此添加结点的函数原型也应该进行相应的修改,即

```
int slist_add_tail (slist_head_t * p_head, slist_node_t * p_node);
```

其中,p_head 指向链表头结点;p_node 为新增的结点。slist_add_tail()函数的实现详见程序清单 3.16。

程序清单 3.16   新增结点范例程序(3)

```
1    int slist_add_tail (slist_head_t * p_head, slist_node_t * p_node)
2    {
3            slist_node_t * p_tmp;
4
5        if ((p_head == NULL)||(p_node == NULL)){
6                return − 1;
7        }
8        p_tmp = p_head;
9        while (p_tmp −>p_next ! = NULL){
10           p_tmp = p_tmp −>p_next;
11       }
12       p_tmp −>p_next   = p_node;
13       p_node −>p_next = NULL;
14       return 0;
15   }
```

同理,当前链表的遍历采用的还是直接访问结点成员的方式,其核心代码如下:

```
1    slist_node_t * p_tmp = head.p_next;
2    while (p_tmp ! = NULL){
3        printf("% d   ", ((slist_int_t * )p_tmp)->data);
4        p_tmp = p_tmp->p_next;
5    }
```

这里主要对链表作了三个操作：

① 得到第一个用户结点；

② 得到当前结点的下一个结点；

③ 判断链表是否结束,与结束标记(NULL)比较。

基于此,将分别提供三个对应的接口来实现这些功能,避免用户直接访问结点成员。它们的函数原型为(slist.h)：

```
slist_node_t * slist_begin_get (slist_head_t * p_head);
                                    // 获取开始位置,第一个用户结点
slist_node_t * slist_next_get (slist_head_t * p_head, slist_node_t * p_pos);
                                    // 获取某一结点的后一结点
slist_node_t * slist_end_get (slist_head_t * p_head);
                                    // 结束位置,尾结点下一个结点的位置
```

其实现代码详见程序清单 3.17。

程序清单 3.17   遍历相关函数实现

```
1    slist_node_t * slist_next_get (slist_head_t * p_head, slist_node_t * p_pos)
2    {
3        if (p_pos) {                                // 找到 p_pos 指向的结点
4            return p_pos->p_next;
5        }
6        return NULL;
7    }
8
9    slist_node_t * slist_begin_get (slist_head_t * p_head)
10   {
11       return  slist_next_get(p_head, p_head);
12   }
13
14   slist_node_t * slist_end_get (slist_head_t * p_head)
15   {
16       return NULL;
17   }
```

程序中获取的第一个用户结点,其实质上就是头结点的下一个结点,因此可以直接调用 slist_next_get()实现。尽管 slist_next_get()在实现时并没有用到参数 p_ head,但还是将 p_head 参数传进来了,因为实现其他的功能时将会用到 p_head 参数,例如判断 p_pos 是否在链表中。当有了这些接口函数后,即可完成遍历,详见程序清单 3.18。

程序清单 3.18   使用各个接口函数实现遍历的范例程序

```
1    slist_node_t * p_tmp = slist_begin_get(&head);
2    slist_node_t * p_end = slist_end_get(&head);
3    while (p_tmp ! = p_end){
4        printf("%d  ", ((slist_int_t * )p_tmp) ->data);
5        p_tmp = slist_next_get(&head, p_tmp);
6    }
```

由此可见,slist_begin_get()和 slist_end_get()的返回值决定了当前有效结点的范围,其范围为一个半开半闭的空间,即[begin,end),包括 begin,但是不包括 end。当 begin 与 end 相等时,表明当前链表为空,没有一个有效结点。

在程序清单 3.5 所示的遍历程序中,只有 printf()语句才是用户实际关心的语句,其他语句都是固定的模式,为此可以封装一个通用的遍历函数,便于用户顺序处理与各个链表结点相关联的数据。显然,只有使用链表的用户才知道数据的具体含义,对数据的实际处理应该交由用户完成,如程序清单 3.5 中的打印语句,因此访问数据的行为应该由用户定义,定义一个回调函数,通过参数传递给遍历函数,每遍历到一个结点时,都调用该回调函数处理对数据进行处理。遍历链表的函数原型(slist.h)为:

```
typedef int ( * slist_node_process_t) (void * p_arg, slist_node_t * p_node);
int slist_foreach(slist_head_t            * p_head,
          slist_node_process_t      pfn_node_process,
void                  * p_arg);
```

其中,p_head 指向链表头结点,pfn_node_process 为结点处理回调函数。每遍历到一个结点时,都会调用 pfn_node_process 指向的函数,便于用户根据需要自行处理结点数据。当调用该回调函数时,会自动将用户参数 p_arg 作为回调函数的第 1 个参数,将指向当前遍历到的结点的指针作为回调函数的第 2 个参数。

当遍历到某个结点时,用户可能希望终止遍历,此时只要在回调函数中返回负值即可。一般地,若要继续遍历,函数执行结束后返回 0。slist_foreach()函数的实现详见程序清单 3.19。

程序清单 3.19   遍历链表范例程序

```
1    int slist_foreach( slist_head_t         * p_head,
2              slist_node_process_t      pfn_node_process,
3                  void          * p_arg);
4
```

```
5   {
6       slist_node_t    * p_tmp, * p_end;
7       int             ret;
8
9           if ((p_head == NULL)||(pfn_node_process == NULL)){
10              return - 1;
11          }
12      p_tmp = slist_begin_get(p_head);
13      p_end = slist_end_get(p_head);
13      while (p_tmp ! = p_end){
14          ret = pfn_node_process(p_arg, p_tmp);
15          if (ret < 0)      return ret;              // 不再继续遍历
16          p_tmp = slist_next_get(p_head, p_tmp);     // 继续下一个结点
17      }
18      return 0;
19  }
```

现在可以使用这些接口函数,迭代如程序清单 3.14 所示的功能,详见程序清单 3.20。

程序清单 3.20   管理 int 型数据的范例程序(2)

```
1   # include <stdio.h>
2   # include "slist.h"
3
4   typedef struct _slist_int {
5       slist_node_t    node;                 // 包含链表结点
6       int             data;                 // int 类型数据
7   }slist_int_t;
8
9   int list_node_process (void * p_arg, slist_node_t * p_node)
10  {
11      printf("% d  ", ((slist_int_t * )p_node) ->data);
12      return 0;
13  }
14
15  int main(void)
16  {
17      slist_head_t   head;                  // 定义链表头结点
18      slist_int_t    node1, node2, node3;
19      slist_init(&head);
20
21      node1.data = 1;
22      slist_add_tail(&head, &(node1.node));
```

```
23      node2.data = 2;
24      slist_add_tail(&head, &(node2.node));
25      node3.data = 3;
26      slist_add_tail(&head, &(node3.node));
27      slist_foreach(&head, list_node_process, NULL);   // 遍历链表,用户参数为 NULL
28      return 0;
29   }
```

3.2.3 接　口

在实际使用中,仅有添加到链表尾部、遍历链表这些接口函数是不够的。如在结点添加函数中,当前只是按照人们的习惯,将结点添加到链表尾部,使后添加的结点处在先添加的结点后面。而在编写函数时知道,将一个结点添加至尾部的实现过程,需要修改原链表尾结点中的 p_next 值,将其从 NULL 修改为指向新结点的指针。

虽然操作简单,但执行该操作的前提是要找到添加结点前链表的尾结点,则需要从指向头结点的 p_head 指针开始,依次遍历每个结点,直到找到结点中 p_next 值为 NULL(尾结点)时为止。可想而知,添加一个结点的效率将随着链表长度的增加逐渐降低,如果链表很长,则效率将变得十分低下,因为每次添加结点前都要遍历一次链表。

既然将结点添加到链表尾部会由于需要寻找尾结点而导致效率低下,何不换个思路,将结点添加到链表头部。由于链表存在一个 p_head 指针指向头结点,头结点可以拿来就用,根本不要寻找,则效率将大大提高。将一个结点添加至链表头部时,链表的变化详见图 3.11。

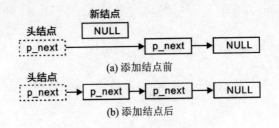

图 3.11　添加一个结点至链表头部

在其实现过程中,需要完成两个指针的修改:
① 修改新结点中的 p_next,使其指向头结点中 p_next 指向的结点;
② 修改头结点的 p_next,使其指向新的结点。

与添加结点至链表尾部的过程进行对比发现,它不再需要寻找尾结点的过程,无论链表多长,都可以通过这两步完成结点的添加。加结点到链表头部的函数原型(slist.h)为:

```
    int slist_add_head (slist_head_t * p_head, slist_node_t * p_node);
```

其中,p_head 指向链表头结点,p_node 为待添加的结点,其实现详见程序清单 3.21。

程序清单 3.21   新增结点至链表头部的范例程序

```
1    int slist_add_head (slist_head_t * p_head, slist_node_t * p_node)
2    {
3        p_node ->p_next    = p_head ->p_next;
4        p_head ->p_next    = p_node;
5        return 0;
6    }
```

由此可见,插入结点至链表头部的程序非常简单,无需查找且效率高,因此在实际使用时,若对位置没有要求,则优先选择将结点添加至链表头部。

修改程序清单 3.20 中的一行代码作为测试,如将第 26 行改为:

```
26    slist_add_head(&head, &(node3.node));
```

将 node3 添加到链表头部,查看修改后的最终输出结果发生了什么变化?

既然可以将结点添加至头部和尾部,何不更加灵活一点,提供一个将结点至任意位置的接口函数呢? 当结点添加至 p_pos 指向的结点之后,则链表的变化详见图 3.12。

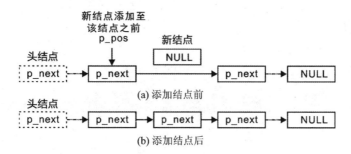

图 3.12   添加结点至任意位置示意图

在其实现过程中,需要修改两个指针:

① 修改新结点中的 p_next,使其指向 p_pos 指向结点的下一个结点;

② 修改 p_pos 指向结点的 p_next,使其指向新结点。

通过这两步即可添加结点,添加结点至链表任意位置的函数原型(slist.h)为:

```
    int slist_add (slist_head_t * p_head, slist_node_t * p_pos, slist_node_t * p_node);
```

其中,p_head 指向链表头结点,p_node 指向待添加的结点,p_pos 指向的结点表明新结点添加的位置,新结点即添加在 p_pos 指向的结点后面,其实现详见程序清单 3.22。

程序清单 3.22　新增结点至链表任意位置的范例程序

```
1    int slist_add (slist_head_t * p_head, slist_node_t * p_pos, slist_node_t * p_node)
2    {
3        p_node ->p_next    = p_pos ->p_next;
4        p_pos ->p_next    = p_node;
5        return 0;
6    }
```

　　尽管此函数在实现时没有用到参数 p_head,但还是将 p_head 参数传进来了,因为实现其他功能时将会用到 p_head 参数,如判断 p_pos 是否在链表中。

　　通过前面的介绍已经知道,直接将结点添加至链表尾部的效率很低,有了该新增结点至任意位置的函数后,如果每次都将结点添加到上一次添加的结点后面,同样可以实现将结点添加至链表尾部。详见程序清单 3.23。

程序清单 3.23　管理 int 型数据的范例程序(3)

```
1    # include <stdio. h>
2    # include "slist. h"
3
4    typedef struct _slist_int{
5        slist_node_t   node;                    // 包含链表结点
6        int            data;                    // int 类型数据
7    } slist_int_t;
8
9    int list_node_process (void * p_arg, slist_node_t * p_node)
10   {
11       printf("% d   ", ((slist_int_t * )p_node) ->data);
12       return 0;
13   }
14
15   int main (void)
16   {
17       slist_node_t   head;
18       slist_int_t    node1, node2, node3;
19       slist_init(&head);
20       node1.data = 1;
21       slist_add(&head, &head, &node1.node);         // 添加 node1 至头结点之后
22       node2.data = 2;
23       slist_add(&head, &node1.node, &node2.node);    // 添加 node2 至 node1 之后
24       node3.data = 3;
```

```
25        slist_add(&head, &node2.node, &node3.node);         // 添加 node3 至 node2 之后
26        slist_foreach(&head, list_node_process, NULL);       // 遍历链表,用户参数为 NULL
27        return 0;
28    }
```

显然,添加结点至链表头部和尾部,仅仅是添加结点至任意位置的特殊情况:

● 添加结点至链表头部,即添加结点至链表头结点之后;

● 添加结点至链表尾部,即添加结点至链表尾结点之后。

slist_add_head()函数和 slist_add_tail()函数的实现详见程序清单 3.24。

程序清单 3.24　基于 slist_add()实现添加结点至头部和尾部

```
1    int slist_add_tail (slist_head_t * p_head, slist_node_t * p_node)
2    {
3        slist_node_t * p_tmp = p_head;                // 指向头结点
4        while (p_tmp->p_next != NULL) {
                                        // 找到链表尾结点(直到结点的 p_next 的值为 NULL)
5            p_tmp = p_tmp->p_next;
6        }
7        return slist_add(p_head, p_tmp, p_node);       // 添加结点至尾结点之后
8    }
9
10   int slist_add_head (slist_head_t * p_head, slist_node_t * p_node)
11   {
12       return slist_add(p_head, p_head, p_node);       // 添加结点至头结点之后
13   }
```

如果要将一个结点添加至某一结点之前呢?实际上,添加结点至某一结点之前同样也只是添加结点至某一结点之后的一种变形,即添加至该结点前一个结点的后面,详见图 3.13。

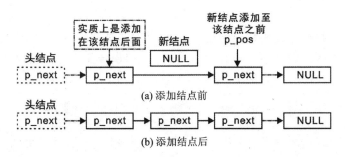

图 3.13　添加结点至任意位置前示意图

显然,只要获得某一结点的前驱,即可使用 slist_add()函数添加结点至某一结点前面。为此,需要提供一个获得某一结点前驱的函数,其函数原型(slist.h)为:

```
slist_node_t * slist_prev_get (slist_head_t * p_head, slist_node_t * p_pos);
```

其中,p_head 指向链表头结点,p_pos 指向的结点表明查找结点的位置,返回值即为 p_pos 指向结点的前一个结点。由于在单向链表的结点中没有指向其上一个结点的指针,因此,只有从头结点开始遍历链表,当某一结点的 p_next 指向当前结点时,表明它为当前结点的上一个结点,函数实现详见程序清单 3.25。

程序清单 3.25   获取某一结点前驱的范例程序

```
1    slist_node_t * slist_prev_get (slist_head_t * p_head, slist_node_t * p_pos)
2    {
3        slist_node_t * p_tmp = p_head;                          // 指向头结点
4        while ((p_tmp != NULL) && (p_tmp->p_next != p_pos)) {
                                                               // 找到 p_pos 指向的结点
5            p_tmp = p_tmp->p_next;
6        }
7        return p_tmp;
8    }
```

由此可见,若 p_pos 的值为 NULL,则当某一结点的 p_next 为 NULL 时就会返回,此时返回的结点实际上就是尾结点。为了便于用户理解,可以简单地封装一个查找尾结点的函数,其函数原型为:

```
slist_node_t * slist_tail_get (slist_head_t * p_head);
```

其函数实现详见程序清单 3.26。

程序清单 3.26   查找尾结点(1)

```
1    slist_node_t * slist_tail_get (slist_head_t * p_head)
2    {
3        return  slist_prev_get(p_head, NULL);
4    }
```

由于可以直接通过该函数得到尾结点,因此当需要将结点添加至链表尾部时,也就无需再自行查找尾结点了。修改 slist_add_tail() 函数的实现详见程序清单 3.27。

程序清单 3.27   查找尾结点(2)

```
1    int slist_add_tail (slist_head_t * p_head, slist_node_t * p_node)
2    {
3        slist_node_t * p_tmp = slist_tail_get(p_head);     // 找到尾结点
4        return slist_add(p_head, p_tmp, p_node);           // 添加结点至尾结点之后
5    }
```

与添加一个结点对应,也可以从链表中删除某一结点。假定链表中已经存在 3 个结点,现在要删除中间的结点,则删除前后的链表变化详见图 3.14。

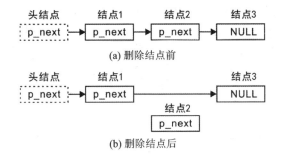

(a) 删除结点前

(b) 删除结点后

图 3.14   删除结点示意图

显然,删除一个结点也需要修改两个指针的值:既要修改其上一个结点的 p_next,使其指向待删除结点的下一个结点,还要将删除结点的 p_next 设置为 NULL。

删除结点的函数原型(slist.h)为:

```
int slist_del (slist_head_t * p_head, slist_node_t * p_node);
```

其中,p_head 指向链表头结点,p_node 为待删除的结点,slist_del()函数的实现详见程序清单 3.28。

程序清单 3.28   删除结点范例程序

```
1    int slist_del (slist_head_t * p_head, slist_node_t * p_node)
2    {
3        slist_node_t * p_prev = slist_prev_get(p_head, p_node);
                                          // 找到待删除结点的上一个结点
4        if (p_prev) {
5            p_prev ->p_next    = p_node ->p_next;
6            p_node ->p_next    = NULL;
7            return 0;
8        }
9        return - 1;
10   }
```

为便于查阅,程序清单 3.29 展示了 slist.h 文件的内容。

程序清单 3.29   slist.h 文件的内容

```
1    # pragma once
2
3    typedef struct _slist_node {
4        struct _slist_node  * p_next;          // 指向下一个结点的指针
5    } slist_node_t;
6
7    typedef  slist_node_t     slist_head_t;       // 头结点类型定义
```

```
8      typedef int ( * slist_node_process_t) (void * p_arg, slist_node_t * p_node);
                                                  // 遍历链表的回调函数类型
9
10     int slist_init (slist_head_t * p_head);              // 链表初始化
11
12     int slist_add (slist_head_t * p_head, slist_node_t * p_pos, slist_node_t * p_node);
                                                  // 添加一个结点
13     int slist_add_tail (slist_head_t * p_head, slist_node_t * p_node);
                                                  // 添加一个结点至链表尾部
14     int slist_add_head (slist_head_t * p_head, slist_node_t * p_node);
                                                  // 添加一个结点至链表头部
15     int slist_del (slist_head_t * p_head, slist_node_t * p_node);
                                                  // 删除一个结点
16
17     slist_node_t * slist_prev_get (slist_head_t * p_head, slist_node_t * p_pos);
                                                  // 寻找某一结点的前一结点
18     slist_node_t * slist_next_get (slist_head_t * p_head, slist_node_t * p_pos);
                                                  // 寻找某一结点的后一结点
19     slist_node_t * slist_tail_get (slist_head_t * p_head);
                                                  // 获取尾结点
20     slist_node_t * slist_begin_get (slist_head_t * p_head);
                                                  // 获取开始位置,第一个用户结点
21     slist_node_t * slist_end_get (slist_head_t * p_head);
                                                  // 获取结束位置,尾结点下一个结点的位置
22
23     int slist_foreach(slist_head_t          * p_head,    // 遍历链表
24                slist_node_process_t   pfn_node_process,
25                void                    * p_arg);
```

综合范例程序详见程序清单 3.30。

程序清单 3.30   综合范例程序(1)

```
1      # include <stdio. h>
2      # include "slist. h"
3
4      typedef struct _slist_int {
5          slist_node_t      node;                  // 包含链表结点
6          int               data;                  // int 类型数据
7      }slist_int_t;
8
9      int list_node_process (void * p_arg, slist_node_t * p_node)
10     {
11         printf("% d   ", ((slist_int_t * )p_node) ->data);
```

```
12          return 0;
13      }
14
15      int main(void)
16      {
17          slist_head_t    head;                    // 定义链表头结点
18          slist_int_t         node1, node2, node3;
19          slist_init(&head);
20
21          node1.data = 1;
22          slist_add_tail(&head, &(node1.node));
23          node2.data = 2;
24          slist_add_tail(&head, &(node2.node));
25          node3.data = 3;
26          slist_add_head(&head, &(node3.node));
27          slist_del(&head, &(node2.node));         // 删除 node2 结点
28          slist_foreach(&head, list_node_process, NULL);// 遍历链表,用户参数为 NULL
29          return 0;
30      }
```

程序中所有的结点都是按照静态内存分配的方式定义的,即程序在运行前,各个结点占用的内存就已经被分配好了,而不同的是动态内存分配需要在运行时使用 malloc()等函数完成内存的分配。

由于静态内存不会出现内存泄漏,且在编译完成后,各个结点的内存就已经分配好了,不需要再花时间去分配内存,也不需要添加额外的对内存分配失败的处理代码。因此,在嵌入式系统中,往往多使用静态内存分配的方式。但其致命的缺点是不能释放内存,有时用户希望在删除链表的结点时,释放掉其占用内存,这就需要使用动态内存分配。

实际上,链表的核心代码只是负责完成链表的操作,仅需传递结点的地址(p_node)即可,链表程序并不关心结点的内存从何而来。基于此,若要实现动态内存分配,只要在应用中使用 malloc()等动态内存分配函数即可,详见程序清单 3.31。

程序清单 3.31 综合范例程序(使用动态内存)

```
1    # include <stdio.h>
2    # include "slist.h"
3    # include <malloc.h>
4
5    typedef struct _slist_int{
6        slist_node_t    node;                       // 包含链表结点
7        int             data;                       // int 类型数据
8    } slist_int_t;
```

```
 9
10    int list_node_process(void * p_arg, slist_node_t * p_node)
11    {
12        printf("% d   ", ((slist_int_t * )p_node) ->data);
13        return 0;
14    }
15
16    int my_list_add(slist_head_t * p_head, int data)            // 插入一个数据
17    {
18        slist_int_t * p_node = (slist_int_t * )malloc(sizeof(slist_int_t));
19        if (p_node == NULL) {
20            printf("The malloc memory failed!");
21            return - 1;
22        }
23        p_node ->data = data;
24        slist_add_head(p_head, &(p_node ->node));        // 将结点加入链表中
25        return 0;
26    }
27
28    int my_list_del (slist_head_t * p_head, int data)            // 删除一条数据
29    {
30        slist_node_t * p_node = slist_begin_get(p_head);
31      slist_node_t * p_end    = slist_end_get(p_head);
32        while (p_node ! = p_end){
33            if (((slist_int_t * )p_node) ->data == data){
34                printf("\n delete the data % d :", data);
35                slist_del(p_head, p_node);                 // 删除结点
36                free(p_node);
37                break;
38            }
39            p_node = slist_next_get(p_head, p_node);
40        }
41        slist_foreach(p_head, list_node_process, NULL);
                                    // 删除结点后,再打印出所有结点的数据信息
42        return 0;
43    }
44
45    int main(void)
46    {
47        slist_head_t * p_head = (slist_head_t * )malloc(sizeof(slist_head_t));
48        slist_init(p_head);
```

```
49
49        my_list_add(p_head, 1);
50        my_list_add(p_head, 2);
51        my_list_add(p_head, 3);
52        slist_foreach(p_head, list_node_process, NULL); // 打印出所有结点的数据信息
53        my_list_del(p_head, 1);
54        my_list_del(p_head, 2);
55        my_list_del(p_head, 3);
56        free(p_head);
57        return 0;
58    }
```

如果按照 int 型数据的示例,使用链表管理学生记录,则需要在学生记录中添加一个链表结点数据。例如:

```
typedef struct _student{
    slist_node_t    node;                    // 包含链表结点
    char            name[10];                // 姓名为字符串
    char            sex;                     // 性别为字符型
    float           height, weight;          // 身高、体重为实型
}student_t;
```

虽然这样定义使得学生信息可以使用链表来管理,但却存在一个很严重的问题,因为修改了学生记录类型的定义,就会影响所有使用该记录结构体类型的程序模块。在实际的应用中,学生记录可以用链表管理,也可以用数组管理,当使用数组管理时,又要重新修改学生记录的类型。而 node 仅仅是链表的结点,与学生记录没有任何关系。不能将 node 直接放在学生记录结构体中,应该使它们分离。基于此,需要定义一个新的结构体类型,将学生记录和 node 关联起来,使得可以用链表来管理学生记录。例如:

```
typedef struct _slist_student{
    slist_node_t    node;                    // 包含链表结点
    student_t       student;                 // 学生记录
}slist_student_t;
```

使用范例详见程序清单 3.32。

程序清单 3.32   综合程序范例(2)

```
1    # include <stdio.h>
2    # include "slist.h"
3    # include <malloc.h>
4
5    typedef struct _student{
6        char     name[10];                   // 姓名为字符串
```

```
7          char      sex;                                    // 性别为字符型
8          float     height, weight;                         // 身高、体重为实型
9      }student_t;
10
11     typedef struct _slist_student{
12         slist_node_t      node;                           // 包含链表结点
13         student_t         student;                         // 学生记录
14     }slist_student_t;
15
16     int student_info_read (student_t * p_student)
                                                   // 读取学生记录,随机产生,仅供测试
17     {
18         int i;
19
20         for (i = 0; i < 9; i++) {                          // 随机名字,由 'a' ~ 'z' 组成
21             p_student ->name[i] = (rand() % ('z' - 'a')) + 'a';
22         }
23         p_student ->name[i] = '\0';                        // 字符串结束符
24         p_student ->sex      = (rand() & 0x01) 'F' : 'M';  // 随机性别
25         p_student ->height = (float)rand() / rand();
26         p_student ->weight = (float)rand() / rand();
27         return 0;
28     }
29
30     int list_node_process (void * p_arg, slist_node_t * p_node)
31     {
32         student_t * p_s = &(((slist_student_t * )p_node) ->student);
33         printf(" %s : %c %.2f %.2f\n", p_s ->name, p_s ->sex, p_s ->height, p_s ->
       weight);
34         return 0;
35     }
36
37     int main(int argc, char * argv[])
38     {
39         slist_head_t      head;
40         slist_student_t s1, s2, s3, s4, s5;
41         srand(time(NULL));
42         slist_init(&head);
43
44         student_info_read(&s1.student);
45         student_info_read(&s2.student);
```

```
46        student_info_read(&s3.student);
47        student_info_read(&s4.student);
48        student_info_read(&s5.student);
49
50        slist_add_head(&head, &s1.node);
51        slist_add_head(&head, &s2.node);
52        slist_add_head(&head, &s3.node);
53        slist_add_head(&head, &s4.node);
54        slist_add_head(&head, &s5.node);
55
56        slist_foreach(&head, list_node_process, NULL);   // 遍历链表,用户参数为 NULL
57        return 0;
58  }
```

综上所述,虽然链表比数组更灵活,很容易在链表中插入和删除结点,但也失去了数组的"随机访问"能力。如果结点距离链表的开始处很近,那么访问它就会很快;如果结点靠近链表的结尾处,则访问它就会很慢。但单向链表也存在不能"回溯"的缺点,即在向链表中插入结点时,必须知道插入结点前面的结点;从链表中删除结点时,必须知道被删除结点前面的结点;很难逆向遍历链表。如果是双向链表,就可以解决这些问题。

3.3 双向链表

单向链表的添加、删除操作,都必须找到当前结点的上一个结点,以便修改上一个结点的 p_next 指针完成相应的操作。由于单向链表的结点没有指向其上一个结点的指针,因此只有从头结点开始遍历链表。当某一结点的 p_next 指向当前结点时,表明它为当前结点的上一个结点。显然,每次都要从头开始遍历,其效率极为低下。在单向链表中,之所以可以直接获取单向链表中当前结点的下一个结点,是因为结点中包含了指向下一个结点的指针 p_next。如果在双向链表的结点中再增加一个指向它的前一个结点的前向指针 p_prev,则一切问题将迎刃而解。于是,将既有指向下一个结点的指针,又有指向前一个结点的指针的链表称之为双向链表,示意图详见图 3.15。

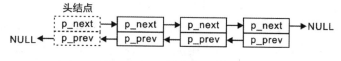

图 3.15 双向链表示意图

与单向链表一样,双向链表也定义了一个头结点,基于单向链表将应用数据与链表结构相关数据完全分离的设计思想,则双向链表结点仅保留 p_next 和 p_prev 指针。其数据结构定义如下：

```
typedef struct _dlist_node{
    struct _dlist_node  * p_next;
    struct _dlist_node  * p_prev;
}dlist_node_t;
```

其中，dlist 是 double list 的缩写，表明该结点是双向链表结点。由此可见，虽然前向指针使得寻找链表的上一个结点变得非常容易，但由于结点中新增了一个指针，因此其内存开销将会是单向链表的两倍。在实际应用中，应该权衡效率与内存空间，在内存资源非常紧缺的场合，如果结点的添加、删除操作很少，一点效率的影响可以接受，则选择使用单向链表。而不是一味地追求效率，认为双向链表比单向链表好，始终选择使用双向链表。

在图 3.15 中，头结点的 p_prev 和尾结点的 p_next 直接被设置为 NULL，此时，如果要直接由头结点找到尾结点，或者由尾结点找到头结点，都必须遍历整个链表。可以对这两个指针稍加利用，使头结点的 p_prev 指向尾结点，尾结点的 p_next 指向头结点，此时，该双向链表就成了一个循环双向链表，示意图详见图 3.16。

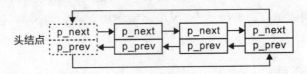

图 3.16　循环双向链表示意图

由于循环双向链表的效率更高，可以直接从头结点找到尾结点，或者从尾结点找到头结点，且没有额外的内存空间消耗，仅仅是使用了两个不打算使用的指针，算是废物利用，因此下面介绍的双向链表均视为循环双向链表。

类似于单向链表，虽然头结点与普通结点的内容完全相同，但它们的含义却有所区别，头结点是链表的头，代表了整个链表，拥有此头结点，就表示其拥有了整个链表。为了便于区分头结点与普通结点，可以单独定义一个头结点类型。例如：

```
typedef  dlist_node_t  dlist_head_t;
```

当需要使用双向链表时，首先需要使用该类型定义一个头结点。例如：

```
dlist_head_t  head;
```

由于此时还没有添加其他任何结点，仅存在一个头结点，因此该头结点既是第一个结点（头结点），又是最后一个结点（尾结点）。按照循环链表的定义，尾结点的 p_next 指向头结点，头结点的 p_prev 指向尾结点，仅有一个结点的示意图详见图 3.17。

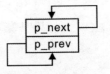

图 3.17　空链表

显然,仅有头结点时,其 p_next 和 p_prev 都指向本身,即

```
head.p_next = &head;
head.p_prev = &head;
```

为了避免用户直接操作成员,需要定义一个初始化函数,专门用于初始化链表头结点中各个成员的值,其函数原型(dlist.h)为:

```
int dlist_init(dlist_head_t * p_head);
```

其中,p_head 指向待初始化的链表头结点。其调用形式如下:

```
dlist_head_t   head;
dlist_init(&head);
```

dlist_init()函数的实现详见程序清单 3.33。

程序清单 3.33   双向链表初始化函数

```
1    int dlist_init(dlist_head_t * p_head)
2    {
3            if (p_head == NULL){
4                return - 1;
5            }
6            p_head ->p_next = p_head;
7            p_head ->p_prev = p_head;
8            return 0;
9    }
```

与单向链表类似,将提供一些基础的操作接口,它们的函数原型如下:

```
dlist_node_t * dlist_prev_get (dlist_head_t * p_head, dlist_node_t * p_pos);
                                            // 寻找某一结点的前一结点
dlist_node_t * dlist_next_get (dlist_head_t * p_head, dlist_node_t * p_pos);
                                            // 寻找某一结点的后一结点
dlist_node_t * dlist_tail_get (dlist_head_t * p_head);      // 获取尾结点
dlist_node_t * dlist_begin_get (dlist_head_t * p_head);
                                      // 获取开始位置,第一个用户结点
dlist_node_t * dlist_end_get (dlist_head_t * p_head);
                                      // 获取结束位置,尾结点下一个结点的位置
```

对于 dlist_prev_get()和 dlist_next_get(),在链表结点中已经存在指向前驱和后继的指针,详见程序清单 3.34。

程序清单 3.34　得到结点前驱和后继的函数实现

```
1    dlist_node_t * dlist_prev_get(dlist_head_t * p_head, dlist_node_t * p_pos)
2    {
3        if (p_pos ! = NULL){
4            return p_pos ->p_prev;
5        }
6        return NULL;
7    }
8
9    dlist_node_t * dlist_next_get(dlist_head_t * p_head, dlist_node_t * p_pos)
10   {
11       if (p_pos ! = NULL){
12           return p_pos ->p_next;
13       }
14       return NULL;
15   }
```

dlist_tail_get()函数用于得到链表的尾结点,在循环双向链表中,头结点的 p_reev 即指向了尾结点,详见程序清单 3.35。

程序清单 3.35　　dlist_tail_get()函数实现

```
1    dlist_node_t * dlist_tail_get(dlist_head_t * p_head)
2    {
3        if (p_head ! = NULL) {
4            return p_head ->p_prev;
5        }
6        return NULL;
7    }
```

dlist_begin_get()函数用于得到第一个用户结点,详见程序清单 3.36。

程序清单 3.36　　dlist_begin_get()函数实现

```
1    dlist_node_t * dlist_begin_get(dlist_head_t * p_head)
2    {
3        if (p_head ! = NULL){
4            return p_head ->p_next;
5        }
6        return NULL;
7    }
```

dlist_end_get()用于得到链表的结束位置,当双向链表设计为循环双向链表时,头结点的 p_prev 和尾结点的 p_next 都被有效地利用了,任何有效结点的 p_next 和 p_prev 都不再为 NULL。显然,不能再以 NULL 作为结束位置了,当从第一个结点开始顺序访问链表的各个结点时,尾结点的下一个结点就是链表头结点(head),因此结束位置就是头结点本身。dlist_end_get()的实现详见程序清单3.37。

程序清单3.37　dlist_end_get()函数实现

```
1    dlist_node_t * dlist_end_get(dlist_head_t * p_head)
2    {
3        if (p_head ! = NULL) {
4            return p_head ->p_prev;
5        }
6        return NULL;
7    }
```

3.3.1　添加结点

假定还是将结点添加到链表尾部,其函数原型为:

```
int dlist_add_tail(dlist_head_t * p_head, dlist_node_t * p_node);
```

其中,p_head为指向链表头结点的指针,p_node为指向待添加结点的指针,其使用范例详见程序清单3.38。

程序清单3.38　dlist_add_tail()函数使用范例

```
1    int main(int argc, char * argv[])
2    {
3        dlist_head_t head;
4        dlist_node_t node;
5
6        dlist_init(&head);
7        dlist_add_tail(&head, &node);
8        // ......
9    }
```

为了实现该函数,可以先查看添加结点前后链表的变化,详见图3.18。由此可见,添加一个结点至链表尾部,需要4个指针(图中虚线箭头):

- 新结点的p_prev指向尾结点;
- 新结点的p_next指向头结点;
- 尾结点的p_next由指向头结点变为指向新结点;
- 头结点的p_prev由指向尾结点修改为指向新结点。

通过这些操作后,当结点添加到链表尾部后,就成为新的尾结点,详见程序清单3.39。

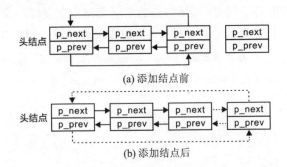

(a) 添加结点前

(b) 添加结点后

图 3.18   添加结点示意图

程序清单 3.39   dlist_add_tail()函数实现

```
1    int dlist_add_tail (dlist_head_t * p_head, dlist_node_t * p_node)
2    {
3        if (p_head == NULL){
4            return - 1;
5        }
6        p_node ->p_prev           = p_head->p_prev;    // 新结点的 p_prev 指向尾结点
7        p_node ->p_next           = p_head;            // 新结点的 p_next 指向头结点
8        p_head ->p_prev ->p_next  = p_node;            // 尾结点的 p_next 指向新结点
9        p_head ->p_prev           = p_node;            // 头结点的 p_prev 指向新结点
10       return 0;
11   }
```

实际上,无论是头结点、尾结点还是普通结点,循环链表本质上都是一样的,均为 p_next 成员指向下一个结点,p_prev 成员指向其上一个结点。因此,对于添加结点而言,无论将结点添加到链表头、链表尾还是其他任意位置,其操作方法完全相同。为此,需要提供一个更加通用的函数,可以将结点添加到任意结点之后,其函数原型为:

```
int dlist_add (dlist_head_t * p_head, dlist_node_t * p_pos, dlist_node_t * p_node);
```

其中,p_head 为指向链表头结点的指针;p_pos 指定了添加的位置,新结点即添加在该指针指向的结点之后;p_node 为指向待添加结点的指针。例如,同样将结点添加到链表尾部,其使用范例详见程序清单 3.40。

程序清单 3.40   dlist_add()函数使用范例

```
1    int main(int argc, char * argv[])
2    {
3        dlist_head_t head;
4        dlist_node_t node;
5
```

```
6          dlist_init(&head);
7          dlist_add(&head, &(head.p_prev),  &node);
8          // ......
9      }
```

由此可见,将尾结点作为结点添加的位置,同样可以将结点添加至尾结点之后,即添加到链表尾部。显然,也就没有必要再编写 dlist_add_tail()实现代码了,使用 dlisd_add()即可,修改 dlist_add_tail()函数的实现,详见程序清单 3.41。

程序清单 3.41   dlist_add_tail()函数实现

```
1      int dlist_add_tail (dlist_head_t * p_head, dlist_node_t * p_node)
2      {
3          return dlist_add(p_head, p_head ->p_prev, p_node);
4      }
```

为了实现 dlist_add()函数,可以先查看添加一个结点到任意结点之后的情况,详见图 3.19。图中展示的是一种通用的情况,由于结点的添加位置(头、尾或其他任意位置)与添加结点的方法没有关系,因此没有特别标明头结点和尾结点。

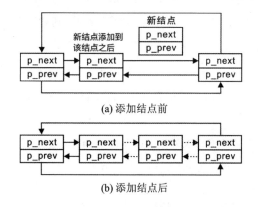

(a) 添加结点前

(b) 添加结点后

图 3.19   添加结点示意图

其实,对比图 3.18 和图 3.19 可以发现,图 3.18 展示的只是图 3.19 的一个特例,即恰好图 3.19 中的新结点之前的结点就是尾结点,添加结点的过程同样需要修改 4 个指针的值。为便于描述,将新结点前的结点称之为前结点,新结点之后的结点称之为后结点。显然,在添加新结点之前,前结点的下一个结点即为后结点。对设置 4 个指针值的描述如下:

● 新结点的 p_prev 指向前结点;
● 新结点的 p_next 指向后结点;
● 前结点的 p_next 由指向后结点变为指向新结点;
● 后结点的 p_prev 由指向前结点修改为指向新结点。

对比将结点添加到链表尾部的描述,只要将描述中的"前结点"换为"尾结点",

"后结点"换为"头结点",它们的含义则完全一样,显然将结点添加到链表尾部只是这里的一个特例,添加结点的函数实现详见程序清单 3.42。

程序清单 3.42　dlist_add() 函数实现

```
1   int dlist_add (dlist_head_t * p_head, dlist_node_t * p_pos, dlist_node_t * p_node)
2   {
3       if ((p_head == NULL)||(p_pos == NULL)||(p_node == NULL)){
4           return - 1;
5       }
6       p_node ->p_prev        = p_pos;          // 新结点的 p_prev 指向前结点
7       p_node ->p_next        = p_pos ->p_next;  // 新结点的 p_next 指向后结点
8       p_pos ->p_next ->p_prev = p_node;         // 后结点的 p_prev 指向新结点
9       p_pos ->p_next         = p_node;          // 前结点的 p_next 指向新结点
10      return 0;
11  }
```

尽管上面的函数在实现时并没有用到参数 p_head,但还是将 p_head 参数传进来了,因为实现其他的功能时将会用到 p_head 参数,如判断 p_pos 是否在链表中。

有了该函数,添加结点到任意位置就非常灵活了,例如提供一个添加结点到链表的头部,使其作为链表的第一个结点的函数,其函数原型为:

```
int dlist_add_head (dlist_head_t * p_head, dlist_node_t * p_node);
```

此时,头结点即为新添加结点的前结点,直接调用 dlist_add() 即可实现,其实现范例详见程序清单 3.43。

程序清单 3.43　dlist_add_head() 函数实现

```
1   int dlist_add_head (dlist_head_t * p_head, dlist_node_t * p_node)
2   {
3       return dlist_add(p_head, p_head, p_node);
4   }
```

3.3.2　删除结点

基于添加结点到任意位置的思想,需要实现一个删除任意结点的函数。其函数原型为:

```
int dlist_del (dlist_head_t * p_head, dlist_node_t * p_node);
```

其中,p_head 为指向链表头结点的指针,p_node 为指向待删除结点的指针,使用范例详见程序清单 3.44。

程序清单 3.44　dlist_del( )使用范例程序

```
1    int main(int argc, char * argv[])
2    {
3        dlist_head_t head;
4        dlist_node_t node;
5        dlist_init(&head);
6        dlist_add_tail(&head, &node);
7        dlist_del(&head, &node);
8        //......
9        return 0;
10   }
```

为了实现 dlisd_del()函数,可以先查看删除任意结点的示意图,图 3.20(a)为删除节点前的示意图,图 3.20(b)为删除节点后的示意图。

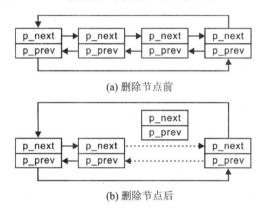

(a) 删除节点前

(b) 删除节点后

图 3.20　添加结点示意图

由此可见,仅需要修改两个指针的值:

● 将"删除结点"的前结点的 p_next 修改为指向"删除结点"的后结点;
● 将"删除结点"的后结点的 p_prev 修改为指向"删除结点"的前结点。

删除结点函数的实现详见程序清单 3.45。

程序清单 3.45　dlist_del( )函数实现

```
1    int dlist_del (dlist_head_t * p_head, dlist_node_t * p_node)
2    {
3        if ((p_head == NULL)||(p_node == NULL)||(p_node == p_head)){
4            return -1;
5        }
6        p_node ->p_prev ->p_next = p_node ->p_next;
                                    // 前结点的 p_next 修改为指向后结点
```

```
7        p_node->p_next->p_prev = p_node->p_prev;
                              // 后结点的 p_prev 修改为指向前结点
8
9        p_node->p_next = NULL;
10       p_node->p_prev = NULL;
11        return 0;
12   }
```

为了防止删除头结点,程序中对 p_head 与 p_node 进行了比较,当 p_node 为头结点时,直接返回错误。

3.3.3 遍历链表

与单向链表类似,需要一个遍历链表各个结点的函数,其函数原型(dlist. h)为:

```
int dlist_foreach (dlist_head_t           * p_head,
                   dlist_node_process_t    pfn_node_process,
                   void                   * p_arg);
```

其中,p_head 指向链表头结点,pfn_node_process 为结点处理回调函数,每遍历到一个结点时,均会调用该函数,便于用户处理结点。dlist_node_process_t 类型定义如下:

```
typedef int ( * dlist_node_process_t) (void * p_arg, dlist_node_t * p_node);
```

dlist_node_process_t 类型参数为一个 p_arg 指针和一个结点指针,返回值为 int 类型的函数指针。每遍历到一个结点均会调用 pfn_node_process 指向的函数,便于用户根据需要自行处理结点数据。当调用该回调函数时,传递给 p_arg 的值即为用户参数,其值与 dlist_traverse()函数的第 3 个参数一样,即该参数的值完全是由用户决定的;传递给 p_node 的值即为指向当前遍历到的结点的指针。当遍历到某个结点时,如果用户希望终止遍历,此时,只要在回调函数中返回负值即可终止继续遍历。一般地,若要继续遍历,则函数执行结束后返回 0 即可。dlist_foreach()函数的实现详见程序清单 3.46。

程序清单 3.46 链表遍历函数的实现

```
1    int dlist_foreach (dlist_head_t           * p_head,
2                       dlist_node_process_t  pfn_node_process,
3                       void                   * p_arg)
4    {
5        dlist_node_t  * p_tmp, * p_end;
6        int             ret;
7
8        if ((p_head == NULL)||(pfn_node_process == NULL)) {
```

```
9              return − 1;
10         }
11
12         p_tmp = dlist_begin_get(p_head);
13         p_end = dlist_end_get(p_head);
14
15         while (p_tmp ! = p_end) {
16             ret = pfn_node_process(p_arg, p_tmp);
17             if (ret < 0) {                              // 不再继续遍历
18                 return ret;
19             }
20             p_tmp = dlist_next_get(p_head, p_tmp);       // 继续下一个结点
21         }
22         return 0;
23     }
```

为了便于查阅,如程序清单 3.47 所示展示了 dlist.h 文件的内容。

程序清单 3.47　　dlist.h 文件内容

```
1    # ipragma once
2    # include <stdio. h>
3    # include <stdbool. h>
4
5    typedef struct _dlist_node{
6        struct _dlist_node  * p_next;              // 指向下一个结点的指针
7        struct _dlist_node  * p_prev;              // 指向下一个结点的指针
8    }dlist_node_t;
9
10   typedef  dlist_node_t dlist_head_t;
11
12   // 链表遍历时的回调函数类型
13   typedef int ( * dlist_node_process_t) (void * p_arg, dlist_node_t * p_node);
14
15   int dlist_init (dlist_head_t * p_head);                  // 链表初始化
16
17   int dlist_add (dlist_head_t * p_head, dlist_node_t * p_pos, dlist_node_t * p_
     node);                                           // 添加结点至指定位置
18   int dlist_add_tail(dlist_head_t * p_head, dlist_node_t * p_node);
                                                        // 添加结点至链表尾部
19   int dlist_add_head (dlist_head_t * p_head, dlist_node_t * p_node);
                                                        // 添加结点至链表头部
```

```
20      int dlist_del (dlist_head_t * p_head, dlist_node_t * p_node);
                                                                // 删除一个结点
21
22      dlist_node_t * dlist_prev_get (dlist_head_t * p_head, dlist_node_t * p_pos);
                                                        // 寻找某一结点的前一结点
23      dlist_node_t * dlist_next_get (dlist_head_t * p_head, dlist_node_t * p_pos);
                                                        // 寻找某一结点的后一结点
24      dlist_node_t * dlist_tail_get (dlist_head_t * p_head);
                                                                // 获取尾结点
25      dlist_node_t * dlist_begin_get (dlist_head_t * p_head);
                                                    // 获取开始位置,第一个用户结点
26      dlist_node_t * dlist_end_get (dlist_head_t * p_head);
                                            // 获取结束位置,尾结点下一个结点的位置
27
28      int dlist_foreach (dlist_head_t          * p_head,
29                         dlist_node_process_t   pfn_node_process,
30                         void                  * p_arg);
```

同样以 int 类型数据为例来展示这些接口的使用方法。为了使用链表,首先应该定义一个结构体,将链表结点作为其一个成员,此外,再添加一些应用相关的数据,如定义如下包含链表结点和 int 型数据的结构体:

```
typedef struct _dlist_int{
        dlist_node_t    node;                           // 包含链表结点
        int             data;                           // int 类型数据
}dlist_int_t;
```

综合范例程序详见程序清单 3.48。

程序清单 3.48　综合范例程序

```
1       # include <stdio.h>
2       # include "dlist.h"
3
4       typedef struct _dlist_int{
5           dlist_node_t   node;                        // 包含链表结点
7           int            data;                        // int 类型数据
8       }dlist_int_t;
9
10      int list_node_process (void * p_arg, dlist_node_t * p_node)
11      {
12          printf("% d   \r\n", ((dlist_int_t *)p_node) ->data);
13          return 0;
14      }
```

```
15
16     int main(int argc, char  *argv[])
17     {
18          dlist_head_t    head;                          // 定义链表头结点
19          dlist_int_t      node1, node2, node3;
20           dlist_init(&head);
21
22          node1.data = 1;
23          dlist_add_tail(&head, &(node1.node));
24          node2.data = 2;
25          dlist_add_tail(&head, &(node2.node));
26          node3.data = 3;
27          dlist_add_tail(&head, &(node3.node));
28
29          dlist_del(&head, &(node2.node));                // 删除 node2 结点
30           dlist_foreach(&head, list_node_process, NULL); // 遍历链表,用户参数为 NULL
31          return 0;
32     }
```

与单向链表的综合范例程序比较可以发现,程序主体是完全一样的,仅仅是各个结点的类型发生了改变。对于实际的应用,如果由使用单向链表升级为双向链表,虽然程序主体没有发生改变,但由于类型的变化,则不得不修改所有程序代码。这是由于应用与具体数据结构没有分离造成的,因此可以进一步将实际应用与具体的数据结构分离,将链表等数据结构抽象为"容器"的概念。

3.4 迭代器模式

3.4.1 迭代器与容器

在初始化数组中的元素时,通常使用下面这样的 for 循环语句遍历数组:

```
int i, a[10];
for(i = 0; i < 10; i++)
    a[i] = i;
```

这段代码中循环变量 i 的初始值为 0,然后递增为 1,2,3,…,程序在每次 i 递增后都将值赋给 $a[i]$。数组中保存了许多元素,通过指定数组下标,即可从中选择任意一个元素。for 语句中 $i++$ 的作用是让 i 的值在每次循环后自增 1,这样就可以访问数组中的下一个元素,从而实现从头到尾逐一遍历数组元素的功能。

由此可见,常用的循环结构就是一种迭代操作,在每一次迭代操作中,对迭代器的修改即等价于修改循环控制的标志或计数器。而容器是一种保存值的集合的数据

结构,C语言有两种内建的容器:数组和结构体。虽然C语言没有提供更多的容器,但用户可以按需编写自己的容器,如链表、哈希表等。

将 i 的作用抽象化、通用化后形成的模式,在设计模式中 i 称为迭代器(iterator)模式,iterate 的字面意思是重复、反复声明,其实就是重复做某件事,iterator 模式用于遍历数组中的元素。迭代器的基本思想是迭代器变量存储了容器的某个元素的位置,因此能够遍历该位置的元素。通过迭代器提供的方法,可以继续遍历容器的下一个元素。

显而易见,迭代器是一种抽象的设计概念,因为在程序设计语言中并没有直接对应于这个概念的实物。《设计模式》一书提供了23种设计模式的完整描述,其中 iterator 模式的定义为:在遍历一个容器对象时,提供一种方法顺序访问一个容器对象中的各个元素,而又不暴露该对象的内部表示方式。其中心思想是将数据容器和算法分开且彼此独立,最后再用黏合剂将它们黏合在一起。

3.4.2　迭代器接口

为什么一定要考虑引入 iterator 这种复杂的设计模式呢? 如果是数组,直接使用 for 循环语句进行遍历处理不就可以了吗? 为什么要在集合之外引入 iterator 这个角色呢? 一个重要的理由是,引入 iterator 后可以将遍历与实现分离。

实际上,无论是单向链表还是双向链表,其查找算法与遍历算法的实现没有多少差别,基本上都是重复劳动。如果代码中有 bug,则需要修改所有相关的代码。为什么会出现这样的情况呢? 主要是接口设计不合理所造成的,其最大的问题就是将容器和算法放在了一起,且算法的实现又依赖于容器的实现,因而必须为每一个容器开发一套与之匹配的算法。

假设要在两种容器(双向链表、动态数组)中分别实现6种算法(交换、排序、求最大值、求最小值、遍历、查找),显然需要 $2 \times 6 = 12$ 个接口函数才能实现目标。随着算法数量的不断增多,势必导致函数的数量成倍增加,重复劳动的工作量也越大。如果将容器和算法单独设计,则只需要实现6个算法函数即可。即算法不依赖于容器的特定实现,算法不会直接在容器中进行操作。例如,排序算法无须关心元素是存放在数组中还是线性表中。

在正式引入迭代器之前,不妨分析一下如程序清单3.49所示的冒泡排序算法。

程序清单3.49　冒泡排序算法

```
1    # include<stdio. h>
2    # include "swap. h"
3
4    void bubbleSort(int * begin, int * end)
5    {
6        int flag = 1;              // flag = 1,表示指针的内容未交换
7        int * p1 = begin;          // p1 指向数组的首元素
```

```
8          int * p2 = end;                    // p2 指向数组的尾元素
9          int * pNext;                       // pNext 指向 p1 所指向的元素的下一个元素
10
11         while(p2 ! = begin){
12             p1 = begin;
13             flag = 1;
14             while(p1 ! = p2){
15                 pNext = p1 + 1;
16                 if( * p1 > * pNext)           // 比较指针所指向的值的大小
17                 {
18                     swap(p1, pNext);          // 交换 2 个指针的内容
19                     flag = 0;                 // flag = 0,表示 2 个指针的内容交换
20                 }
21                 p1 ++ ;                       // p1 指针后移
22             }
23             if(flag)   return;                // 没有交换,表示已经有序,则直接返回
24             p2 -- ;                           // p2 指针前移
25         }
26     }
27
28     int main(int argc, char * argv[])
29     {
30         int a[] = {5, 3, 2, 4, 1};
31         int i = 0;
32
33         bubbleSort(a, a + 4);
34         for(i = 0; i < sizeof(a) / sizeof(a[0]); i ++ ){
35             printf("% d\n", a[i]);
36         }
37         return 0;
38     }
```

如果任何一次遍历都没有执行任何交换,则说明记录是有序的且终止排序。其中,p1 指向数组的首元素,pNext 指向 p1 所指向的元素的下一个元素,p2 指向数组的尾元素(见图 3.21(a))。如果 * p1 > * pNext,则交换指针所指向的内容,p1 与 pNext 后移(见图 3.21(b));反之,指针所指向的内容不变,p1 与 pNext 后移,经过一轮排序之后,直到 p1 = p2 为止,最大元素移到数组尾部。

当最大元素移到数组的尾部时,退出内部循环。p2 前移后程序跳转到程序清单 3.49(15),p1 再次指向数组的首元素,pNext 指向 p1 所指向的元素的下一个元素 (见图 3.22(a))。此时,图 3.22(a)与图 3.21(a)的差别在于 p2 指向 a[3]。经过一轮循环之后,直到 p1 = p2,此时整数 4 移到 a[3]所在的位置,剩余的排序详见

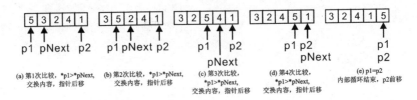

图 3.21　内部循环执行过程示意图

图 3.22。当 p1 与 p2 重合在数组首元素所在的位置时,表示排序结束(见图 3.22
(d))。

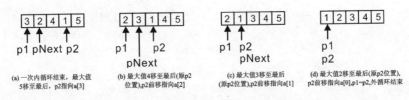

图 3.22　外部循环执行过程示意图

由此可见,冒泡排序算法的核心是指针的操作,其主要行为如下:

● 比较指针所指向的值的大小;

● 交换指针所指向的内容;

● 指针后移,即指针指向下一个元素;

● 指针前移,即指针指向前面一个元素。

由于这里是以 int 类型数据为例实现冒泡排序的,因此用户知道如何比较数据
和如何交换指针所指向的内容,以及指针的前后移动。当使用支持任意类型数据的
void * 时,虽然算法程序不知道传入什么类型的数据,但调用者知道,因此在调用排
序算法函数时,可以由用户传递参数通过回调函数实现。修改后的冒泡排序函数原
型如下:

```
void iter_sort (void * begin, void * end, compare_t compare, swap_t swap);
```

其中,compare 用于比较两个指针所指向的值的大小,compare_t 类型定义如下:

```
typedef int ( * compare_t) (void * p1, void * p2);
```

swap 函数用于交换两个指针指向的内容,swap_t 类型定义如下:

```
typedef void ( * swap_t) (void * p1, void * p2);
```

显然无法通过++或――移动指针,因为不知道传入的是什么类型的数据。如
果知道数据占用 4 个字节,则可以通过指针的值加 4 或减 4 实现指针的移动。虽然
使用这种方式可以实现指针的移动,但始终要求数据必须以数组的形式存储,一旦离
开了这个特定的容器,则无法确定指针的行为。如果将算法与链表结合起来使用,显
然代码中的 p1++和 p2――不适合链表。

　　基于此,"不妨对指针进行抽象,让它针对不同的容器有不同的实现,而算法只关心它的指针接口"。显然,需要容器提供相应的接口函数,才能实现指针前移和后移,通常将这样的指针称为"迭代器"。从某种意义上来说,迭代器作为算法的接口是广义指针,而指针满足所有迭代器的要求。其优势在于,对任何种类的容器都可以用同样的方法顺序遍历容器中的元素,而又不暴露容器的内部细节。迭代器接口的声明详见程序清单 3.50。

程序清单 3.50　迭代器接口的声明

```
1    typedef void * iterator_t;                    // 定义迭代器类型
2    typedef void ( * iterator_next_t)(iterator_t * p_iter);
3    typedef void ( * iterator_prev_t)(iterator_t * p_iter);
4
5    // 迭代器接口(if 表示 interface,由具体容器实现,如链表、数组等)
6    typedef struct _iterator_if{
7        iterator_next_t   pfn_next;               // 迭代器后移函数,相当于 p1 ++
8        iterator_prev_t   pfn_prev;               // 迭代器前移函数,相当于 p2 --
9    }iterator_if_t;
```

　　其中,p_iter 指向的内容是由容器决定的,它既可以指向结点,也可以指向数据。无论是链表还是其他容器实现的 pfn_next 函数,其意义是一样的,其他函数同理。如果将迭代器理解为指向数据的指针变量,则 pfn_next 函数让迭代器指向容器的下一个数据,pfn_prev 函数让迭代器指向容器的上一个数据。

　　此时,应该针对接口编写一些获取或设置数值的方法。用于读取变量的方法通常称为"获取方法(getter)",用于写入变量的方法通常称为"设置方法(setter)"。下面以双向链表为例,使用结构体指针作为 dlist_iterator_if_get()的返回值,详见程序清单 3.51。

程序清单 3.51　获取双向链表的迭代器接口(1)

```
1    static void __dlist_iterator_next(iterator_t * p_iter)
                                          // 让迭代器指向容器的下一个数据
2    {
3        * p_iter = ((dlist_node_t * ) * p_iter) ->p_next;
4    }
5
6    static void __dlist_iterator_prev(iterator_t * p_iter)
                                          // 让迭代器指向容器的上一个数据
7    {
8        * p_iter = ((dlist_node_t * ) * p_iter) ->p_prev;
9    }
10
11   iterator_if_t * dlist_iterator_if_get (void)
12   {
```

```
13        static iterator_if_t iterator_if;
14        iterator_if.pfn_next  = __dlist_iterator_next;
15        iterator_if.pfn_prev  = __dlist_iterator_prev;
16        return &iterator_if;        // 返回结构体变量地址 &iterator_if
17    }
```

其调用形式如下：

```
iterator_if_t  * p_if = dlist_iterator_if_get();
                            // 获得链表的迭代器接口，即 p_if = &iterator_if
```

注意：如果省略 static，则 iterator_if 就成了一个局部变量。由于它将在函数执行完后失效，因此返回它的地址毫无意义。这里采用了直接访问结构体成员的方式对 iterator_if_t 类型的结构体赋值，显然不同模块之间应该尽可能避免这种方式，取而代之的是提供相应的接口，详见程序清单 3.52。

程序清单 3.52   获取双向链表的迭代器接口(2)

```
1    void dlist_iterator_if_get(iterator_if_t * p_if)
2    {
3        p_if ->pfn_next  = __dlist_iterator_next;
4        p_if ->pfn_prev  = __dlist_iterator_prev;
5    }
```

其调用形式如下：

```
iterator_if_t iterator_if;
dlist_iterator_if_get(&iterator_if);
```

由于 iterator_if_t 类型的结构体中只有两个函数指针，因此对函数指针的访问仅包含设置和调用，详见程序清单 3.53。

程序清单 3.53   迭代器接口(iterator.h)

```
1    #pragma once;
2
3    typedef void * iterator_t;
4    typedef void( * iterator_next_t)(iterator_t * p_iter);
5    typedef void( * iterator_prev_t)(iterator_t * p_iter);
6
7    typedef struct _iterator_if{
8        iterator_next_t  pfn_next;        // 调用迭代器后移的函数指针,相当于 p1 ++
9        iterator_prev_t  pfn_prev;        // 调用迭代器前移的函数指针,相当于 p2 --
10   }iterator_if_t;
11
12   void iterator_if_init(iterator_if_t * p_if, iterator_next_t pfn_next, iterator_
     prev_t pfn_prev);
```

```
13      void iterator_next(iterator_if_t * p_if, iterator_t * p_iter);
                                        // 迭代器后移函数,相当于++
14      void iterator_prev(iterator_if_t * p_if, iterator_t * p_iter);
                                        // 迭代器前移函数,相当于--
```

这些函数的具体实现详见程序清单3.54。

程序清单3.54   迭代器接口的实现

```
1       # include "iterator.h"
2
3       void iterator_if_init(iterator_if_t * p_if, iterator_next_t pfn_next, iterator_
        prev_t pfn_prev)
4       {
5           p_if ->pfn_next = pfn_next;
6           p_if ->pfn_prev = pfn_prev;
7       }
8
9       void iterator_next(iterator_if_t * p_if, iterator_t * p_iter)
10      {
11          p_if ->pfn_next(p_iter);
12      }
13
14      void iterator_prev(iterator_if_t * p_if, iterator_t * p_iter)
15      {
16          p_if ->pfn_prev(p_iter);
17      }
```

现在可以直接调用iterator_if_init()实现dlist_iterator_if_get(),详见程序清单3.55。

程序清单3.55   获取双向链表的迭代器接口(3)

```
1       void dlist_iterator_if_get(iterator_if_t * p_if)
2       {
3           iterator_if_init(p_if, __dlist_iterator_next, __dlist_iterator_prev);
4       }
```

3.4.3 算法的接口

由于使用迭代器可以轻松地实现指针的前移或后移,因此可以使用迭代器接口实现冒泡排序算法。其函数原型为:

```
void iter_sort(iterator_if_t * p_if, iterator_t begin, iterator_t end, compare_t com-
pare, swap_t swap);
```

其中,p_if表示算法使用的迭代器接口。begin与end是一对迭代器,表示算法的操

程序设计与数据结构

作范围,但不一定是容器的首尾迭代器,因此算法可以处理任何范围的数据。为了判定范围的有效性,习惯采用前闭后开范围表示法,即使用 begin 和 end 表示的范围为 [begin, end),表示范围涵盖 begin 到 end(不含 end)之间的所有元素。当 begin==end 时,上述所表现的便是一个空范围。

compare 同样也是比较函数,但比较的类型发生了变化,用于比较两个迭代器所对应的值。其类型 compare_t 定义如下:

```
typedef int ( * compare_t)(iterator_t it1, iterator_t it2);
```

swap 函数用于交换两个迭代器所对应的数据,其类型 swap_t 定义如下:

```
typedef void ( * swap_t)(iterator_t it1, iterator_t it2);
```

由此可见,接口中只有迭代器,根本没有容器的踪影,从而做到了容器与冒泡排序算法彻底分离。基于迭代器的冒泡排序算法详见程序清单 3.56。

程序清单 3.56 冒泡排序算法函数

```
1  void iter_sort(iterator_if_t * p_if, iterator_t begin, iterator_t end, compare_t
   compare, swap_t swap)
2  {
3      int flag = 1;                          // flag = 1,表示指针的内容未交换
4      iterator_t it1 = begin;                // it1 指向数组变量的首元素
5      iterator_t it2 = end;
6
7      iterator_t  it_next;                   // pNext 指向 p1 所指向的元素的下一个元素
8      if (begin == end) {                    // 没有需要算法处理的迭代器
9          return;
10     }
11     iterator_prev(p_if, &it2);             // it2 指向需要排序的最后一个元素
12     while (it2 ! = begin){
13         it1  = begin;
14         flag = 1;
15         while(it1 ! = it2){
16             it_next = it1;                 // 暂存
17             iterator_next(p_if, &it_next);    // it_next 为 it1 的下一个元素
18             if(compare(it1, it_next) > 0){
19                 swap(it1, it_next); // 交换内容
20                 flag = 0;              // flag = 0,表示指针的内容已交换
21             }
22             it1 = it_next;                 // it1 的下一个元素
23         }
24         if(flag)  return;                  // 没有交换,表示已经有序,则直接返回
25         iterator_prev(p_if, &it2); // it2 向前移
26     }
27  }
```

下面以一个简单的例子来测试验证基于迭代器的冒泡排序算法,详见程序清单 3.57。将整数存放到双向链表中,首先将 5、4、3、2、1 分别加在链表的尾部,接着调用 dlist_foreach() 遍历链表,看是否符合预期,然后再调用算法库的 iter_sort() 排序。当排序完毕后,链表的元素应该是从小到大排列的,再次调用算法库的 dilst_foreach() 遍历链表,看是否符合预期。

程序清单 3.57   使用双向链表、算法和迭代器

```
1    # include <stdio.h>
2    # include "iterator.h"
3
4    typedef struct _dlist_int{
5        dlist_node_t        node;           // 包含链表结点
6        int                 data;           // int 类型数据
7    }dlist_int_t;
8
9    int list_node_process(void * p_arg, dlist_node_t * p_node)
10   {
11       printf("%d  ", ((dlist_int_t *)p_node) ->data);
12       return 0;
13   }
14
15   static int __compare(iterator_t it1, iterator_t it2)
16   {
17       return ((dlist_int_t * )it1) ->data - ((dlist_int_t * )it2) ->data;
18   }
19
20   static void __swap(iterator_t it1, iterator_t it2)
21   {
22       int data = ((dlist_int_t * )it2) ->data;
23       ((dlist_int_t * )it2) ->data = ((dlist_int_t * )it1) ->data;
24       ((dlist_int_t * )it1) ->data = data;
25   }
26
27   int main(int argc, char * argv[])
28   {
```

```
29        iterator_if_t         iterator_if;
30        dlist_head_t          head;                    // 定义链表头结点
31        dlist_int_t           node[5];                 // 定义 5 个结点空间
32        int                   i;
33
34        dlist_init(&head);
35
36        for (i = 0; i < 5; i++) {                       // 将 5 个结点添加至链表尾部
37            node[i].data = 5 - i;                       // 使值的顺序为 5 ～ 1
38            dlist_add_tail(&head, &(node[i].node));
39        }
40        dlist_iterator_if_get(&iterator_if);
41
42        printf("\nBefore bubble sort:\n");
43        dlist_foreach (&head, list_node_process, NULL);// 打印排序前的情况
44
45        iter_sort(&iterator_if, dlist_begin_get(&head), dlist_end_get(&head),__com-
          pare, __swap);
46
47        printf("\nAfter bubble sort:\n");
48        dlist_foreach (&head, list_node_process, NULL);     // 打印排序后的情况
49        return 0;
50    }
```

在这里,使用了 dlist_foreach() 遍历函数,既然通过迭代器能够实现冒泡排序,那么也能通过迭代器实现简单的遍历算法,此时遍历算法与具体容器无关。遍历函数的原型如下:

```
void iter_foreach(iterator_if_t * p_if, iterator_t begin, iterator_t end, visit_t
visit, void * p_arg);
```

其中,p_if 表示算法使用的迭代器接口,begin 与 end 表示算法需要处理的迭代器范围,visit 是用户自定义的遍历迭代器的函数。其类型 visit_t 定义如下:

```
typedef int ( * visit_t)(void * p_arg, iterator_t it);
```

visit_t 的参数是 p_arg 指针和 it 迭代器,其返回值为 int 类型的函数指针。每遍历一个结点均会调用 visit 指向的函数,传递给 p_arg 的值即为用户参数,其值为 iter_foreach() 函数的 p_arg 参数,p_arg 的值完全是由用户决定的,传递给 it 迭代器的值即为指向当前遍历的迭代器,iter_foreach() 函数的实现详见程序清单 3.58。

程序清单 3.58   遍历算法函数

```
1    void iter_foreach(iterator_if_t * p_if, iterator_t begin, iterator_t end, visit_t
     visit, void * p_arg)
2    {
3        iterator_t it = begin;
4        while(it != end){
5            if (visit(p_arg, it) < 0){      // 若返回值为负值,则表明用户终止了遍历
6                return;
7            }
8            iterator_next(p_if, &it);        // 让迭代器向后移动
9        }
10   }
```

现在可以将程序清单 3.57 中的第 43 行和第 48 行中的 dlist_foreach( )函数修改为使用 iter_foreach( )函数,看能否得到相同的效果?

如果将数据保存在数组变量中,那么将如何使用已有的冒泡排序算法呢?由于数组也是容器,因此只要实现基于数组的迭代器即可,详见程序清单 3.59。

程序清单 3.59   使用数组实现迭代器接口

```
1    typedef int element_type_t;
2
3    static void __array_iterator_next(iterator_t * p_iter)
4    {
5        ( * (element_type_t * * )(p_iter))++;     // 让迭代器指向下一个数据
6    }
7
8    static void __array_iterator_prev(iterator_t * p_iter)
9    {
10       ( * (element_type_t * * )(p_iter))--;      // 让迭代器指向前一个数据
11   }
12
13   void array_iterator_if_get(iterator_if_t * p_if)
14   {
15       iterator_if_init(p_if, __array_iterator_next, __array_iterator_prev);
16   }
```

基于新的迭代器,同样可以直接使用冒泡排序算法实现排序,详见程序清单 3.60。

程序清单 3.60   使用数组、算法和迭代器

```
1    # include <stdio.h>
2    # include "iterator.h"
3
```

```
4      static int __visit(void * p_arg, iterator_t it)
5      {
6          printf("% d   ", * (int * )it);
7          return 0;
8      }
9
10     static int __compare(iterator_t it1, iterator_t it2)
11     {
12         return * (int * )it1 - * (int * )it2;
13     }
14
15     static void __swap(iterator_t it1, iterator_t it2)
16     {
17         int data      = * (int * )it2;
18         * (int * )it2     = * (int * )it1;
19         * (int * )it1     = data;
20     }
21
22     int main(int argc, char * argv[])
23     {
24         iterator_if_t   iterator_if;
25         int a[] = {5, 3, 2, 4, 1};
26         array_iterator_if_get(&iterator_if);
27
28         printf("\nBefore bubble sort:\n");
29         iter_foreach(&iterator_if, a, a + 5, __visit, NULL);
30
31         iter_sort(&iterator_if, a, a + 5, __compare, __swap);
32
33         printf("\nAfter bubble sort:\n");
34         iter_foreach(&iterator_if, a, a + 5, __visit, NULL);
35         return 0;
36     }
```

由此可见,通过迭代器冒泡排序算法也得到了复用。如果算法库里有几百个函数,那么只要实现迭代器接口的 2 个函数即可,从而达到复用代码的目的。显然,迭代器是一种更灵活的遍历行为,它可以按任意顺序访问容器中的元素,而且不会暴露容器的内部结构。

3.5 哈希表

3.5.1 问 题

假设需要设计一个信息管理系统,用于管理大约一万个学生的相关信息,可以通过学号查找到对应学生的信息,每条学生记录包含学号、姓名、性别、身高、体重等信息,即

```
typedef struct _student{
    unsigned char    id[6];              // 学号(6 字节)
    char             name[10];           // 姓名
    char             sex;                // 性别
    float            height, weight;     // 身高、体重
}student_t;
```

作为信息管理系统,首先要能够存储学生记录,这上万条记录如何存储呢? 简单地,可以使用一段连续的内存存储学生记录。例如,使用一个大数组存储,每个数组元素都可以存储一条学生记录:

```
student_t   student_db[10000];
```

当使用数组存储学生信息时,如何通过学号查找相应的信息呢? 如果学号编排是一种非常理想的情况,10 000 个学生的学号按照 0~9 999 顺序排列,则可以直接将学号作为数组的索引值查找相应的数组元素,其存储和查找的效率都非常高。但实际上学号往往不是如此简单编排的,一种常见的编排方法是"年级＋专业代码＋班级＋班级内序号",例如 6 字节学号为 0x20 0x16 0x44 0x70 0x02 0x39,即 201644700239,表示 2016 年入学,专业代码为 4470(即计算机专业),2 班的 39 号同学。

此时,通过学号查找学生信息的方法也很简单,直接从第一个学生记录开始,顺序遍历各个学生记录,将记录中的学号与期望查找的学生学号相比较,学号相同即查找到了相应学生的信息,详见程序清单 3.61。

程序清单 3.61 顺序查找范例程序

```
1   student_t * student_search(unsigned char id[6])
2   {
3       for (int i = 0; i < 10000; i++) {
4           if (memcmp(student_db[i].id, id, 6) == 0) {      // 比较
5               return &student_db[i];                        // 找到该学生的信息
```

```
6            }
7        }
8        return NULL;                              // 未找到该学生的信息
9    }
```

显然,如果采用顺序查找法,学生记录越多,则查找时需要比较的次数越多,效率也就越低。当学生记录的条数上万时,可能需要比较上万次才能找到相应的学生信息。

如何以更高的效率实现查找呢?在理想情况下,若将学号作为数组索引存储数据,则查找的效率非常高。既然如此,如果扩大数组容量至学号的最大值加1(以包含学号0),则可以直接以学号作为数组的索引值。由于学号是由6字节组成的,因此数组必须能够容纳 2^{48} 条记录,需要占用多少存储空间呢?就算一条记录只占用一个字节,也需要 262 144 GB 存储空间,何况电脑硬盘没这么大!如果只使用其中的 10 000 条记录,则剩下的($2^{48} - 10\ 000$)空间就会造成极大的浪费,显然这种方式是不可取的。

在查找算法中,非常经典高效的算法是"二分法查找",按 10 000 条记录算,最多也只需要比较 14 次($\log_2 10\ 000$)。但使用"二分法查找"的前提是信息必须有序排列,即要求学生记录必须按照学号的顺序存储,这就导致在添加或删除学生信息时,数据库存储的信息需要进行大量的移动操作。例如,数组中已经按照学号从小到大的顺序存储了 9 999 条记录,现在写入第 10 000 条记录,若该记录的学号最小,需要写入到所有记录的前面,则就需要将之前存储的 9 999 条记录全部向后移动一次,以预留出首元素的空间,然后将新的学生记录写入首元素对应的空间中。由此可见,虽然使用这种方法可以提高查找效率,却牺牲了添加信息时的效率。

为了在添加信息时不进行大量的数据移动,能否换一种存储方式呢?例如,使用存储空间不连续的"单向链表"结构,将各个学生记录"链"起来,其示意图详见图 3.23。

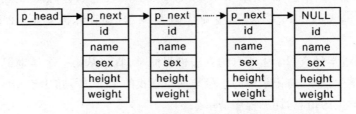

图 3.23   使用单向链表管理学生记录

当使用链表管理学生记录时,实现有序排列只需每次插入新结点时,找到正确的插入位置,无须进行大量数据的移动。由于存储空间不连续,因此无法使用"二分法"查找学生信息,则实现有序排列也没有解决查找效率低下的问题,无论是否有序,查找时都需要从头开始顺序查找。

由此可见,使用"二分法查找"必须牺牲记录写入的效率以实现所有记录有序排列,使得写入记录的效率非常低。虽然基础的"顺序查找"对写入记录的效率完全不影响,但查找效率极为低下。因此,这两种情况都太极端了,要么选择极低的写入效率,要么选择极低的查找效率。何不将二者结合起来,以折中写入的效率和查找的效率呢?例如,将记录"二分"为两部分,使用两个数组来存储:

```
student_t   student_db0[5000];
student_t   student_db1[5000];
```

假设规定,学号小于某值(即 201044700239)时,记录存储在 student_db0 中;反之,记录存储在 student_db1 中。如此一来,在写入记录时,只需要多一条判断语句,对性能并无太大的影响。而在查找时,只要根据学号判断记录在哪一个数组中,即可按照顺序查找的方式查找。此时,查找需要比较的次数就从最大的 10 000 次降低到了 5 000 次。由此可见,通过一个简单的方法,将信息分别存储在两个数组中,就可以明显地提高查找效率。为了继续提高查找的效率,还可以继续分组,如分成 250 组,每组的大小为 40:

```
student_t   student_db0[40];
student_t   student_db1[40];
......
student_t   student_db248[40];
student_t   student_db249[40];
```

显然,采用这种定义方式太烦琐了,由于每个数组的大小是相同的,因此可以直接将存储 40 个学生记录的数组定义为一个类型:

```
typedef student_t student_group_t[40];
student_group_t student_db[250];
```

此时,每个分组的大小为 40,从而使得查找记录时,最多只需要比较 40 次。接下来,需要定义分组规则,以通过学号找到该记录属于哪个组。在定义规则时,应尽可能地使所有记录平均地分布在各个组中,不应该出现一些组存储的记录非常多,而另一些组存储的记录非常少的情况。但这并不是一件容易的事情,需要对学号的数据分布进行精确的分析。

如果分成 250 组,假定学号是均匀分布的,则可以将 6 字节学号求和除以 250(分组数目)所得的余数(取余法)作为分组的索引,由于写入和查找时,都需要通过学号找到该记录应该属于哪个组,因此可以根据学号分组的依据,编写一个通过学号找到对应分组索引的函数,详见程序清单 3.62。

程序清单 3.62　通过学号分组范例程序

```
1    int db_id_to_idx(unsigned char id[6])
2    {
3        int i, sum = 0;
4
5        for ( i = 0; i < 6; i++ ) {
6            sum += id[i];
7        }
8        return sum % 250;
9    }
```

即将分组数为 250 看作一个大小为 250 的表格,每个表项可以存储 40 个学生记录的数组,通过 db_id_to_idx() 函数找到关键字学号 ID 对应在该表中的位置。其中,大小为 250 的表格就是"哈希表",详见图 3.24。db_id_to_idx() 函数就是"哈希函数",哈希函数的结果(分组索引)称之为"哈希值"。

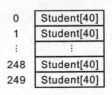

图 3.24　哈希表

哈希表的核心工作在于哈希函数的选择,将查找的关键字送给哈希函数产生一个哈希值,哈希函数的选择直接决定了记录的分布,必须尽可能地确保所有记录均匀地分布在各个组中。在上面的示例中,每个分组中都定义了大小相同的数组作为记录存储的空间。如果按照分组规则,能够确保恰好均匀地分布在各个分组中,这是最佳的。

而实际上学生记录是会变动的,可能增加或删除,则很难保证按照现在定义的分组规则,保证 100% 的完全平均。如果每个分组都使用大小相同的数组作为记录存储的空间,则可能会导致一部分数组未存满,另一部分数组却存不下的情况,就会导致部分学生记录无处可存,造成严重的数据管理问题。

由于数组都是提前定义好大小的,动态性能差,而链表的动态性能较好,可以根据需要增加、删除结点,改变链表长度,因此可以使用链表管理学生记录,就算分布不均匀,也只存在链表长度的差异,不会出现数据存储不了的问题,其示意图详见图 3.25。

当使用链表管理学生记录时,哈希表每个表项的实际内容就是该组链表的表头。链表头结点的类型 slist_head_t(slist.h)的定义如下:

```
typedef struct _slist_node{
    struct _slist_node    * p_next;          // 指向下一个结点的指针
}slist_node_t;
typedef  slist_node_t  slist_head_t;
```

基于此,在哈希表的每个表项中存储一个 slist_head_t 类型的链表头结点即可,

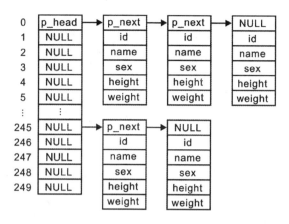

图 3.25 链式哈希表

哈希表的定义如下：

```
typedef  slist_head_t student_group_t;
student_group_t student_db[250];
```

根据对链式哈希表结构的分析,编写一个基于链式哈希表的信息管理系统,作为示例仅提供增加、删除、查找三种功能。当然,在使用这些功能前,还必须定义一个哈希表对象的类型,以便使用该类型定义具体的哈希表实例,进而使用各个功能接口对该实例进行操作。

3.5.2 哈希表的类型

哈希表类型 struct _hash_db 定义如下：

```
typedef struct _hash_db hash_db_t;
```

在结构体中,需要包含哪些哈希表的相关信息呢? 链式哈希表的核心是一个 slist_head_t 类型的数组,其大小与分组数目相关。为了通用,分组数目应由用户根据实际情况确定。slist_head_t 类型的数组信息由一个指向数组首地址的 slist_head_t * 类型的指针和一个指定数组大小的 size 构成,哈希表结构体类型的定义如下：

```
struct _hash_db{
    slist_head_t    * p_head;              // 指向数组首地址
    unsigned int    size;                  // 数组成员数
};
```

在实际的应用中,信息可以是任意数据类型(void *),另外还需要知道该 void * 指针指向的记录的长度,如学生记录的长度是 sizeof(student_t),因此更新哈希表结构体类型的定义如下：

```
struct _hash_db{
    slist_head_t    * p_head;              // 指向数组首地址
    unsigned int    size;                  // 数组成员数
    unsigned int    value_len;             // 一条记录的长度
};
```

在存储或查找记录时,可以通过与关键字(如学号 ID)比较找到哈希表中的索引值,然后在对应的表项中添加或查找记录。在存储记录时,需要提供关键字和记录;而在查找记录时,仅需提供关键字。由此可见,关键字和记录是两个不同的概念,关键字具有特殊的作用,因此关键字和记录应该分别对待。对于学生信息管理系统来说,其关键字为学号,长度是 6 字节,记录包含姓名、性别、身高、体重等信息。因此,在学生记录结构体的定义中,将关键字 ID 分离出来。学生记录的定义如下:

```
typedef struct _student{
    char        name[10];                  // 姓名
    char        sex;                       // 性别
    float       height, weight;            // 身高、体重
}student_t;
```

同理,关键字的长度也是由用户决定的,在存储一条记录时,需要分配内存存储关键字,以便查询时读取该关键字与查询使用的关键字进行比较。因此在哈希表的结构体类型中,需要包含关键字长度信息,更新哈希表结构体类型的定义如下:

```
struct _hash_db {
    slist_head_t    * p_head;              // 指向数组首地址
    unsigned int    size;                  // 数组成员数
    unsigned int    value_len;             // 一条记录的长度
    unsigned int    key_len;               // 关键字的长度
};
```

特别地,在前面的分析中,哈希表最重要的一个概念就是"哈希函数",哈希函数的作用是通过关键字(如学号 ID)得到其对应记录在哈希表中的索引值,哈希函数要尽可能确保记录均分地分布在哈希表的各个表项中。对于不同的数据,用户可能选择不同的哈希函数,因此哈希函数应该由用户指定。基于此,在哈希表结构体中新增一个函数指针,用于指向用户自定义的哈希函数。完整的哈希表结构体类型定义如下(hash_db.h):

```
typedef unsigned int ( * hash_func_t) (const void * key);    // 定义哈希函数类型
struct _hash_db {
    slist_head_t * p_head;                                   // 指向数组首地址
    unsigned int  size;                                      // 数组大小
```

```
    unsigned int   value_len;                    // 一条记录的长度
    unsigned int   key_len;                      // 关键字的长度
    hash_func_t   pfn_hash;                      // 哈希函数
};
```

在使用哈希表的各个接口函数前,首先需要使用该类型定义一个哈希表实例:

```
hash_db_t   hash;
```

如果系统中需要使用多张哈希表,则只需要使用该类型定义多个哈希表实例即可:

```
hash_db_t   hash1;
hash_db_t   hash2;
```

3.5.3　哈希表的实现

1. 初始化

hash_db_init()接口用于哈希表实例的初始化,在定义哈希表结构体类型时,哈希表数组大小、记录长度、关键字长度和哈希函数都需要由用户根据实际情况确定,其函数原型定义如下(hash_db.h):

```
int hash_db_init (
    hash_db_t        * p_hash,                   // 指向哈希表实例的指针
    unsigned int      size,                      // 哈希表大小
    unsigned int      key_len,                   // 关键字长度
    unsigned int      value_len,                 // 记录长度
    hash_func_t       pfn_hash);                 // 哈希函数
```

在这里,以学生记录为例,创建一个大小为 250 组的哈希表:

```
hash_db_t   hash_students;
hash_db_init(
    &hash_students,
    250,                                         // 大小为 250
    6,                                           // 关键字长度为 6 字节
    sizeof(student_t),                           // 记录的长度
    (hash_func_t)db_id_to_idx);                  // 哈希函数
```

在初始化函数的实现中,需要按照 size 指定的大小分配内存,用于存储哈希表的各个表项(链表头),接着需要完成各个链表头和结构体成员的初始化,初始化函数的实现范例详见程序清单 3.63。

程序设计与数据结构

程序清单 3.63　初始化函数范例程序

```
1    int hash_db_init (hash_db_t * p_hash, unsigned int size, unsigned int key_len,
2              unsigned int value_len, hash_func_t pfn_hash)
3    {
4        int i;
5        if ((p_hash == NULL)||(pfn_hash == NULL)){
6            return NULL;
7        }
8        p_hash ->p_head = (slist_head_t *)malloc(size * sizeof(slist_head_t));
9        if (p_hash ->p_head == NULL) {
10           return -1;
11       }
12       for (i = 0; i < size; i++){
13           slist_init(&p_hash ->p_head[i]);
14       }
15       p_hash ->size       = size;
16       p_hash ->key_len    = key_len;
17       p_hash ->value_len  = value_len;
18       p_hash ->pfn_hash   = pfn_hash;
19       return 0;
20   }
```

2. 添加记录

hash_db_add()接口用于向已经初始化的哈希表中添加一条记录,添加一条记录时,需要指定关键字信息和记录值信息,其函数原型定义(hash_db.h):

```
int hash_db_add (hash_db_t * p_hash, void * key, const void * value);
```

其中,p_hash 为指向哈希表实例的指针,key 为指向关键字的指针,value 为指向记录值的指针。特别地,由于在添加记录时,程序不会修改 key 和 value 指针所指向的值,因此,指针都加了 const 修饰符。以添加一条学生记录为例,使用范例如下:

```
student_t stu = {
        "zhangsan",
        'M',
        173.3,
        60
};
unsigned char id[6] = {0x20, 0x14, 0x44, 0x70, 0x02, 0x39};
hash_db_add(&hash_students, id, &stu);
```

在添加记录函数的实现中,首先需要使用哈希函数找到关键字对应的记录在哈希表中的索引,以确定该条记录所在链表的表头,然后分配一个存储记录的结点空间,将关键字、记录等信息存储在该空间中,然后将结点添加到对应链表的头部(由于记录在链表中的具体位置不重要,因此直接添加在链表头部,效率更高)。函数实现的范例详见程序清单 3.64。

程序清单 3.64 添加记录函数范例程序

```
1    int hash_db_add (hash_db_t * p_hash, const void * key, const void * value)
2    {
3        int idx = p_hash ->pfn_hash(key);          // 使用哈希函数通过关键字得到哈希值
4        // 分配内存,存储链表结点 + 关键字 + 记录
5        char * p_mem = (char *)malloc(sizeof(slist_node_t) + p_hash ->key_len + p_
         hash ->value_len);
6        if (p_mem == NULL) {
7            return - 1;
8        }
9        memcpy(p_mem + sizeof(slist_node_t), key, p_hash ->key_len);   // 存储关键字
10       memcpy(p_mem + sizeof(slist_node_t) + p_hash->key_len, value, p_hash->value_len);
                                                                        // 存储记录
11       return slist_add_head(&p_hash ->p_head[idx], (slist_node_t * )p_mem);
                                                                        // 将结点加入链表
12   }
```

程序分配了一个结点的空间,该结点的空间需要存储一个 slist_node_t 类型链表结点,便于添加结点到链表中,存储长度为 p_hash—>key_len 的关键字,存储长度为 p_hash—>value_len 的记录值,详见图 3.26,其内存的大小为:

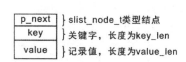

图 3.26 结点存储空间分布

```
sizeof(slist_node_t) + p_hash ->key_len + p_hash ->value_len
```

由于结点空间的首部用于存储结点 slist_node_t 的值以组织链表,因此需要将结点添加到链表中时,直接将 p_mem 转换为 slist_node_t * 类型使用即可。通用链式哈希表的结构示意图详见图 3.27。

与图 3.25 中管理学生记录的链式哈希表结构示意图对比发现,它们表达的含义是完全一致的,仅仅是具体类型变为了更加通用的 void * 类型。

3. 查找记录

hash_db_search()接口通过关键字查找与之对应的记录,查找记录时,需要指定关键字信息,同时还需要使用一个指向记录的指针获取查找到的记录值,其函数原型(hash_db.h)如下:

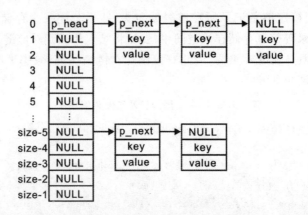

图 3.27   通用的链式哈希表结构示意图

```
int hash_db_search(hash_db_t * p_hash,const void * key, void * value);
```

虽然参数与添加记录是完全一样的,但 value 表示的含义却不一样,此处的 value 是输出参数,用于得到查找到的记录值。而添加记录函数中的 value 是输入参数,提供需要存储的记录值。由于此处的 value 指针指向的值是需要被改变的(改变为查找到的记录值),因此,它不能增加 const 修饰符。以查找 ID 为 201444700239 的学生记录为例,使用范例如下:

```
student_t   stu;
unsigned char id[6] = {0x20, 0x14, 0x44, 0x70, 0x02, 0x39};
if (hash_db_search(&hash_students, id, &stu) == 0) {
    // 查找到该学号的学生记录
} else {
    // 查找失败,未找到该学号的学生记录
}
```

在该函数的实现中,首先需要使用哈希函数找到关键字对应的记录在哈希表中的索引,以确定该条记录所在链表的表头,然后遍历链表的各个结点,将提供的关键字与结点中存储的关键字比对,直到找到关键字完全一致的记录(查找成功)或链表遍历结束(查找失败)。找到该记录对应的结点后,将结点中存储的 value 值拷贝到参数 value 指针指向的空间中即可。函数实现的范例详见程序清单 3.65。

程序清单 3.65   查找记录函数范例程序

```
1    // 寻找结点的上下文(仅内部使用)
2    struct _node_find_ctx {
3        void          * key;            // 查找关键字
4        unsigned int   key_len;         // 关键字长度
5        slist_node_t  * p_result;       // 用于存储查找到的结点
6    };
```

```
7
8       // 遍历链表的回调函数，查找指定结点
9       static int __hash_db_node_find (void * p_arg, slist_node_t * p_node)
10      {
11          struct _node_find_ctx * p_info = (struct _node_find_ctx *)p_arg;
                                                    // 用户参数为寻找结点的上下文
12          char                  * p_mem = (char *)p_node + sizeof(slist_node_t);
                                                    // 关键字存储在结点之后
13
14          if (memcmp(p_mem, p_info->key, p_info->key_len) == 0) {
15              p_info->p_result = p_node;
16              return -1;                          // 找到该结点,终止遍历
17          }
18          return 0;
19      }
20
21      int hash_db_search(hash_db_t * p_hash, const void * key, void * value)
22      {
23          int idx = p_hash->pfn_hash(key);        // 得到关键字对应的哈希表的索引
24          struct _node_find_ctx info = {key, p_hash->key_len, NULL};
                                                    // 设置遍历链表的上下文信息
25          slist_foreach(&p_hash->p_head[idx], __hash_db_node_find, &info);
                                                    // 遍历,寻找关键字对应结点
26
27          if (info.p_result != NULL) {
                            // 找到对应结点，将存储的记录值复制到用户提供的空间中
28              memcpy(value, (char *)info.p_result + sizeof(slist_node_t) + p_hash->
                key_len + p_hash->value_len);
29              return 0;
30          }
31          return -1;
32      }
```

程序中,由于查找结点时需要遍历链表,关键字比对的操作需要在遍历函数的回调函数中完成,因此,需要将用户查找记录使用的关键字信息(关键字及其长度)提供给回调函数,同时,当查找到记录时,需要将查找到的结点反馈给调用遍历函数的主程序。为此,定义了一个内部使用的用于寻找一个结点的上下文结构体:

```
struct _node_find_ctx {
    const void      * key;              // 查找关键字
    unsigned int   key_len;             // 关键字长度
    slist_node_t    * p_result;         // 用于存储查找到的结点
};
```

调用遍历函数时,需要提供一个设置好关键字信息的结构体作为回调函数的用户参数。遍历函数结束时,可以通过该结构体中的 p_result 成员获取遍历结果。

4. 删除记录

该接口用于删除指定关键字对应的记录,可以定义其函数名为 hash_db_del()。删除记录时,需要指定关键字信息。可以定义函数的原型为:

```
int hash_db_del(hash_db_t * p_hash, const void * key);
```

以删除学号为 201444700239 的学生记录为例,使用范例如下:

```
unsigned char id[6] = {0x20, 0x14, 0x44, 0x70, 0x02, 0x39};
hash_db_del(&hash_students, id);
```

在该函数的实现中,绝大部分操作与查找记录是相同的,唯一的不同是,当找到关键字对应的结点时,不再需要将记录值提取出来,直接将该结点删除即可。函数实现的范例详见程序清单 3.66。

程序清单 3.66   删除记录函数范例程序

```
1    int hash_db_del (hash_db_t * p_hash, const void * key)
2    {
3        int idx = p_hash->pfn_hash(key);                    // 得到关键字对应的哈希表的索引
4        struct _node_find_ctx info = {key, p_hash->key_len, NULL};
                                                             // 设置遍历链表的上下文信息
5        slist_foreach(&p_hash->p_head[idx], __hash_db_node_find, &info);
                                                             // 遍历,寻找关键字对应结点
6        if (info.p_result != NULL) {
7            slist_del(&p_hash->p_head[idx], info.p_result);    // 从链表中删除该结点
8            free(info.p_result);                            // 释放结点空间
9            return 0;
10       }
11       return -1;
12   }
```

5. 解初始化

对应于哈希表的初始化,用于当不再使用哈希表时,释放相关的空间。可以定义其函数名为 hash_db_deinit()。需要通过参数指定需要解初始化的哈希表实例,可

以定义函数的原型为(hash_db.h):

```
int hash_db_deinit (hash_db_t * p_hash);
```

若不再使用学生信息管理系统,则需使用解初始化函数释放哈希表的相关资源,使用范例如下:

```
hash_db_deinit(&hash_students);
```

在该函数的实现中,需要释放程序中分配的所有空间,主要包括添加记录时分配的结点空间,链表头结点数组空间。函数实现详见程序清单3.67。

程序清单3.67　解初始化函数范例程序

```
1   int hash_db_deinit (hash_db_t * p_hash)
2   {
3       int i;
4       slist_node_t * p_node;
5       for (i = 0; i < p_hash->size; i++) {
                                            // 释放哈希表中各个表项中存储的所有结点
6
7           while (slist_begin_get(&p_hash->p_head[i]) != slist_end_get(&p_hash->p_head[i])) {
8               p_node = slist_begin_get(&p_hash->p_head[i]);
9               slist_del(&p_hash->p_head[i], p_node);      // 删除第一个结点
10              free(p_node);
11          }
12      }
13      free(p_hash->p_head);           // 释放链表头结点数组空间
15      return 0;
16  }
```

为便于查阅,如程序清单3.68所示展示了hash_db.h文件的内容。

程序清单3.68　hash_db.h文件内容

```
1   # pragma once;
2   # include "slist.h"
3
4   typedef unsigned int ( * hash_func_t) (const void * key);
                                        // 哈希函数类型,返回值为整数,参数为关键字
5   struct _hash_db{
6       slist_head_t * p_head;          // 指向数组首地址
7       unsigned int size;              // 数组成员数
8       unsigned int  value_len;        // 一条记录的长度
9       unsigned int  key_len;          // 关键字的长度
```

```
10        hash_func_t  pfn_hash;                        // 哈希函数
11    };
12    typedef struct _hash_db * hash_db_t;               // 指向哈希表对象的指针类型
13
14    int hash_db_init (hash_db_t      * p_hash,         // 哈希表初始化
15                 unsigned int     size,
16                 unsigned int     key_len,
17                 unsigned int     value_len,
18                 hash_func_t      pfn_hash);
19
20    int hash_db_add (hash_db_t * p_hash, const void * key,const void * value);
                                                          // 添加记录
21    int hash_db_del (hash_db_t * p_hash, const void * key);      // 删除记录
22    int hash_db_search(hash_db_t * p_hash, const void * key, void * value);   // 查找记录
23    int hash_db_deinit (hash_db_t * p_hash);                     // 解初始化
```

以使用该链式哈希表管理系统来管理学生记录为例,综合范例程序详见程序清单 3.69。

程序清单 3.69　哈希表综合范例程序

```
1     # include <stdio. h>
2     # include <stdlib. h>
3     # include "hash_db. h"
4
5     typedef struct _student{
6         char   name[10];                        // 姓名
7         char   sex;                             // 性别
8         float  height, weight;                  // 身高、体重
9     } student_t;
10
11    int db_id_to_idx (unsigned char id[6])      // 通过 ID 得到数组索引
12    {
13        int i;
14        int sum = 0;
15        for (i = 0; i < 6; i++){
16            sum += id[0];
17        }
18        return sum % 250;
19    }
20
21    int student_info_generate (unsigned char * p_id, student_t * p_student)
                                                    // 随机产生一条学生记录
```

```
22    {
23        int i;
24        for (i = 0; i < 6; i++) {                    // 随机产生一个学号
25            p_id[i] = rand();
26        }
27        for (i = 0; i < 9; i++) {                    // 随机名字，由 'a' ~ 'z' 组成
28            p_student ->name[i] = (rand() % ('z' - 'a')) + 'a';
29        }
30        p_student ->name[i] = '\0';                  // 字符串结束符
31        p_student ->sex    = (rand() & 0x01) 'F' : 'M';  // 随机性别
32        p_student ->height = (float)rand() / rand();
33        p_student ->weight = (float)rand() / rand();
34        return 0;
35    }
36
37    int main ()
38    {
39        student_t          stu;
40        unsigned char      id[6];
41        int                i;
42        hash_db_t          hash_students;
43
44        hash_db_init(&hash_students, 250, 6, sizeof(student_t), (hash_func_t)db_id_
          to_idx);
45
46        for (i = 0; i < 100; i++) {                  // 添加 100 个学生的信息
47            student_info_generate(id, &stu);
                                                        // 设置学生的信息，当前一随机数作为测试
48            if (hash_db_search(&hash_students, id, &stu) == 0) {
                                                        // 查找到已经存在该 ID 的学生记录
49                printf("该 ID 的记录已经存在！\n");
50                continue;
51            }
52            printf("增加记录:ID ： % 02x % 02x % 02x % 02x % 02x % 02x",id[0],id[1],id
          [2],id[3],id[4],id[5]);
53            printf("信息: % s   % c %.2f %.2f\n", stu.name, stu.sex, stu.height,
          stu.weight);
54            if (hash_db_add(&hash_students, id, &stu) != 0) {
55                printf("添加失败");
56            }
57        }
```

58	
59	`printf("查找 ID为：% 02x% 02x% 02x% 02x% 02x% 02x 的信息\n",id[0],id[1],id[2],id[3],id[4],id[5]);`
60	`if (hash_db_search(&hash_students, id, &stu) == 0) {`
61	`    printf("学生信息：% s   % c %.2f %.2f\n", stu.name, stu.sex, stu.height, stu.weight);`
62	`} else {`
63	`    printf("未找到该 ID的记录！\r\n");`
64	`}`
65	`hash_db_deinit(&hash_students);`
66	`return 0;`
67	`}`

在这里,首先创建了一个哈希表,然后向其中添加了 100 个学生信息(以随机数的方式产生的),接着查找了 ID 对应的学生信息(这里的 ID 没有特别设置,即查找最后添加的学生记录),最后释放哈希表。

3.6 队列 ADT

3.6.1 建立抽象

队列可以简单地描述为:队列是一种特殊的容器,其限制插入位置在容器的尾部(队尾),删除位置在容器的头部(队头),是一种"先进先出"(First In - First Out,FIFO)的线性结构。例如,排队买票,人们从队尾加入队列,买完票后从队头离开(假定没有人插队),示意图详见图 3.28。其抽象定义如下:

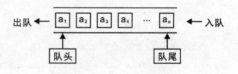

图 3.28 队列示意图

- 类型名:队列(Queue)。
- 类型属性:存储一系列项。
- 类型操作:从队尾添加项,从队头删除项,确定队列是否为空,确定队列是否已满,确定队列中的项数。

3.6.2 建立接口

接口是通过头文件向用户提供的。首先创建一个头文件,命名为 queue. h。在接口文件中,需要包含两部分内容:一是抽象类型 queueADT 的定义;二是声明各队列 ADT 的操作函数。

1. 定义抽象类型 queueADT

与栈类似,使用结构体类型来表示一个队列,在头文件中,只需要定义一个该结构体指针类型即可。结构体实际定义的细节、包含的具体成员无需在头文件中定义,交由具体实现完成对其的定义。定义抽象类型 queueADT 如下:

```
typedef struct queueCDT * queueADT;
```

2. 接口函数声明

(1)创建队列

在使用队列前,必须正确地创建一个队列,因此需要提供一个用于创建新的 queueADT 的函数。其函数原型如下:

```
queueADT newQueue(void);
```

后置条件:返回队列。

其调用形式如下:

```
queueADT queue;
queue = newQueue();
```

(2)销毁队列

在创建队列时,具体实现会根据实际情况分配队列相关的存储空间,如队列对象本身的存储空间、队列项的存储空间等。因此,当一个队列不再使用时,应该释放掉队列相关的内存空间,以销毁一个队列,销毁后的队列不再存在,无法继续使用。其函数原型如下:

```
void freeQueue(queueADT queue);
```

前置条件:queue 为之前创建的队列。

后置条件:释放队列相关的所有内存,队列被销毁,不再有效。

其调用形式如下:

```
freeQueue(queue);
```

(3)从队尾添加项(入队列)

用户通过该函数可以从队列尾部向队列中添加新元素。其函数原型如下:

```
bool inQueue(queueADT queue, int value);
```

前置条件:queue 为之前创建的队列,value 是待加入队尾的数据。

后置条件:如果队列不满,将 value 添加至队尾,该函数返回 true;否则,队列已满,队列保持不变,该函数返回 false。

其调用形式如下:

```
for(int i = 0; i < 16; i++){
    inQueue(queue, i);                    // 0 ~ 15 共计 16 个数据依次加入队列
```

（4）从队头移除项（出队列）

用户通过该函数可以从队列头部移除一个元素。其函数原型如下：

```
bool outQueue(queueADT queue, int * p_value);
```

前置条件：queue 为之前创建的队列，p_value 为指向存储"移出队列的值"的变量的指针。

后置条件：如果队列不空，将队头的值拷贝到 * p_value，同时删除当前队头，该函数返回 true；否则，队列为空，该函数返回 false。

其调用形式如下：

```
int temp;
outQueue(queue, &temp);
```

（5）判断队列是否为空

判断队列是否为空的函数原型如下：

```
bool queueIsEmpty(queueADT queue);
```

前置条件：queue 为之前创建的队列。

后置条件：如果队列为空，则返回 true；否则，返回 false。

其调用形式如下：

```
queueIsEmpty(queue);
```

（6）判断队列是否已满

判断队列是否已满的函数原型如下：

```
bool queueIsFull(queueADT queue);
```

前置条件：queue 为之前创建的队列。

后置条件：如果队列为空，则返回 true；否则，返回 false。

其调用形式如下：

```
queueIsFull(queue);
```

（7）确定队列中元素的个数

确定栈中元素的个数的函数原型如下：

```
size_t getQueueLength(queueADT queue);
```

前置条件：queue 为之前创建的队列。

后置条件：返回队列中元素的个数。

其调用形式如下：

```
size_t  num = getQueueLength(queue);
```

为了便于阅读，如程序清单 3.70 所示展示了抽象队列接口。

程序清单 3.70 抽象队列接口(queue.h)

```
1    # pragma once
2    # include <stdbool.h>
3    # include <stddef.h>
4
5    typedef int queueElementT;
6    typedef struct queueCDT * queueADT;
7
8    queueADT newQueue(void);
9    void freeQueue(queueADT queue);
10   bool inQueue(queueADT queue, queueElementT value);
11   bool outQueue(queueADT queue, queueElementT * p_alue);
12   bool queueIsEmpty(queueADT queue);
13   bool queueIsFull(queueADT queue);
14   size_t getQueueLength(queueADT queue);
```

3.6.3 实现与使用接口

在实现队列之前，首先需要确定使用何种数据存储结构。一般来说，可以使用地址连续的内存空间存储数据。例如，可以使用数组或动态分配一段内存空间；也可以使用地址非连续的链表结构存储数据。

1. 顺序队列

在实现队列之前，先来分析一下顺序队列的原理。顺序队列采用连续的内存空间，假定使用 front 和 rear 两个变量来分别表示队头和队尾的位置，初始时，队列为空，队头和队尾都在为 0，详见图 3.29(a)。

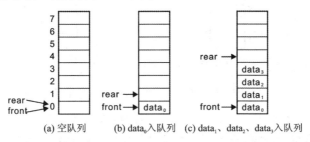

(a) 空队列　　(b) $data_0$ 入队列　(c) $data_1$、$data_2$、$data_3$ 入队列

图 3.29　队列示意图——入队列

当从队尾增加数据时，rear 增大向后移动，如 $data_0$ 入队列后，示意图详见图 3.29(b)，此时，队头 front 保持不变，队尾 rear 增加 1，继续入队列，$data_1$、$data_2$、 data$_3$ 入队列后的示意图详见图 3.29(c)。

当从队头移除数据时,如移除 data$_0$ 后,队头 front 指向的数据必须更新为 data$_1$,这就有两种方式:一是 front 保持不动,将所有数据向前移动一格,如图 3.30(a) 所示;二是数据保持不动,front 增加 1,使其指向 data$_1$,如图 3.30(b)所示。 显然,将所有数据向前移动一格存在大量的数据拷贝,队列中数据越多,数据复制操作就越多,效率也就越低,而将 front 的值加 1 是非常简单快捷的,因此一般来说都是选择第二种处理方式。

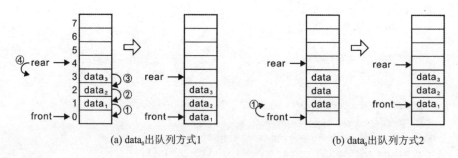

(a) data$_0$出队列方式1   (b) data$_0$出队列方式2

图 3.30 队列示意图——出队列

按照方式 2,继续将 data$_1$、data$_2$、data$_3$ 出队列,示意图详见图 3.31(a),此时,队列中不存在任何有效数据,rear 与 front 相等,队列为空。

若继续进行数据入队列操作,则 data$_4$、data$_5$、data$_6$、data$_7$ 依次进入队列后的示意图详见图 3.31(b)。 由于队列元素已经存储至最高地址的存储空间,rear 已经指向了无效的地址,这种状态时,不能再简单地按照之前的方式,继续向队尾添加数据,否则会因为数组越界而导致程序异常。

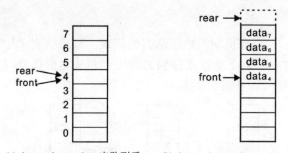

(a) data$_1$、data$_2$、data$_3$出队列后   (b) data$_4$、data$_5$、data$_6$、data$_7$、入队列后

图 3.31 继续进行出队列、入队列操作

那么,在图 3.31(b)所示的情况下,就不能再添加新元素了吗? 显然,此时还有一半的空间没有填充数据,一个将空闲空间利用起来的巧妙方法是:当 rear 或 front 的值超过最大值后,自动回滚到 0。 在图 3.31(b)中,rear 已经超过了最大地址,因此,将其回滚到 0,详见图 3.32(a),即在逻辑上,将顺序队列视为一个环状的空间,详

见图 3.32(b)。入队列后,不再是简单地将 rear 值加 1,而是当加 1 后,判断是否超过了最大地址空间,若超过了,则重新将 rear 的值设置为 0。

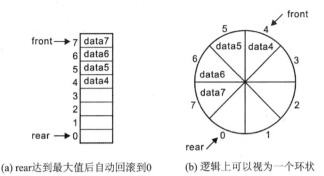

(a) rear达到最大值后自动回滚到0   (b) 逻辑上可以视为一个环状

图 3.32   循环队列

将存储空间视为一个环状后,将更加方便地理解入队列和出队列操作。入队列时,仅需将数据存储值 rear 指向的空间中,存储完毕后,将 rear 的值更新为指向下一个存储单元。出队列时,将 front 指向的空间中的数据取出,并将 front 的值更新为指向下一个存储单元。

特别地,当 front 与 rear 相等时,表示队列为空,无法进行出队列操作,与之对应的,什么时候队列视为已满呢?在图 3.32(b) 的基础上,继续将 data8、data9、data10、data11 加入队列,使所有空闲单元都存储数据,可以看到加入各个数据后的示意图详见图 3.33。

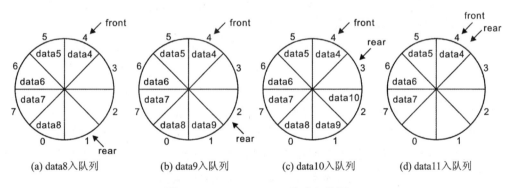

(a) data8入队列   (b) data9入队列   (c) data10入队列   (d) data11入队列

图 3.33   data8～data11 依次入队列

当 data11 加入队列后,所有存储单元都存储了数据,此时队列已满,可以看到,当前的 front 与 rear 相等,而队列为空时,front 与 rear 也相等。由此可见,只凭 front 与 rear 是否相等,无法判断队列是"满"还是"空"。如何解决呢?最简单的方法是增加一个标志,当数据入队列后,出现 front 与 rear 相等时,设置该标志为 1,以标志当前是"满"状态。而还有一种巧妙的方法,就是实际少用一个存储单元,当 front 在 rear 的下一位置时,即图 3.33(c) 所示状态,就视为队列已满,不再允许新元素加入队列,这种方法的优点是无需增加额外标志,只是将判定队列是否已满的方式修改一下,但其缺点也是很明显的,会浪费一个数据的存储空间。实际上,额外增加标志时,增加的标志也同样需要占用内存空间。

至此,分析了入队列、出队列、判定队列是否为空、判定队列是否为满的实现方法,还剩下最后一个操作没有提及,即确定队列中元素的个数。

而本质上求取元素个数非常简单,只需要将队尾值 rear 减去队头值 front 即可,得到的差值即表示队头与队尾之间的数据个数。但需要考虑特殊情况,因为在循环队列中,队尾的值可能小于队头的值,如图 3.33(a)、(b)、(c)所示。此时,它们的差值即为负值,如在图 3.33(a)中,rear = 1,front = 4,它们的差值为 -3,而实际元素的个数为 5。可见,当值为负数时,只需要将其加上存储空间的大小(示例中为 8)即可。

上面分析了循环队列的原理,接下来使用程序来实现队列的各个接口,将实现代码全部存放在 queue.c 文件中。在建立接口时,首先在头文件中定义了抽象队列的类型为:

```
typedef struct queueCDT * queueADT;
```

这里的结构体类型 struct queueCDT 只有声明,还没有具体的定义。因此,无论何种实现方式,都需要先实现 struct queueCDT 类型的定义。

假定使用的连续空间通过 malloc 动态分配得到,则在结构体中需要包含一个指向连续空间首地址的指针,以便使用这片内存空间。此外,在上面原理的分析中,需要使用 front 和 rear 分别表示队头和队尾的位置,因此队列结构体中需要包含这两个成员,定义队列结构体类型为:

```
struct queueCDT {
    int  * data;
    int    front;
    int    rear;
};
```

理解了队列各种操作的原理后,则实现起来就较为容易了,详见程序清单 3.71。

程序清单 3.71 顺序队列的实现(queue.c)

```
1    # include "queue.h"
2    # include <malloc.h>
3
4    # define MAXQSIZE 100
5    struct queueCDT{
6        queueElementT * data;
7        int            front;
8        int            rear;
9    };
```

```
10
11    queueADT newQueue(void)
12    {
13        queueADT queue;
14        queue = (queueADT)malloc(sizeof(struct queueCDT));
15        queue -> data   = (queueElementT * ) malloc (MAXQSIZE * sizeof (queueEle-
          mentT));
16        queue ->front = 0;
17        queue ->rear   = 0;
18        return queue;
19    }
20
21    void freeQueue(queueADT queue)
22    {
23        free(queue ->data);
24        free(queue);
25    }
26
27    bool inQueue(queueADT queue, queueElementT value)
28    {
29        if(queueIsFull(queue)) {
30            return false;
31        }
32        queue ->data[queue ->rear] = value;
33        queue ->rear = (queue ->rear + 1) % MAXQSIZE;
34        return true;
35    }
36
37    bool outQueue(queueADT queue, queueElementT * p_value)
38    {
39        if(queueIsEmpty(queue)) {
40            return false;
41        }
42        * p_value = queue ->data[queue ->front];
43        queue ->front = (queue ->front + 1) % MAXQSIZE;
44        return true;
45    }
46
47    bool queueIsEmpty(queueADT queue)
48    {
49        return (queue ->rear == queue ->front);
```

```
50      }
51
52      bool queueIsFull(queueADT queue)
53      {
54          return ((queue ->rear + 1) % MAXQSIZE == queue ->front);
55      }
56
57      size_t getQueueLength(queueADT queue)
58      {
59          return (queue ->rear   queue ->front + MAXQSIZE) % MAXQSIZE;
60      }
```

在 getQueueLength( )函数的实现中,巧妙地避免了使用 if 语句判断 rear 和 front 的差值是否为负值,差值无论正负,都加上了 MAXQSIZE(队列的容量大小)。此时,若差值为负值,则可以得到正确的结果;若差值为正值,则结果会恰好多出 MAXQSIZE,因此最后需要将结果对 MAXQSIZE 取余,以丢弃可能多出的 MAXQ-SIZE,确保了结果的正确性。

2. 链队列

在链队列中,各个数据的存储空间可以不连续,基于链表的队列(假定数据域为 int 类型)示意图详见图 3.34。

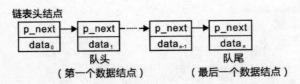

图 3.34　链队列示意图

需要注意的是,链表头结点代表的是链表头,它是为了方便添加结点操作而定义的,不携带有效的应用数据。其后的结点才是有效结点,因此队头是第一个有效的数据结点,队尾是最后一个有效的数据结点。

入队列即将新元素添加至链表尾部,出队列就是移除第一个数据结点。这些操作在链表程序中都已经有相应的接口。因此基于之前的链表程序,实现链队列非常容易。在队列结构体中,仅需包含链表头结点,无需 front、rear 等成员。定义队列结构体类型为:

```
struct queueCDT{
    slist_head_t  list_head;                        /* 链表头结点  */
};
```

若队列中各个结点的数据类型为 int 类型,则对应的链表结点类型为:

```
typedef struct _queue_node_t{
    slist_node_t          node;
    int                   data;
} queue_node_t;
```

如程序清单 3.72 所示为一种链队列的实现范例。

程序清单 3.72   链队列的实现(queue_list.c)

```
1     # include "queue.h"
2     # include <malloc.h>
3     # include "slist.h"
4
5     # define MAXQSIZE 100
6     struct queueCDT {
7         slist_head_t  list_head;              /* 链表头结点  */
8     };
9
10    typedef struct _queue_node_t{
11        slist_node_t          node;
12        queueElementT         data;
13    } queue_node_t;
14
15    queueADT newQueue(void)
16    {
17        queueADT queue;
18        queue = (queueADT)malloc(sizeof(struct queueCDT));
19        slist_init(&queue ->list_head);
20        return queue;
21    }
22
23    void freeQueue(queueADT queue)
24    {
25        while (! queueIsEmpty(queue)){
26            slist_node_t * p_node = slist_begin_get(&queue ->list_head);
27            slist_del(&queue ->list_head, p_node);
28            free(p_node);
29        }
30        free(queue);
31    }
32
33    bool inQueue(queueADT queue, queueElementT value)
34    {
```

```
35        if(queueIsFull(queue)) {
36            return false;
37        }
38        queue_node_t * p_node = (queue_node_t *)malloc(sizeof(queue_node_t));
39        p_node ->data = value;
40        slist_add_tail(&queue ->list_head, &(p_node ->node));
41        return true;
42    }
43
44    bool outQueue(queueADT queue, queueElementT * p_value)
45    {
46        if(queueIsEmpty(queue)) {
47            return false;
48        }
49        slist_node_t * p_node = slist_begin_get(&queue ->list_head);
50         * p_value = ((queue_node_t * )p_node) ->data;
51        slist_del(&queue ->list_head, p_node);
52        free(p_node);
53        return true;
54    }
55
56    bool queueIsEmpty(queueADT queue)
57    {
58        return (slist_begin_get(&queue ->list_head) == slist_end_get(&queue ->list
       _head));
59    }
60
61    bool queueIsFull(queueADT queue)
62    {
63        /* 链队列不会满 */
64        return false;
65    }
66
67    static int _numElems_node(void * p_arg, slist_node_t * p_node)
68    {
69        ( * (size_t * )p_arg) ++ ;
70        return 0;
71    }
72
73    size_t getQueueLength(queueADT queue)
74    {
75        size_t count = 0;
76        slist_foreach(&queue ->list_head, _numElems_node, &count);
77        return count;
78    }
```

对于大多数操作而言,链表都已经提供了相应的接口,因此入队列、出队列、判断满或空都非常容易。稍微复杂一点的是得到队列中的元素个数,它需要遍历整个链表,每遍历到一个结点时,都将计数器 count 的值加 1(count 的地址通过遍历函数的 p_arg 参数传递),遍历结束后,计数器的值即为队列中的元素个数。

在入队列函数的实现中,每次都需要将新的结点添加至链表尾部,而对于单向链表,直接将结点添加至链表尾部的效率是非常低的,每次都需要从头开始遍历,直到找到最后一个结点,才能执行实际的添加操作。如何解决这个问题呢? 最简单的办法是使用双向链表,但双向链表需要占用更多内存,同时,在队列的实现中,并不需要双向链表那么灵活,不需要随意地寻找上一个结点,显然,这里使用双向链表有点"小题大做"了。把握到一个核心的问题,就是需要将新结点添加至链表尾部,如果使用一个指针 p_rear 来指向尾结点,那么,添加结点至链表尾部时,可以直接将结点添加至 p_rear 指向的结点后面,无需再从头开始遍历链表,即"slist_add (p_head, p_rear, p_node);"。

添加结束后,新的 p_node 结点为新的尾结点,因此需要更新 p_rear 的值,使其指向新的尾结点,即"p_rear = p_node;"。p_rear 可以作为队列结构体的一个成员,以便使用。读者可以按照这种方式,自行尝试修改入队列函数,提升入队列的效率。

对于使用者来讲,无须关心队列的具体实现方式。只要正确把握接口的使用方法(前置条件和后置条件),就可以编写使用队列的应用程序。将整数入队列,再出队列的范例程序详见程序清单 3.73。

程序清单 3.73　使用队列接口的范例程序

```
1    # include <stdio.h>
2    # include "queue.h"
3
4    int main(int argc, int * argv[])
5    {
6        queueADT queue;
7        int temp, i;
8
9        queue = newQueue();
10       for(i = 0; i < 16; i++) {
11           inQueue(queue, i);
12       }
13       printf("The length is % d\n", (int)getQueueLength(queue));
14       while (! queueIsEmpty(queue)) {
15           outQueue(queue, &temp);
16           printf(" % d ", temp);
17       }
18       freeQueue(queue);
19       return 0;
20   }
```

第 **4** 章

面向对象编程

📖 **本章导读**

面向过程编程(Process – Oriented Programming,POP)是一种以过程为中心的编程思想,以正在发生的事件为主要目标,指导开发者利用算法作为基本构建块构建复杂系统。

面向对象编程 OOP(Object – Oriented Programming,OOP)是利用类和对象作为基本构建块,指导开发者探索基于对象和面向对象编程语言的表现力。因此分解系统时,要么从算法开始,要么从对象开始,然后利用得到的结构作为框架构建系统。

4.1 OO 思想

4.1.1 职责转移

1. 人脑的限制

由于受到电脑的信息处理功能的影响,20 世纪 60 年代初产生了以信息处理论为基础的认知心理学。美国心理学家乔治·米勒在信息记忆上的研究成就,为新兴的认知心理学提供了理论依据。

虽然当时的心理学家已将信息处理的历程,大致区分为感官记忆(2 s 以下)、短时记忆(15 s 以下)与长时记忆,但短时记忆的性质及其重要性,则是在乔治·米勒1956 年发表的研究报告《神奇的数字 7 +/– 2,我们信息加工能力的局限》之后,才被确定的,即米勒魔术——人类只能记住和处理 7 加或减 2 项内容。

后来的证据表明,基数可能少到 3 或 4,这个数字代表大脑"暂存器"解决问题时所能保存的信息容量。无论实际数目是多少,如果要求普通人同时考虑大约 15 件事情,实际上最多只能记住和处理其中 9 件甚至更少。

如果要求处理的事情更多,一次只有几件可以同时处理,其他的会被快速切入或切出暂存器。想一想去商店采购 15 件东西,如果没有一份购物清单,你很可能漏掉东西或买回来的东西数量不正确。同样的道理,如果需求列表或产品清单中的事项成千上万,那么你的大脑根本没办法处理这么复杂的事情,除非将它分解成更小的结构化分组。

2. 核心域和非核心域

一个软件系统封装了若干领域的知识,其中一个领域知识代表了系统的核心竞争力,这个领域被称为"核心域",其他领域称为"非核心域"。虽然更通俗的说法是"业务"和"技术",但使用"核心域"和"非核心域"更严谨。

非核心域就是别人的领域,如底层驱动、操作系统和组件,即便自己有一些优势,那也是暂时的,竞争对手也能通过其他渠道获得。非核心域的改进是必要的,但不充分,还是要在核心域上深入挖掘,让竞争对手无法轻易从第三方获得。因为在核心域上深入挖掘,达到基于核心域的复用,这是获得和保持竞争力的根本手段。

要达到基于核心域的复用,有必要将核心域和非核心域分开考虑。因为人脑的容量是有限的,而过早地将各个领域的知识混杂,会增加不必要的负担,从而导致开发人员腾不出脑力思考核心域中更深刻的问题。

正因为人脑的容量和运算能力有限,待解决的问题的规模一旦变大,就必须分而治之,因为核心域与非核心域的知识都是独立的。例如,一个计算器要做到没有漏洞,其中的问题也很复杂。如果不使用状态图对领域逻辑显式地建模,再根据模型映射到实现,而是直接下手编程,领域逻辑的知识靠临时去想,最终得到的代码肯定破绽百出。其实有利润的系统,其内部都是很复杂的,千万不要幼稚地认为"我的系统不复杂"。

3. 职责转移

在面向过程编程时,由于主程序承担的责任太多,要确保一切正确工作,还要协调各个函数并控制它们的先后顺序,因此经常会产生非常复杂的代码。很多时候变化是不可避免的,而功能分解法却又无法应对可能出现的变化。一旦修改代码,则bug越来越多。更重要的是,由于人类的大脑无法做太多复杂的处理,记忆力和理解力也是有限的。因此面对复杂的软件开发时,主程序不能做太多的事情,必须通过"分离关注点"进行职转移责。

假设要乘出租车去机场,一种方式是告诉司机,按照"启动、右转、左转、停止"等单独的接口去机场。这种方式需要乘客对自己的行为负责,乘客知道每个城市去机场的路线。

既然用户的需求总是在变化之中,我们将无法阻止变化。与其抱怨变化,不如改变开发过程,从而更有效地应对变化,面向对象编程就是这样作为对抗软件复杂性的手段出现的。

在面向对象编程时,另一种方式是告诉司机,"请拉我去机场"。尽管具体实现在广州、北京或上海等不同城市中是不同的,但在任何城市都可以这么说。因为司机知道怎么去机场,司机对自己的行为负责,乘客信任司机知道如何执行,这就是职责转移,显然这种方法比功能分解法要容易得多。

由于每个对象都对自己的行为负责,因此必须有方法告诉对象要做什么。而方法都被标识为能够被其他对象调用,这些方法的集合被称为对象的公开接口。其形象地比喻为,"将软件对象看成具有某种职责的人,他要与其他人协作完成工作。"

4.1.2　OO 机制

面向对象的编程是由类(class)这种结构实现的,C++语言类的概念是对 C 语言结构概念的扩展。因此表面上看起来这些特征与面向对象编程语言有很大的关联,但实际上能用任何一种语言实现。不管实现语言如何,任何大的软件系统都会以某种形式使用抽象、继承或多态性。

1.　封　装

封装是 OO 方法中的一个重要原则,其含义是将封装视为任何形式的隐藏,对外形成一个边界,只暴露有限的对外接口使之与外部发生联系。封装不仅仅是将对象的全部属性和全部操作结合在一起,形成一个不可分割的独立单位(对象),而是发现变化将其封装。

抽象是实现封装的分析工具,抽象可以使我们专注于应用程序最本质的方面,同时忽略细节。在确定如何实现功能之前,先关注对象是什么? 做了什么? 更具体地,抽象是总结一类对象的共同特征创建类的过程,包括数据抽象和行为抽象。

数据抽象是数据和处理方法的结合,即封装数据和函数到类中的能力,因此又将数据抽象称为信息隐藏或封装,信息隐藏是一种软件设计思想。由于不必知道内部结构,因此可以将数据当作黑盒子来操作。即使将来数据结构发生变化,对外部也没有影响。从而避免程序的各个组成部分过于相互依赖,否则很小的变化也会引起巨大的连锁反应。

在结构化的设计中,通常将代码封装到函数和模块中。因此封装不是 OO 语言所特有的,但它能将数据结构和行为组织在一个实体中,其主要目的是为使用代码的程序员提供一致的接口,这是面向对象编程的突出特点。尽管如此,面向对象和结构化的代码并不是互斥的,实际上不用结构化代码将无法创建对象。因此在构建面向对象的系统时,在设计中依然离不开结构化的技术。

2.　继　承

虽然结构化程序设计通过编写一个功能块实现重用,但面向对象程序设计实现代码重用的方法是允许定义类之间的关系的。而继承是实现该功能的主要手段,它将不同代码中相同的部分提取出来,即抽取不同类的共同属性和行为创建全新的类,实现代码最大限度地重用。

利用类和继承这两个特性,高效地将抽象数据通过类封装起来,即通过类将同一类对象管理起来。因此可以说,类是将数据黑盒子化的工具,而继承可以从其他类继承属性,只需扩展实现或对实现稍作改进,即可支持软件重用。

在经典的 Shape(形状)示例中,Circle(圆形)、Square(矩形)和 Star(星形)都直接继承自 Shape,这种关系通常被称为 is-a 关系。因为圆是一种形状,矩形也是一种形状,星形也是一种形状,即 Circle、Square 和 Star 都是 Shape 的扩展。当子类继承自父类时,任何父类能做的事情子类都可以做。

3. 多态性

当要求某人画一个形状 Shape 时,实际上没有人能完成这个任务。因为形状是一个抽象的概念,所以 Shape 无法提供绘制代码,必须指定一个具体的形状。有了具体形状,就可以为各种具体形状实现各自的绘图代码。

显然,无论画什么形状,其共性是 Draw 画图方法,每种形状都可以通过函数指针调用各自的绘图代码绘制自己,这就是多态的意义,即多态允许用相同的方法(代码)在运行中,根据对象的类型调用不同的处理函数。

4. 组　合

组合是指在类中包含一个对象,且该对象是其他类的实例,开发者将责任委托给所包含的对象完成。组合有两种方式:聚合和组合,这些方式表示了对象之间的协作关系。

聚合就是"可聚可散"的意思,被包含的对象如同一个集合。聚合关系是整体与部分的关系,且部分可以离开整体而单独存在。虽然汽车和发动机是整体和部分的关系,但发动机离开汽车仍然可以存在,所以汽车和发动机是聚合关系。

虽然组合关系也是某种形式的整体和部分的聚合,但部分不能离开整体而单独存在,部分对象与整体对象之间具有同生共死的关系。在组合关系中,部分是整体的一部分,且整体可以控制部分的生命周期,即部分的存在依赖于整体。

虽然花瓣不是一种花,但它是花的一部分,因此它们之间存在一种真正的 has-a 组合关系,不存在父子关系。同样,头部是由眼睛、嘴巴、鼻子和耳朵等组合而成的,如果头部不存在,那么这些部件都不能单独存在。

4.1.3　OO 收益

耦合性与内聚性是相辅相成的关系,内聚性描述的是一个模块内部组成部分之间相互联系的紧密程度,而耦合性描述的是一个模块与其他模块之间联系的紧密程度。由此可见,无论使用哪种方法,软件开发的目标是创建符合"高内聚、低耦合"这样的模块。也就是说,每个模块尽可能独立完成某个特定的功能。

如果模块之间做到了低耦合,那么修改一个模块就不需要修改另一个模块。使用模块化最重要的一点是,能够独立修改单个模块,而不需要修改系统的其他模块。一个典型的错误是,使用紧耦合的方式做模块之间的集成,从而使得一个模块的修改会导致其消费者的修改。一个低耦合的模块应该尽可能少地知道与之协作的那些模块的信息,即应该限制两个模块之间不同调用形式的数量,因为除了潜在的性能问题之外,过度的通信可能会导致紧耦合。

内聚性用于评估一个组件(包、模块或配件)中成员的功能相关性,内聚程度高表明各个成员共同完成了一个功能特性或一组功能特性,内聚程度低表明各个成员提供的功能互不相干。如果一个类的方法和属性共同完成了一个功能或一系列紧密相关的功能,则这个类就是内聚的。假设有一个这样的类,实现了 3 种完全不同的功能。如果这 3 个功能的需求细节发生了变化,这个类也必须跟着改变,从而导致更多的开发和维护成本。因此高内聚就是将相关的行为聚集在一起,而将不相关的行为放在别处。这样做的好处是,如果要修改某个行为,则只在一个地方修改,即可尽快发布。

4.2 类与对象

亚里士多德可能是第一个研究类型概念的人,他提到了“鱼类和鸟类”。将具有共同的行为和特征的所有对象归为一个类的思想,在第一个面向对象语言 Simula-67 中得到了直接应用,其目的是解决模拟问题。例如,银行的出纳业务,包括出纳部门、顾客、业务、货币的单位等大量的对象,将具有相同数据结构(属性)和行为(操作)的对象归在一起为一个类,属于类的任何对象都共享该类的所有属性,这就是类的来源。

创建抽象数据类型是 OOP 的基本思想,几乎能像完全内建类型一样使用。程序员可以创建类型的变量和操作这些变量。每个类的成员都有共性,每个账户有余额,每个出纳员都能接收存款等。同时每个成员都有自己的状态,每个账户有不同的余额,每个出纳员都有名字。通常在计算机中出纳员、客户、账户和交易等都被描述为唯一的实体,这个实体就是对象,每个对象都属于一个定义了它的行为和特性的特定类。

由此可见,类和类的对象不是相同的概念,与图纸和建筑的关系类似,对象的描述依赖于描述它的类。因此,可以通过创建类的实例创建对象,即定义类的变量,这个过程叫做实例化。

4.2.1 对 象

从人类认知的抽象角度来看,对象可以是下列事物之一:
- 一个可以触摸或可以看见的东西;
- 在智力上可以理解的东西;
- 可以指导思考或行动的东西。

显而易见,一个对象反映了某一部分的真实存在,因此对象是在时间和空间中存在的某种东西。软件中的“对象”术语首先出现在 Simula 语言中,对象存在于 Simula 程序中,用于模拟现实世界的某个方面。

某些对象可能有明确的概念边界,但代表的是不可触摸的事件或过程。例如,一个立方体和一个球相交,它们的相交线是一条不规则的曲线。虽然它离开了球体或立方体就不存在了,但这条线仍然是一个对象,因为它有明确定义的概念边界。

某些对象可能是可触摸的,但物理边界不太清晰。例如,河流、雾和人群等就属于这种类型的对象。虽然类似于美和色彩这样的属性不是对象,爱和恨这样的感情也不是对象,但这些东西有可能成为其他对象的属性,例如,一个男人(一个对象)爱他的妻子(另一个对象),或者说某只猫(又一个对象)是灰色的。由此可见,属性表示对象记忆的信息,且只能通过对象的操作来访问和修改。

当传统的过程模块或函数返回调用者时,不会带来任何副作用,模块运行结束,只将其结果返回。当同一模块再次被调用时,就像是第一次诞生一样。模块对以前的存在没有任何记忆,就像人类对以前的存在一无所知一样。

就对象而言,对象的一个重要特征是它们充当数据的容器,因此对象具有记忆功能,对象知道它的过去,通常也将包含在对象属性中的数据值称为对象的状态。当一个对象的调用者给该对象一个信息后,如果该调用者或其他调用者要求该对象再次提供这一信息,则该对象执行结束后并没有死,因此对象具有如何保持其状态(状态即对象拥有值的集合)的能力。

假设你在看一个人,肯定会将这个人当作一个对象。显然,每个人都有数据,如 name、birthdate 和 weight 等;一个人还有行为,如走路、说话和呼吸等,因此可以说对象是由“数据和行为”构成的。在现实世界里,由于每个对象的状态不一样,因此可以用存储在一个对象中的数据表示对象的状态,数据包含了能够区分不同对象的信息。

在 OO 程序设计中,每个对象都有唯一的标识,标识是一个对象的属性,用于区分这个对象与其他所有对象。而这个唯一的标识可以通过句柄机制提供,因此可以借助这个句柄引用对象。不同的语言实现句柄的方式不一样,如地址、数组下标或人为编号。

在现实世界中一些对象有对等物,如 ZLG 公司;另一些对象则是概念实体,如解一元一次方程;还有一些其他的对象,如栈、数组变量名 a,都是为了实现而引入的,没有对应的物理实体。

许多开发人员可能会认为“一个包含了另一个对象的对象”,其本质上与“一个具有纯数据成员的对象”是完全不同的,但是那些看起来不是对象的数据成员实际上也是对象,如整数和双精度数。在真正的面向对象的语言中,万事万物都是对象,甚至内置数据也是对象,即使其行为只是运算。

由此可见,虽然对象是具有明确定义的边界的东西,但还不足以区分不同的对象。因为同一个类的每个对象具有不同的句柄,在任何特定时刻,每个对象可能有不同的状态(指存储在变量中不同的“值”),因此对象是一个具有状态、行为和标识的实体。

对象又分持久对象和主动对象。持久对象是指生存期可以超越程序的执行时间,而长期存在的且所有的操作都是被动执行的对象。在主动对象概念出现之前,人们所理解的对象概念只是被动对象,即对象的每个操作都是被动地响应从外部发来的消息才可以执行。

在开发一个具有多任务并发执行的系统时,如果仅有被动对象的概念,则很难描述系统中的多个任务。其实并发不仅仅存在于操作系统中,如今多个任务并发可以说无处不在。每个任务在实现时应该成为一个可以并发执行的主动程序单位,那么如何描述呢?

如果用被动对象将无法描述那些不接收任何消息也要主动工作的对象,如交通灯控制系统中的信号灯、温控器中的传感器,它们的行为都是主动发起的,即主动对象至少有一个操作不需要接收消息就能主动执行的对象。

尽管发现对象的活动是从具体事物出发分析和认识问题的,但人们在进行这种活动时实际上并不局限于对个别事物的认识,而是寻找一类事物的共同特征,将对象抽象为类。

4.2.2 类

类的概念早在柏拉图之前就出现了,面向对象编程就像柏拉图之后的西方哲学家一样延续了这种思维。类的概念与对象的概念是紧密交织在一起的,因为在讨论一个对象时不得不提到它的类,但是这两个术语又存在重要的差别。对象是存在于时间和空间中的具体实体,而类仅代表一种抽象,因此可以说 Validator 类代表了所有校验器的共同特征。要确定这个类中某个具体的校验器,则必须说"范围值校验器"或"奇偶校验器"。

在面向对象分析与设计的上下文中,将类定义为——类是对现实世界中事物的描述,类描述了拥有相同属性、行为和关系类别的一组对象,一个对象就是类的一个实例,因此没有共同的属性和行为的对象不能划分为一个类。例如,一个相当高层的抽象,一个 GUI 框架,一个数据库和整个系统在概念上都是独立的对象,因此不能将它们表示为一个单独的类。相反,应该将这些抽象表示为一组类,通过这些类的实例互相协作,提供我们期望的功能。

通常将这样的一组类称为一个组件,而组件是预先创建好的程序模块,可与其他模块一起构成一个程序。通常组件以二进制形式发布,其实现对使用者来说是隐藏的。如果组件设计良好,使用者甚至不需要知道这个组件是使用什么语言编写的。但组件必须至少暴露一个接口才能使用,通常组件会暴露有多个接口。从使用者的角度来看,一个组件是一些前端接口的后端服务者,程序员通过组件接口所暴露的函数操作该组件。由此可见,组件扩展了面向对象中对象作为服务提供者通过高层接口提供服务的概念。

在现实世界里,饼干也是对象,必须先有模子(类),才能做出想要的形状的饼干,因此可以认为类是对象的模板。例如,只有符合一定条件的数值才能 push 到栈中,那么 Validator 校验器类就是由 RangeValidator 范围值校验器类、OddEvenValidator 奇偶校验器类和 PrimerValidator 质数校验器类等具体校验器类的对象构成的一个集合体。属于类的任何对象都共享该类的所有属性,如所有的具体校验器都有这样的属性——校验参数。

在 OO 程序设计中,一个类就是一种抽象数据类型,用户也可以创建一个自己的类,而且可以将这个类当做数据类型使用。一旦有了类,就可以像使用普通的数据类型那样用类定义变量。如果定义了 RangeValidator 类,即可用它定义变量 rangeValidator。RangeValidator 类的变量 rangeValidator 可以拥有成员变量或域,代表不同校验器的属性或特性,通常将这些成员变量称为数据成员。

(1) 值和属性

值是一段数据,属性描述了类的每个对象都拥有的一个值,可以这样类比——对象之于类如同值之于属性。例如,name、birthdate 和 weight 都是 Person 对象的属性,color、modelYear 和 weight 都是 Car 对象的属性。对于每个对象,每个属性都有一个值,如对象 ZhangSan 的属性 birthdate 的值是"21 October 1983",也就是说,ZhangSan 生于 1983 年 10 月 21 日。对于一个特定的属性,不同的对象可能会有相同或不同的取值。在一个类中,虽然每个属性的名称都是唯一的,但在所有的类中不一定是唯一的,如类 Person 和类 Car 都可能有一个名为 weight 的属性。

下面介绍一种通过属性详细描述类的 UML 建模语言,一种用于可视化表示、指定、构造和描述软件密集系统中部件的图形化语言,它提供了一种以图形化方式表示和管理面向对象软件系统的方法。它不仅是系统设计的表示,而且是一种有助于完成系统设计的工具。类图定义了 3 个不同的部分,即类名、属性和方法,用于解释所构建的类。当用 UML 创建对象模型时,尽可能不要在类图中包含太多的信息,这样就能集中注意力于整体设计,而不会将重点放在细节上。

如图 4.1 所示展示了类建模表示法,显示了一个类(左图)和它所描述的对象(右图),对象 Zhang San 和 Li Ming 都是类 Person 的实例。对象的 UML 表示法是一个方框,方框里面是对象名后加冒号和类名,对象名和类名都有下划线,并约定用黑体字表示对象名和类名。类的 UML 表示法也是一个方框,也约定用黑体字表示类名,将名字放在方框的正中央,首字符大写,且用单数名词表示类名。类 Person 有属性 name 和 birthdate,name 是 string(字符串),birthdate 是 date(日期)。类 Person 中一个对象的名字取值是"Zhang San",生日取值是"21 October 1983";另一个对象的名字取值是"Li Ming",生日取值是"16 March 1950"。

UML 表示法会在框的第二格里列举属性,每个属性后面都可以有可选项,如类型和默认值。在类之前有一个冒号,在默认值之前有一个等号。约定以常规字体显示属性名,方框中的名称左对齐,首字母使用小写。在对象方框的第二格里,也可能会包含属性值,其表示法是列出每个属性名,之后跟着等号和取值,同样属性值也是

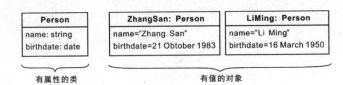

图 4.1　属性和值的 UML 表示法

左对齐,使用常规字体。虽然有些实现要求对象有唯一的标识符,但这些标识符在类模型中是隐含的,即不需要也不应该显式地将它们列举出来,如 PersonID:ID。因为大多数 OO 开发语言会自动生成标识符,可以使用这些标识符来引用对象;反之,则可能需要显式地列举出来,否则无法引用对象。但是不要将内部标识符和现实世界的属性混淆了,内部标识符纯粹是一种便于实现的做法,没有应用意义。相反,纳税人编号、汽车牌照号码和电话号码都不是内部标识符,因为它们在现实世界有真实的意义,属于合法的属性。

(2)操作与方法

操作是一个函数或过程,如 open 和 close,都是 Windows 类的操作,类中所有的对象都共享相同的操作,因此将对象能够做什么的行为称为操作,通常将相同的操作应用于许多不同的类称为多态。

方法是对操作的实现,其表现为 OOP 某个类的成员函数。例如,类 Validator有一个操作 validate,其校验过程是通过 validate 调用不同的函数实现的,如范围值校验和奇偶校验。虽然这些方法在逻辑上都执行相同的任务——数据校验,但是每种方法的实现代码会有所不同。

如图 4.2 所示,RangeValidator 类有 min 和 max 属性以及 validate 操作,min、max 和 validate 都是 RangeValidator 的特征。特征是描述属性或操作的类属词汇,类似地,Odd-EvenValidator 有 isEven 属性和 validate 操作。

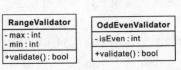

图 4.2　操作的 UML 表示法

注意:validate()省略了括号中的输入参数,即"validate(pThis:void *, value:int):bool"。validate 的一个参数是 pThis,其类型是 void *;它的另一个参数 value,其类型是 int。当一项操作在几个类上都有方法时,这些方法都要有相同的签名,即相同的参数数量和类型以及返回值的类型。

UML 的方框表示类,最多有三格,从上到下每个格里分别包含了类名、属性列表和操作列表。类方框中的属性和操作的框格可以选择显示或隐藏,缺少属性说明没有指定属性,缺少操作框说明没有指定操作。相反,空框格意味着属性是指定的,只是没有显示属性而已。

操作列表约定用常规字体列出操作名,左对齐,首字母小写。例如,参数列表和操作结果的类型,用括号将参数列表括起来,并用逗号分隔参数。结果类型之前有一个冒号,除非括号中空的参数列表明确表示没有参数,否则就不能下结论。

（3）客户和服务器模式

在 OOP 中,如果一个类公开了一些方法供其他类调用,那么这个类称为服务器,公开的这些方法称为服务,而调用这些服务的类就是客户。理论上,客户类调用服务器类的服务,即客户向服务器发送了一条消息。而客户和服务器的概念是相对而言的,当 A 类向 B 类提供功能接口时,则类 A 是服务器,B 类是客户;如果类 B 也同时为类 A 提供功能接口,则类 B 是服务器,类 A 是客户。

设计良好的服务器应该将其实现细节隐藏起来,客户仅需知道服务器提供的接口。接口就是客户所能调用的那些函数,这些函数将消息发给服务器,那么服务器就知道客户需要什么样的服务,服务器会返回一些数据给客户,或执行客户所需的任务等。

（4）消息传递和方法调用

在 OOP 中,类和对象表现为服务器,使用类和对象的模块表现为客户。客户通过特殊的方式请求服务。那么到底如何让对象为我们做有用的事情呢?必须有一种方法能向对象做出请求,使得它能做某件事情,如完成交易、在屏幕上画图或打开开关。可以向对象发出的请求是由它的接口定义的,而接口是由类型定义的。

虽然接口规定了我们能向特定的对象发出什么请求,但必须有代码满足这种请求,再加上隐藏的数据就组成了实现。类型对每个可能的请求都有一个相关的函数,当向对象发出请求时,就调用这个函数。这个过程被概括为向对象"发送消息"(提出请求),对象根据这个消息确定做什么(执行代码)。

对象之间的逻辑接口通过消息传递实现,消息是对对象之间通信的抽象。常见的消息传递方法是直接调用定义于接收方对象中的操作,如当对象 A 调用对象 B 的一个方法时,对象 A 就是在向对象 B 发送一个消息,对象 B 的响应由其返回值定义,但只有对象的公共方法才能由另一个对象调用。

使用消息传递可以实现松耦合,特别是在分析阶段,不用指定接口的细节,如同步、函数调用格式和超时等。当全面理解了所有的问题后,接下来就可以决定设计和实现的细节了。通常对象接口可以看成对象与外部世界之间制定的契约,契约是由一组协议定义的,对象参与到这些协议中。接口协议包括前置条件、后置条件和不变量。

前置条件是当该操作被调用时必须成立的条件。即在调用之前应该校验传入参数是否正确,只有正确才能执行该方法。也就是说,必须在消息发送或接收之前保证为真的条件,这是消息发送者的职责。一旦通过前置条件的校验方法必须执行,且必须保证执行结果符合契约,这就是后置条件。也就是说,后置条件是当该操作完成时必须成立的条件。即在处理消息时必须保证为真,这是消息接收者的职责。不变量是指在任何时刻都必须成立的条件,包括操作执行前、执行时和执行后。

(5) 属性抽象与行为抽象

OO 程序设计思想可以采用抽象的方法,对现实世界中的多个具体对象进行概括分析,得到这类对象所具有的共同属性和行为,加以描述就形成了类。虽然都是同一个类的对象,但每个对象的属性不同,于是就形成了不同的具体对象实体。

抽象一般分为属性抽象和行为抽象两种,属性抽象是寻找一类对象共有的属性,如在范围值校验器 RangeValidator 类中,使用整型变量 min 和 max 来描述 push 到栈中的数值范围,然后将 min 和 max 变量作为类的成员变量描述对象的属性,即"属性是包含在对象中的变量"。而行为抽象则是寻找这类对象所具有的共同行为特征,如对 push 到栈中的值进行范围值校验。同样,也可以为这个类添加相应的函数,最终将该函数作为类的成员函数描述对象的行为,即"方法是包含在对象中的函数"。

在面向过程的编程中,程序是由模块组成的,一个模块就是一个过程,通常采用自顶而下的设计方法。而面向对象的编程与设计着眼于解决面向过程的编程和自顶而下设计中出现的一些问题。由于在面向对象的编程中构成模块的基本单元是类,而不是过程,因此面向对象设计是面向对象编程的设计方法,它着重于类的设计,通过类的设计完成对实体的建模任务,类建模的目的是描述对象。

在面向过程的编程中,描述一个物体时,数据和方法是分开的。例如,当通过网络发送信息时,则只会发送相关的数据,并认为网络另一端的程序知道如何进行处理。也就是说,如果两者之间没有握手协议,则网络另一端的程序不知道如何处理。而对象可以定义为"同时包含"数据和行为的一个实例,即通过封装机制将数据和行为捆绑在一起,形成一个完整的、具有属性和行为的对象。又如,当通过网络传送对象时,则传送的是整个对象。因此使用 OO 技术的程序实际上就是多个对象的集合,这里的"同时包含"正是 OO 程序设计与面向过程程序设计方法的重要区别。

由此可见,以后在分析新的对象时,都要从属性和行为两个方面进行抽象和概括,提取对象的共同特征,而整个抽象过程是一个从具体到一般的过程。如果说抽象是将很多对象的共有特征提取出来成为类的成员属性和成员函数,那么封装机制则是将这些特征进行有机地结合形成一个完整的类。

4.2.3 封 装

类和对象既是独立的概念,又密切相关。每个对象都是某个类的一个实例,每个类都有 0 或多个实例。对于所有的应用来说,类几乎都是静态的。这就意味着,对象一旦被创建,它的类就确定了。

虽然最具挑战的是如何确定类和对象,但只要正确地使用面向对象分析(Object Oriented Analysis,OOA)和面向对象设计(Object Oriented Design,OOD),就能得到具有价值的领域模型和设计模型。OOA、OOD 与 OOP 到底是什么关系呢?OOA 的结果可以作为 OOD 开始的模型,OOD 的结果可以作为蓝图,利用 OOP 方法实现一个系统。

在 OOA 和 OOD 中,不需要考虑特定的语言机制,"关键是寻找并解决业务问题,完成概念分析和设计。在 OOA 和 OOD 的早期,开发者的主要任务有两项:

- 从需求的词汇表中确定类;
- 创建一些结构,让多组对象一起工作,提供满足需求的行为。

通常我们将这样的类和对象统称为问题域的关键抽象,即关键抽象反映了问题域的词汇表,可以从问题域中发现,也可以作为设计的一部分发明;将这些协作结构称为实现的机制,它考虑的是许多不同类型的对象之间的协作活动。

确定关键抽象包括两个过程:发现和发明,通过与领域专家(用户)交流,将会发现领域专家所使用的抽象。如果领域专家提及它,那么这个抽象通常是很重要的,如范围值校验器 RangeValidator。而发明就是创造新的类和对象的过程,虽然它们不一定是问题域的组成部分,但在设计或实现中也是很重要的,如微型数据库、链表、栈、队列等。这些关键抽象是具体设计的结果,不属于问题域。因此在设计过程中,开发者不仅需要考虑单个类的设计,还要考虑这些类的实例如何一起工作,并使用场景驱动分析过程。由此可见,关键抽象反映了业务领域的抽象,机制是设计的灵魂。

假设希望对 push 到栈中的值,既可以进行范围值校验,也可以进行偶校验。从面向对象的角度来看,首先要从问题的描述中发现对象,当找到对象后,接着开始通过共性和差异性分析这些对象所具有的属性和行为,然后利用面向对象的封装机制将其封装成类。

根据问题的描述,范围值校验器就是一个 RangeValidator 具体类,其属性是范围值校验参数 min 和 max,其行为就是将符合范围要求的数值 push 到栈中。因此,只要将 RangeValidator 的属性和行为作为成员封装到结构体中,就形成了 RangeValidator 类,这是面向过程编程的 C 语言程序员最容易想到,也最容易理解的方法。

为了支持这种风格,C 语言允许将方法作为某个结构体的一部分来声明,那么操作存储在结构体中的数据就很容易了,详见程序清单 4.1。

程序清单 4.1　范围值校验器类接口

```
1  typedef struct _RangeValidator{
2      bool ( * const RangeValidate )(struct _RangeValidator * pThis, int value);
3      const int min;
4      const int max;
5  }RangeValidator;
6
7  RangeValidator rangeValidator;
```

其中,类名字的首字母为大写,对象名字的首字母为小写。由此可见,通过扩展已有结构体的概念创造了一个全新的概念——类。类如同种类一样,定义一个类就是在创造一个新的数据类型。虽然声明一个类的变量如同声明一个结构体的变量一样,但声明一个类的变量称为对象,因此有了类即可声明一个 RangeValidator 类的对象 rangeValidator。通常也称 rangeValidator 对象是 RangeValidator 类的一个实例,就是创建类的一个实例的过程。

在进行范围值校验时,首先需要判断 value 值是否符合要求。validateRange()函数接口的实现详见程序清单 4.2。

程序清单 4.2 范围值校验器接口函数的实现

```
1    bool validateRange(RangeValidator * pThis, int value)
2    {
3        return pThis ->min <= value && value  <= pThis ->max;
4    }
```

偶校验器 OddEvenValidator 具体类和对象 oddEvenValidator 的定义详见程序清单 4.3。

程序清单 4.3 偶校验器类接口

```
1    typedef struct _OddEvenValidator{
2        bool ( * const OddEvenValidate )(struct _OddEvenValidator * pThis, int value);
3        bool isEven;
4    }OddEvenValidator;
5
6    OddEvenValidator oddEvenValidator;
```

在进行偶校验时,同样需要判断 value 值是否符合要求。validateOddEven()函数接口的实现详见程序清单 4.4。

程序清单 4.4 偶校验器接口函数的实现

```
1    bool validateOddEven(OddEvenValidator * pThis, int value)
2    {
3        return (! pThis ->isEven && (value % 2))||(pThis ->isEven && ! (value % 2));
4    }
```

显然,无论是什么校验器,其共性是 value 值合法性判断,因此可以共用一个函数指针,即特殊的函数指针类型 RangeValidate 和 OddEvenValidate 被泛化成了一般的函数指针类型 Validate。另外,由于每个函数都有一个指向当前对象的 pThis 指针,因此特殊的结构体类型 RangeValidator * 和 OddEvenValidator * 被泛化成了 void * 类型,即可接受任何类型的数据:

```
1    typedef bool( * const Validate)(void * pThis ,int value);
2    typedef struct{
3        Validate validate;
4        const int min;
5        const int max;
```

```
6        }RangeValidator;
7
8    typedef struct{
9        Validate validate;
10       bool isEven;
11   }OddEvenValidator;
```

校验器泛化接口的实现详见程序清单 4.5。

程序清单 4.5　通用校验器接口的实现(validator.c)

```
1    # include "validator.h"
2
3    bool validateRange(void * pThis, int value)
4    {
5        RangeValidator * pRangeValidator = (RangeValidator * )pThis;
6        return pRangeValidator ->min <= value && value <= pRangeValidator ->max;
7    }
8
9    bool validateOddEven(void  * pThis, int value)
10   {
11       OddEvenValidator * pOddEvenValidator = (OddEvenValidator * )pThis;
12       return (! pOddEvenValidator ->isEven && (value % 2))||
13           (pOddEvenValidator ->isEven && ! (value % 2));
14   }
```

为了便于阅读,程序清单 4.6 展示了范围值校验器和奇偶校验器的接口。

程序清单 4.6　通用校验器接口(validator.h)

```
1    # pragma once;
2    # include<stdbool.h>
3
4    typedef bool( * const Validate )(void * pThis, int value);
5    typedef struct{
6        Validate validate ;
7        const int min;
8        const int max;
9    }RangeValidator;
10
11   typedef struct{
12       Validate validate ;
13       bool isEven;
14   }OddEvenValidator;
15
```

```
16    bool validateRange(void * pThis, int value);

17    bool validateRange(void * pThis, int value);

18    # define newRangeValidator(min, max)      {(validateRange), (min), (max)}      //
初始化 RangeValidator

19    # define newOddEvenValidator(isEven) {{validateOddEven}, (isEven)}      // 初始化
OddEvenValidator
```

这个接口主要由所有的操作声明构成,这
些操作适用于这个类的所有对象,详见图4.3。

以范围值校验器为例,假设 min＝0,max＝
9,使用名为 newRangeValidator 的宏将结构体
初始化的使用方法如下:

图4.3　类　图

```
RangeValidator rangeValidator = newRangeValidator(0, 9);
```

注意:RangeValidator 类是在编译时定义的,而 rangeValidator 对象是在运行
时作为类的实例创建的。宏展开后如下:

```
RangeValidator rangeValidator = {{validateRange}, (0), (9)};
```

它相当于:

```
rangeValidator.validate = validateRange;
rangeValidator.min = 0;
rangeValidator.max = 9;
```

如果有以下定义:

```
void * pValidator = &rangeValidator;
```

即可通过 pValidator 引用 RangeValidator 的 min 和 max。校验函数的调用方
式如下:

```
(RangeValidator * )pValidator ->validate(pValidator, 8);
```

以上调用形式的前提是已知 pValidator 指向了确定的结构体类型,如果 pVali-
dator 指向未知的校验器,显然以上调用形式无法做到通用,那么如何调用呢?

虽然 pValidator 与 &rangeValidator. validate 的类型不一样,但它们的值相等,
因此可以利用这一特性获取 validateRange()函数的地址,即

```
Validate validate = * ((Validate * )pValidator);
```

其调用形式如下:

```
validate(pValidator, 8);
```

根据 OCP 开闭原则,由于不允许修改 push()函数,因此需要编写一个通用的扩

展 push 功能的 pushWithValidate()函数,详见程序清单 4.7。

程序清单 4.7　pushWithValidate( )

```
1    bool pushWithValidate(stackADT stack, void * pValidator, int value)
2    {
3        Validate validate = *((Validate * )pValidator);
4        if (pValidator && ! validate(pValidator, value)){
5            return false;
6        }
7        return push(stack, value);
8    }
```

其中,stack 是指向当前对象(栈)的指针,用于请求对象对自身执行某些操作,而结构体的成员变量就是通过 stack 指针找到自己所属的对象的。pValidator 为指向校验器的指针,如果无需校验,则将 pValidator 置 NULL 并返回 true。

使用 validator.h 接口的通用校验器范例程序详见程序清单 4.8。

程序清单 4.8　通用校验器使用范例程序

```
1    # include<stdio.h>
2    # include"Stack.h"
3    # include"validator.h"
4    // 添加 pushWithValidate()函数
5    int main(int argc, int * argv[])
6    {
7        stackADT stack;
8        int temp;
9
10       stack = newStack();
11       RangeValidator rangeValidator = newRangeValidator(0, 9);
12       for (int i = 0; i < 16; i ++){
13           pushWithValidate(stack, &rangeValidator, i);
14       }
15       while (! stackIsEmpty(stack))    {
16           pop(stack, &temp);
17           printf("% d ", temp);
18       }
19       printf("\n");
20       OddEvenValidator oddEvenValidator = newOddEvenValidator(true);
21       for (int i = 0; i<16; i ++){
22           pushWithValidate(stack, &oddEvenValidator, i);
23       }
24       while (! stackIsEmpty(stack))    {
```

```
25              pop(stack, &temp);
26              printf("%d", temp);
27          }
28      freeStack(stack);
29      return 0;
30  }
```

由此可见,虽然在结构体内置函数指针也可以创建类,但其中的每个类都是一个独立的单元,每个都要从头开始,且不同类之间没有任何关系,因为每个类的开发者都根据自己的选择提供方法。

4.3 继承与多态

4.3.1 抽 象

假设需要设计一个处理工资单的数据包,可以将排序作为一个关键的业务进行抽象。虽然各种排序的实现不一样,但它们的共性都是"排序",这就是抽象的基础。如果要建立一个矩阵代数程序包,就要讨论抽象矩阵。虽然各种类型矩阵的实现各不相同,但根据它们表现的共同行为特性,可以将这些矩阵归为一类,显然其共性又一次支持了抽象。

如果用户有一个这样的需求——校验 push 到栈中的数据,则实现者一定会问"校验规则是什么?"因为校验是一个非常"抽象"的概念;如果用户明确地告诉实现者——对 push 到栈中的数据进行范围值校验或偶校验,则不会出现这样模糊的问题。当需要对 push 到栈中的数据进行范围值校验时,需要编写一个 RangeValidator 类;当再需要添加一个奇偶校验器时,势必又要编写一个 OddEvenValidator 类。显然,每添加一种校验器就要增加一个接口,根本无法做到重用。

虽然它们的类型不同,且不同校验器的对象各有不同,但它们共同的概念都是"校验器"。回归校验器的本质,无论是什么校验器,其共同的属性是校验参数,其共同的行为是可以使用相同的方法——在动态中根据对象的类型调用不同的校验器函数。

显然,用户是在概念层次上提出了校验的需求与实现者交流,而具体如何校验是在实现层次进行的,用户无需准确地知道具体是如何实现的。因此,只要概念不变,即可做到用户与实现细节的变化完全分离。

在面向过程编程中,新手对共性的认识往往来源于直觉,以创建范围值校验器类和偶校验器类为例,程序员普遍都会按照以下方法表达这种共性,将 Validate 提取为一个公共的函数指针。例如:

```
1    typedef bool( * const Validate )(void * pThis, int value);
2    typedef struct{
3        Validate validate;
4        const int min;
5        const int max;
6    }RangeValidator;
7
8    typedef struct{
9        Validate validate;
10       bool isEven;
11   }OddEvenValidator;
```

　　而对于一个拥有"面向对象思维"且经验丰富的程序员,更倾向于将各种校验器
的共性打包在一个函数指针中作为结构体的成员创建一个抽象类。Validator 抽象
类的定义如下:

```
1    typedef struct _Validator{
2        bool ( * const validate)(struct _Validator * pThis , int value);
3    }Validator;
```

其中,pThis 是指向当前对象的指针;Validator 是一个没有具体属性,代表多种具有
共性的数据和行为的具体校验器总称的抽象类。Validator 类没有提供任何实现
validate 方法的代码,正是因为这一点,该方法才能成为一个抽象的方法,因为提供
任何代码都会使方法成为具体方法。

　　由于 Validator 是一个抽象类,因此无法创建实例,自然也就不知道要校验什么?
那么谁知道呢? 范围值校验器和奇偶校验器类知道自己要做什么校验。由于 Vali-
dator 有一个 validate 方法,因此可以将 Validator 抽象类封装成 RangeValidator 派
生类的成员——Validator 类的变量 isa,即将实现细节委托给子类。在范围值校验
器和奇偶校验器类重新定义,各自实现它自己的 validate 方法。

4.3.2　继　承

　　在这里将引入一个新的概念"继承"来描述类之间的关系。由于 RangeValidator
范围值校验器和 OddEvenValidator 奇偶校验器的共性是校验参数和调用校验函数
的方法,因此将其共性上移到一个名为 Validator 校验器类(父类)中。

　　基于此,在将具有可变性的校验参数分别转移到 RangeValidator 和 OddEven-
Validator 中的同时,并将 Validator 类型的变量 isa 作为结构体的成员,即可创建新
的结构体数据类型:

```
1    typedef struct _Validator{
2        bool ( * const validate)(struct _Validator * pThis, int value);
3    }Validator;
4    Validator * pThis;
5
6    typedef struct{
7        Validator isa;                        // 继承自 Validator 类
8        const int min;
9        const int max;
10   } RangeValidator;
11   RangeValidator rangeValidator;
12
13   typedef struct{
14       Validator isa ;                       // 继承自 Validator 类
15       bool isEven;
16   } OddEvenValidator;
17   OddEvenValidator oddEvenValidator;
```

其中，pThis 为指向 Validator 类对象的指针；RangeValidator 和 OddEvenValidator 派生自 Validator 类，RangeValidator 和 OddEvenValidator 是 Validator 的子类，Validator 类是 RangeValidator 和 OddEvenValidatorr 类的基类或超类。因为 RangeValidator 是一种校验器，OddEvenvalidator 也是一种校验器。当一个子类继承自一个基类时，它可以做基类能做的任何事情，因此 RangeValidator 和 OddEvenValidator 都是 Validator 的扩充。

虽然父类和子类的类型不一样，当通过继承将不同类的共同属性和行为抽象为一个公共的基类后，但是它们就具有了共同的属性和行为，这就是 OOP 通过继承实现代码重用的方法。因为抽象类在概念上定义了相似的一组类的共同属性和方法，因而能够将这一组相关类看成一个概念。也就是说，抽象类代表了将所有派生类联系起来的核心概念，也正是这个核心概念定义了派生类的共性。同时还提供了与这一组相关类的通信接口规约，然后每个具体类都按需要提供特定的实现。

由此可见，对于一个新的抽象，必须将它放在已经设计好的类和对象层次结构的上下文中。实际上，这既不是自上而下的活动，也不是自下而上的活动。Halbert 和 O'Brien 指出，"当在一个类型层次结构中设计类时，并非总是从基类开始，然后创建子类。通常会创建一些看起来不相似的类型，当意识到它们是相关时，然后才将它们的共性分离出来，放到一个基类或多个基类中……"实践经验证明，类和对象的设计是一个增量、迭代的过程。Stroustrup 认为，"最常见的类层次结构的组织方式是从两个类中提取公共部分放到一个新类中，或将一个类拆分为两个新类。"例如，将 RangeValidator 和 OddEvenValidator 的共性上移到 Validator 中。

由于许多开发者常常忽略了为对象和类正确地命名，因此必须确保创建类、属性和方法名时,不仅要遵循约定,还要让名称具有描述性,让人一目了然;否则解释权在程序员自己,因为程序员的个性,时常有可能创建一些只对他们自己很有道理的约定,而其他人却完全不能理解。类名不能为动词,类名应该用常见的名词命名,如Validator 或 RangeValidator,避免使用 Manager、Processor、Data 或 Info 这样的类名。对象名应该用合适的名词短语命名,如 rangeValidator 或 oddEvenValidator。特别地,选择的名称应该是业务领域专家使用和认知的名字。方法名应该是动词或动词短语,如 pushWithValidate。

当开发者决定采用某种协作模式后,工作会被分解给对象,即在相应的类上定义适当的方法。归根到底,单个类的协议包含了实现所有行为,以及实现与其实例相关的所有机制所需要的全部操作。因此与类层次结构的设计一样,机制代表了战略的设计决策。

实际上,机制就是在长期的实践中发现和总结的各种模式。在底层开发模式中,惯用法是一种表现形式;在高层开发模式中,则有一组类组成的框架。框架代表了大规模的复用,如 ZLG 的 AMetal 框架和 AWorks 框架、MVC 框架和 MVVM 框架以及微软的.NET 框架或开源代码。所以机制代表了一种层次的复用,它高于单个类的复用。

虽然代码表明了基类与子类的关系,但还是不够深刻。在这里,将以 Validator 与 RangeValidator 之间的继承关系为例,通过 UML 图进一步形象地描述,详见图 4.4。

继承关系为何指向基类?其深刻的设计思想是它代表了依赖的方向。所谓依赖关系,是指两个元素之间的一种关系,其中一个元素变化将会引起另一个元素变化。UML 图中采用从子类指向基类的空心箭头表示继承,暗示基类的变化可能导致子类的变化。简而言之,被依赖的先构造,依赖于其他元素的后构造。

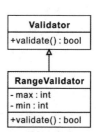

图 4.4 继承关系图

其实,继承是一个非常传统和经典的术语,从 Smalltalk 问世时就被广泛使用,将一般类和它的特殊类之间的关系称为继承关系。它在很多场合还以动词或形容词的面目出现。例如,特殊类继承了一般类的属性和操作,面向对象编程语言具有继承性和封装性等。

而一般-特殊恰当地表示了一般类和它的特殊类之间的相对关系,既可以称为一般-特殊关系,也可以形成一般-特殊结构。当"一般"这个术语 generalization 翻译成中文时,很容易与上下文混淆,因此翻译成"泛化"更准确。即一般类(父类)对特殊类(子类)而言是泛化,反之就是特化。因此一般类和特殊类之间的关系称为一般-特殊关系,一般-特殊结构是由一组具有一般-特殊关系(继承关系)的类所形成的结构。

显而易见,一般-特殊结构是问题域中各类事物之间客观存在的一种结构,在面向对象分析模型中建立一般-特殊结构,使模型更清晰地映射了问题域中事物的分类关系——将对象划分为类,用类描述属于它的全部对象实例。它将具有一般-特殊关系的类组织在一起,可以简化对复杂系统的认识,使人们对系统的认识和描述更接近日常思维中一般概念和特殊概念的处理方式。

在面向对象的开发中,一般-特殊结构可以使开发者简化对类的定义,因而对象的共同特征只需在一般类中给出,特殊类通过继承而自动地拥有这些特征,不必再重复定义。

不同的方法学对如何发现一般-特殊结构,有不同的策略。其最大的问题让人们感到更多地依赖于直觉,如果分析方法是一门艺术,也就意味着让人具有很大的不确定性。而事实上,使用共性和差异化分析工具,并从概念、规约和实现三个不同的视角看待对象,就可以简化复杂的系统,详见《嵌入式软件工程方法与实践丛书——面向对象的分析与设计》一书。

4.3.3 职责驱动设计

OO 强调的是在现实世界或业务领域中找出软件对象,而软件对象与现实世界中对象的行为完全不一样。软件对象以点对点的通信方式通过发送消息进行交互,而现实世界中的对象与环境的交互,以及其他对象动态地反映现实世界的对象之间交互都要丰富得多。

经验丰富的开发人员在研究领域时,如果发现了他们所熟悉的某种职责或某个关系网,他们会想起以前这个问题是如何解决的。以前尝试过哪些模型?在实现中有哪些难题?它们是如何解决的?先前经历过的尝试和失败的教训,会突然间与新的情况联系起来。

为了真实地反映现实世界中对象的动态交互,要让一个类在不同的系统中重用,则必须在设计类时充分考虑扩展性。经过长期的积累,人们总结了一套用于启发和指导类的设计原则:职责驱动设计——如何为协作中的对象分配职责。

显然,对于 rangeValidator 对象和 oddEvenValidator 对象来说,它们的职责分别是对 push 到栈中的数据进行范围值校验和奇偶校验,也就意味着必须存在相应的方法。由于每个子类都要对自己的行为负责,因此每个子类不仅要提供一个名为 validate 的方法,而且必须提供它自己的实现代码。例如,RangeValidator 和 OddEven-Validator 都有一个 validate 的方法,RangeValidator 类包含范围值校验的代码,OddEvenValidator 类肯定有奇偶校验的代码。它们都是 Validator 的子类,必须实现其不同版本的 validate。

不言而喻,OOP 比 POP 更直接地表达了校验器的共性:"使用 validate 函数指针在运行中根据对象的类型调用不同的函数,并通过 pThis 指针指向当前对象引用校验参数将共同的部分打包在一起形成抽象类。"当它们有了这种共性时,更容易讨论各种校验器相互之间的差别。

除了变量 value 之外,RangeValidator 类对象的 validateRange()校验函数的共

性是符合范围值条件的判断处理语句,其可变的是范围值校验参数 min 和 max;OddEvenValidator 类对象的 validateOddEven() 校验函数的共性是符合偶数值条件的判断处理语句,其可变的是偶校验参数 isEven。

根据共性和可变性分析原理,将稳定不变的相同的处理部分都包含在抽象的模块中,可变性分析所发现的变化的变量由外部传递进来的参数应对。其函数原型如下:

```
bool validateRange(Validator * pThis, int value);
bool validateOddEven(Validator * pThis, int value);
```

由于 &rangeValidator.isa、&oddEvenValidator.isa 和 pThis 值相等,且类型也相同,因此可以将范围值校验和奇偶校验函数的 void * 泛化为 Validator *。当将一个基类对象替换成它的子类对象时,程序将不会产生任何错误和异常,且使用者不必知道任何差异,反过来则不成立。也就是说,如果某段代码使用了基类中的方法,必须能使用派生类的对象,且自己不必进行任何修改。因此,在程序中要尽量使用基类类型定义对象,在运行时再确定其子类类型,用子类对象替换基类对象。这就是里氏替换原则,它是由 2008 年图灵奖获得者,美国第一位计算机科学女博士 Barbara Liskov 教授和卡耐基梅隆大学 Jeannette Wing 教授于 1994 年提出的。

在应用里氏替换原则时,应该将父类设计为抽象类或接口,让子类继承父类或实现父类接口,并实现在父类中声明的方法。在运行时子类实例替换父类实例,可以很方便地扩展系统的功能。无须修改原有子类的代码,增加新的功能可以通过增加一个新的子类实现,由此可见,里氏替换原则是实现开闭原则的重要方式之一。

如果开闭原则是面向对象设计的目标,那么依赖倒置原则就是面向对象设计的主要原则之一,它是抽象化的具体实现。依赖倒置原则要求传递参数时或在关联关系中,尽量引用高层次的抽象层类,即使用接口和抽象类进行变量的声明、参数类型的声明、方法返回类型的声明,以及数据类型的转换等,而不要用具体类做这些事。

为了确保该原则的应用,一个具体类应该只实现接口或抽象类中声明过的方法,而不是给出多余的方法,否则将无法调用在子类中增加新的方法。显而易见,在引入抽象层后,将具体类写在配置文件中。如果需求发生改变,则只需要扩展抽象层,修改相应的配置文件即可。而无须修改原有系统的代码,就能扩展系统的功能,满足开闭原则。通常开闭原则、里氏替换原则和依赖倒置原则会同时出现,开闭原则是目标,里氏替换原则是基础,依赖倒置原则是手段,它们相辅相成相互补充,其目标是一致的,只是分析问题的角度不同。

继承是 OO 建模和编程中被广泛滥用的概念之一,如果违反了 LisKov 替换原则,继承层次可能仍然可以提供代码的可重用性,但是将会失去可扩展性。因此在使用继承时,要想一想派生类是否可以替换基类。如果不能,则要问一问自己为何使用继承? 如果在编写新的类时,还要重用基类代码代码,则要考虑使用组合。

和继承一样,组合也是一种构建对象的机制。如果新类可以替换已有的类,且它们之间的关系可以描述为 is－a,则使用继承。如果新类只是使用已有的类,且它们之间的关系可以描述为 has－a,则使用组合。相对继承来说,组合更加灵活,适用性也更强。

有关组合的使用方法和示例,将在后续相关的教程中,结合具体的应用予以阐述。

在这里,RangeValidator 和 OddEvenValidator 类扩展了(即继承)Validator,其相应的校验器接口的实现详见程序清单4.9。

程序清单 4.9 通用校验器接口的实现(Validator.c)

```
1    #include "validator.h"
2
3    bool validateRange(Validator * pThis, int value)
4    {
5        RangeValidator * pRangeValidator = (RangeValidator * )pThis;
6        return pRangeValidator ->min <= value && value  <= pRangeValidator ->max;
7    }
8
9    bool validateOddEven(Validator * pThis, int value)
10   {
11       OddEvenValidator * pOddEvenValidator = (OddEvenValidator * )pThis;
12       return (! pOddEvenValidator ->isEven && (value % 2))||
13          (pOddEvenValidator ->isEven && ! (value % 2));
14   }
```

由此可见,抽象是一个强大的分析工具,它强调什么是共同的,因此共性和差异化分析自然而然地成为了抽象的理论基础。共性分析寻找的是不可能随时间而改变的结构,而可变性分析则要找到可能变化的结构。如果变化是"业务领域"中各个特定的具体情况,那么共性就定义了业务领域中将这些情况联系起来的概念。共同的概念用抽象类表示,可变性分析所发现的变化将通过从抽象类派生而来的具体类实现。共性与可变性分析工具不仅可以指导我们创建抽象类和派生类,而且还可以指导我们建立抽象和接口。那么类的设计过程自然而然地就简化成了两个步骤:

- 在定义抽象类(共性)时,需要知道用什么接口处理这个类的所有职责;
- 在定义派生类(可变性)时,需要知道对于一个给定的特定实现(即变化),应该如何根据给定的规约实现它。

显然,类是一种编程语言结构,它描述了具有相同职责的所有对象。用相同的方式实现这些职责,并共享相同的数据结构。虽然它的内部可能有一些属性,可能有一些方法,但我们只关心对象对自己的行为负责。因为将实现隐藏在接口之后,实际上是将对象的实现和使用它们的对象彻底解耦了。所以只要概念不变,请求者与实现细节的变化隔离开了。

为了便于阅读,程序清单 4.10 展示了通用校验器的接口。

程序清单 4.10　通用校验器的接口(validator. h)

```
1    #pragma once;
2    #include<stdbool.h>
3
4    typedef struct _Validator{
5        bool ( * const validate)(struct _Validator * pThis, int value);
6    }Validator;
7
8    typedef struct{
9        Validator isa;
10       const int min;
11       const int max;
12    } RangeValidator;
13
14    typedef struct{
15       Validator isa;
16       bool isEven;
17    } OddEvenValidator;
18
19   bool validateRange(Validator * pThis, int value);          // 范围校验器函数
20   bool validateOddEven(Validator * pThis, int value);        // 奇偶校验器函数
21   #define newRangeValidator(min, max)      {{validateRange}, (min), (max)}
                                                                 // 初始化 RangeValidator
22   #define newOddEvenValidator(isEven) {{validateOddEven}, (isEven)}
                                                                 // 初始化 OddEvenValidator
```

在这里,还是以范围值校验器为例,假设 min=0,max=9,如程序清单 4.10 第 21 行所示的使用名为 newRangeValidator 的宏将结构体初始化的使用方法如下:

```
RangeValidator rangeValidator = newRangeValidator(0, 9);
```

宏展开后如下:

```
RangeValidator rangeValidator = {{validateRange}, (0), (9)};
```

其中,外面的{}为 RangeValidator 结构体赋值,内部的{}为 RangeValidator 结构体的成员变量 isa 赋值,即

```
rangeValidator.isa.validate = validateRange;
rangeValidator.min = 0;
rangeValidator.max = 9;
```

如果有以下定义：

```
Validator * pValidator = (Validator *)&rangeValidator;
```

即可用 pValidator 引用 RangeValidator 的 min 和 max。

由于 pValidator 与 &rangeValidator.isa 不仅类型相同,而且它们的值相等,则以下关系同样成立：

```
Validator * pValidator = &rangeValidator.isa;
```

因此可以利用这一特性获取 validateRange()函数的地址,即 pValidator→validate 指向 validateRange()。其调用形式如下：

```
pValidator ->validate(pValidator, 8);
```

此时此刻,也许你会想到,既然它们的方法都一样,只是属性不同,为何不将它们合并为一个类呢？ 如果这样做,则一个类承担的职责越多,它被复用的可能性就越小。而且一个类承担的职责过多,就相当于将这些职责耦合在一起。当其中一个职责变化时,可能会影响其他职责的运作,因此要将这些职责进行分离,将不同的职责封装在不同的类中,即将不同的变化原因封装在不同的类中。如果多个职责总是同时发生变化,则可以将它们封装在同一个类中。

也就是说,就一个类而言,应该只有一个引起它变化的原因,这就是单一职责原则,它是实现高内聚、低耦合的指导方针。这是最简单也最难运用的原则,需要开发人员发现类的不同职责并将其分离。

4.3.4 多态性

多态性是面向对象程序设计的一个重要特征,多态(函数)的字面含义是具有多种形式。每个类中操作的规约都是相同的,而这些类可以用不同的方式实现这些同名的操作,从而使得拥有相同接口的对象可以在运行时相互替换。

当向一个对象发送一个消息时,这个对象必须有一个定义的方法对这个消息作出响应。在继承层次结构中,所有子类都从其超类继承接口。由于每个子类都是一个单独的实体,它们可能需要对同一个消息作出不同的响应,例如 Validator 类和行为 validate。

在面向对象的编程中,真正引用的是从抽象类派生的类的具体实例。当通过抽象引用概念要求对象做什么时,将得到不同的行为,具体行为取决于派生对象的具体类型。因此,为了描述事物之间相同特性基础上表现出来的可变性,于是多态就被创造出来了,多态允许用相同的方法(代码)处理不同行为的对象。

多态是一种运行时基于对象的类型发生的绑定机制,通过这种机制实现函数名绑定到函数具体实现代码的目的。当执行一个程序时,构成程序的各个函数分别在计算机的内存中拥有了一段存储空间,一个函数在内存中的起始地址就是这个函数的入口地址,因此多态就是将函数名动态绑定到函数入口的运行时绑定机制。尽管多态与继承紧密相关,但通常多态被单独看作面向对象技术最强大的一个优点。

显然,调用校验器就是发送一个消息,它要使用 validate 函数指针。实际上,无论是范围值校验器还是奇偶校验器,其校验过程都是由不同内容的函数实现的。在面向对象的编程中,在不同的类中定义了其响应消息的方法,那么在使用这些类时,则不必考虑它们是什么类型,只要发布消息即可。正如在调用校验器时,不必考虑调用它们的是什么校验器,直接使用 validate 函数指针,无论什么类型校验器都能实现检查功能。

由于 RangValidator 和 OddEvenValidator 类都继承自 Validator 类,因此没有必要在继承树中对每一种校验器都重复定义这些属性和行为,重复不仅需要做更多的事情,甚至还可能导致错误和出现不一致,详见图 4.5。这种关系在 UML 中表示为一条线,并有一个箭头指向父类。这种记法非常简明扼要,当遇到这种带箭头的线时,就知道存在一个继承并呈现多态的关系。

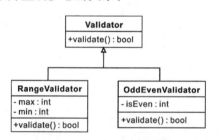

图 4.5　抽象类的层次结构

在设计 Validator 时,对各种校验器的使用进行标准化会有很大的帮助,因为无论是何种校验器,都用一个名为 validate 的方法。如果遵循这个规范,不管什么时候校验数据,只需要调用 validate 方法即可。无需考虑这到底是什么校验器,于是就有了一个真正多态的 Validator 框架——由各个对象自己负责完成校验,不论它是范围值校验、奇偶校验还是质数校验。

根据开闭原则,需要再编写一个扩展 push 功能的 pushWithValidate() 函数,其原型如下:

```
bool pushWithValidate(stackADT stack, int value, Validator * pValidator);
```

如果需要进行范围值校验,则 pValidator 指向 rangeValidator,否则将 pValidator 置 NULL。

pushWithValidate() 的具体实现如下:

```
1    bool pushWithValidate(stackADT stack, int value, Validator * pValidator)
2    {
3        if (pValidator && ! pValidator ->validate(pValidator, value)){
4            return false;
5        }
6        return push(stack, value);
7    }
```

其调用形式如下：

```
pushWithValidate(stack, 8, &rangeValidator.isa);
```

使用通用校验器的应用范例程序详见程序清单 4.11。

程序清单 4.11   使用通用校验器的范例程序

```
1    # include<stdio.h>
2    # include"Stack.h"
3    # include"validator.h"
4
5    bool pushWithValidate(stackADT stack, int value, Validator * pValidator)
6    {
7        if (pValidator && ! pValidator ->validate(pValidator, value)){
8            return false;
9        }
10       return push(stack, value);
11   }
12
13   int main(int argc, int * argv[])
14   {
15       stackADT stack;
16       int temp;
17
18       stack = newStack();
19
20       RangeValidator rangeValidator = newRangeValidator(0, 9);
21       for (int i = 0; i < 16; i++){
22           pushWithValidate(stack, i, &rangeValidator.isa);
23       }
24       while(! stackIsEmpty(stack)){
25           pop(stack, &temp);
26           printf(" % d ", temp);
27       }
28       printf("\n");
```

```
29        OddEvenValidator oddEvenValidator = newOddEvenValidator(true);
30        for (int i = 0; i < 16; i ++){
31            pushWithValidate(stack, i, &oddEvenValidator.isa);
32        }
33        while (! stackIsEmpty(stack))    {
34            pop(stack, &temp);
35            printf("%d", temp);
36        }
37        freeStack(stack);
38        return 0;
39    }
```

由此可见,虽然 OOA 和 OOD 的边界是模糊的,但它们关注的重点不一样。OOA 关注的是分析面临的问题域,从问题域词汇表中发现类和对象,实现对现实世界的建模。OOD 关注的是如何设计泛化的抽象和一些新的机制,规定对象的协作方式。

4.4　虚函数

4.4.1　二叉树

树的应用非常广泛,如数据库就是由树构造而成的,C 语言编译器的词法分析器也是经过语法分析生成的树。

树是一种管理像树干、树枝、树叶一样关系的数据的数据结构,通常一棵树由根部长出一个树干,接着从树干长出一些树枝,然后树枝上又长出更小的树枝,而叶子则长在最细的树枝上,树这种数据结构正是像一棵树倒过来的树木。

树是由结点(顶点)和枝构成的,由一个结点作为起点,这个起点称为树的根结点。从根结点上可以连出几条枝,每条枝都和一个结点相连,延伸出来的这些结点又可以继续通过枝延伸出新的结点。这个过程中的旧结点称作父结点,而延伸出来的新结点称作子结点,一个子结点都没有的结点就叫做叶子结点。另外,从根结点出发到达某个结点所要经过的枝的个数叫做这个结点的深度。

从家谱树血缘关系来看,家谱树使得介绍计算机科学中用于描述树结构的术语变得更简单了。树中的每一个结点都可以有几个孩子,但是只有一个双亲。在树中祖先和孙子的意义与日常语言中的意义完全相同。

与根形成对比的是没有孩子的结点,这些结点称为叶,而既不是根又不是叶的结点称为内部结点,树的长度定义为从根到叶的最长路径的长度(或深度)。在一颗树里,如果从根到叶的每条路径的长度都大致相等,那么这颗树称为平衡树。实际上,要实现某种永远能够保证平衡的树是很复杂的,这也是为什么存在多种不同种类的树的原因。

实际上,在树的每一层次都是分叉形式,如果任意选取树中的一个结点和它的子树,所得到的部分都符合树的定义。树中的每个结点都可以看成是以它自己为根的子树的根,这就是树结构的递归特性。如果以递归的观点考察树,那么树只是一个结点和一个附着其上的子树的集合——在叶结点的情景下该集合为空,因此树的递归特性是其底层表示和大部分针对树操作的算法的基础。

树的一个重要的子类是二叉树,二叉树是一种常用的树形数据结构。二叉树的每个结点最多只有两个子结点(left 和 right),且除了根以外的其他结点,要么是双亲结点的左孩子,要么是右孩子。

4.4.2 表达式算术树

1. 问 题

求解算术表达式就是一种二叉树,它的结点包含两种类型的对象:操作符和终值。操作符是拥有操作数的对象,终值是没有操作数的对象。表达式树背后的思想——存储在父结点中的是操作符,其操作数是由子结点延伸的子树组成的。操作数有可能是终值,或它们本身也可能是其他的表达式。表达式在子树中展开,终值驻留在叶子结点中,这种组织形式的好处是,可以通过表达式将一个表达式转换为 3 种常见的表示形式:前缀、中缀和后缀,但中缀表达式是在数学中学到的最为熟悉的表达方式。在这里,将以 2 * (3+4)+5 中级表达式算术树结构为例。

首先将"2 * (3+4)+5"拆分为左子树和右子树,其中"+"为根节点,左子树的值为 2 * (3+4),右子树的值为 5;接着将 2 * (3+4)拆分为左子树和右子树,其中"*"为根节点,左子树的值为 2,右子树的值为 3+4;然后将 3+4 拆分为左子树和右子树,其中"+"为根节点,左子树的值为 3,右子树的值为 4,详见图 4.6。注意,树的表示法中不需要任何小括号或运算符优先级的知识,因为它描述的计算过程是唯一的。

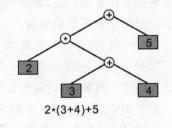

2*(3+4)+5

图 4.6　表达式算术树

由此可见,从根结点(Node)到叶进行分析,该表达式算术树的结点是算术运算符"+(Additive)"和"*(Multiplicative)",它的树叶是操作数(Number)。由于这里所有的操作都是二元(Binary)的,即每个结点最多只有两个孩子,这颗特定的树正好是二叉树。因此可以用以下方式计算(calculate,简写为 calc)每个结点:

● 如果是一个数字,则返回它的值;
● 如果是一个运算符,则计算左子树和右子树的值。

其计算过程是先分别输入 3 和 4,接着计算 3+4;然后输入 2,再接着计算 2 * (3+4);接着输入 5,最后计算 2 * (3+4)+5。

传统的做法是定义一个 struct _Node,包含二元运算符和数字结点,详见程序清单 4.12。

程序清单 4.12　表达式算术树接口(calctree.h)

```
1    # pragma once
2
3    # define NUM_NODE       1
4    # define ADD_NODE       2
5    # define MULT_NODE      3
6
7    typedef struct _Node{
8        int type;
9        double val;
10       struct _Node * pLeft;
11       struct _Node * pRight;
12   }Node;
13
14   double Calc(Node * pNode);
15
16   # define newNumNode(val) {NUM_NODE, (val), NULL, NULL};
17   # define newAddNode(pLeft, pRight) {ADD_NODE, 0, (pLeft), (pRight)};
18   # define newMultNode(pLeft, pRight) {MULT_NODE, 0 , (pLeft), (pRight)};
```

其中,使用了名为 newNumNode、newAddNode 和 newMultNode 的宏将结构体初始化,表达式算术树接口的实现详见程序清单 4.13。

程序清单 4.13　表达式算术树接口的实现(cacltree.c)

```
1    # include"Node.h"
2
2    double Calc(Node * pNode)
3    {
4        double x = 0;
5        switch (pNode ->type){
6        case NUM_NODE:
7            x = pNode ->val;
8            break;
9        case ADD_NODE:
10           x = Calc(pNode ->pLeft) + Calc(pNode ->pRight);
11           break;
12       case MULT_NODE:
13           x = Calc(pNode ->pLeft) * Calc(pNode ->pRight);
14           break;
```

```
15        default:
16            break;
17        }
18        return x;
19    }
```

表达式算术树的使用范例详见程序清单 4.14。

程序清单 4.14   表达式算术树使用范例

```
1     # include <stdio.h>
2     # include "Node.h"
3
4     void main()
5     {
6         Node node1 = newNumNode(20.0);
7         Node node2 = newNumNode(-10.0);
8         Node node3 = newAddNode(&node1, &node2);
9         Node node4 = newNumNode(0.1);
10        Node node5 = newMultNode(&node3, &node4);
11        printf("Calculating the tree\n");
12        double x = Calc(&node5);
13        printf("Result:%lf\n", x);
14    }
```

如果此方案应用于包括上百个结点的树,则其消耗的内存就太大了。

2. 抽象类

根据问题的描述,需求词汇表中有一组这样的概念,例如根结点和左右叶子结点的操作数,且加法和乘法都是二元操作。虽然词汇表对应的词汇为 Node、_pLeft、_pRight、Number、Binary、Additive 和 Multiplicative,但用 Node、_pLeft、_pRight、NumNode、BinNode、AddNode 和 MultNode 描述表达式算术树的各个结点更准确。

由于 AddNode 和 MultNode 都是二元操作,其共性是两个数(_pLeft 和 _pRight)的计算,其可变性分别为加法和乘法,因此可以将它们的共性包含在 BinNode 中,可变性分别包含在 AddNode 和 MultNode 中。

其实输入操作数同样可以视为计算,因此 NumNode 和 BinNode 的共性也是计算,不妨将它们的共性上移到 Node 抽象类中。

显然,基于面向对象的 C 语言编程,则表达式算术树的所有结点都是从类 Node 继承的子类,Node 的直系后代为 NumNode 和 BinNode,NumNode 表示一个数,BinNode 表示一个二元运算,然后再从 BinNode 派生两个类:AddNode 和 MultNode。

如图 4.7 所示展示了类的层次性,它们是一种"is-a"的抽象层次结构,子类 AddNode 和 MultNode 重新定义了 BinNode 和 Node 基类的结构和行为。基类代表了一般化的抽象,子类代表了特殊的抽象。虽然抽象类 Node 或 BinNode 不能实例化,只能作为其他类的父类,但 NumNode、AddNode 和 MultNode 子类是可以实例化的。Node 抽象类的定义如下:

```
1    typedef struct _Node{
2        double ( * nodeCalc)(struct _Node * pThis);
3    }Node;
```

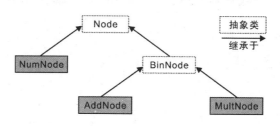

图 4.7　结点的类层次

除了 Node 之外,每个子类都要实现自己的 nodeCalc 计算方法,并返回一个作为计算结点值的双精度数,即

```
1    typedef struct _NumNode{
2        Node        isa;
3        double      _num;
4    }NumNode;
5
6    typedef struct _BinNode{
7        Node        isa;
8        Node * _pLeft;
9        Node * _pRight;
10   }BinNode;
11
12   typedef struct _AddNode{
13       BinNode     isa;
14   }AddNode;
15
16   typedef struct _MultNode{
17       BinNode     isa;
18   }MultNode;
```

其中的 NumNode 结点是从 Node 分出来的,_num 表示数值。BinNode 也是从 Node 分出来的,_pLeft 和_pRight 分别为指向左子树和右子树的指针,而 AddNode 和 MultNode 又是从 BinNode 分出来的。

此前,针对继承和多态框架,使用了一种称为静态的初始化范型。在这里,将使用动态内存分配初始化范型处理继承和多态框架。

3. 建立接口

由于对象不同,动态分配内存的方式也不一样,但其共性是——不再使用某个对象时,释放动态内存的方法是一样的,因此还需要添加一个 node_cleanup()函数,这是通过 free()实现的,详见程序清单 4.15。

程序清单 4.15   表达式算术树的接口(CalcTree1.h)

```
1    # pragma once
2    typedef struct _Node Node;
3    typedef double ( * node_calc_t)(Node * pThis);
4    typedef void ( * node_cleanup_t)(Node * pThis);
5    struct _Node{
6        node_calc_t       node_calc;
7        node_cleanup_t      node_cleanup;
8    };
9
10   typedef struct _NumNode{
11       Node        isa;
12       double      _num;
13   }NumNode;
14
15   typedef struct _BinNode{
16       Node        isa;
17       Node        * _pLeft;
18       Node        * _pRight;
19   }BinNode;
20
21   typedef struct _AddNode{
22       BinNode     isa;
23   }AddNode;
24
25   typedef struct _MultNode{
26       BinNode     isa;
27   }MultNode;
28
29   NumNode * newNumNode(double num);
30   double node_calc(Node * pThis);
31   AddNode * newAddNode(Node * pLeft, Node * pRight);
32   MultNode * newMultNode(Node * pLeft, Node * pRight);
33   void node_cleanup(Node * pThis);
```

实现表达式算术树的第一步是输入数据和初始化 NumNode 结构体的变量 isa 和_num,newNumNode()函数原型如下:

```
NumNode * newNumNode(double num);
```

其调用形式如下:

```
Node * pNode1 = (Node * )newNumNode(20.0);
Node * pNode2 = (Node * )newNumNode(-10.0);
```

接下来开始为计算做准备,node_calc()函数原型如下:

```
double node_calc(Node * pThis);
```

其调用形式如下:

```
node_calc(pNode1);
```

然后开始进行加法运算,newAddNode()函数原型如下:

```
AddNode * newAddNode(Node * pLeft, Node * pRight);
```

其调用形式如下:

```
Node * pNode3 = (Node * )newAddNode(pNode1, pNode2);
```

当然,也可以开始进行乘法运算了,newMultNode()函数原型如下:

```
MultNode * newMultNode(Node * pLeft, Node * pRight);
```

其调用形式如下:

```
Node * pNode4 = (Node * )newNumNode(0.1);
Node * pNode5 = (Node * )newMultNode(pNode3, pNode4);
```

一切准备就绪,则计算最终结果并释放不再使用的资源,node_cleanup()函数原型如下:

```
void node_cleanup(Node * pThis);
```

其调用形式如下:

```
printf("Calculating the tree\n");
double x = node_calc(pNode5);
printf("Result: % lf\n", x);
node_cleanup(pNode5);
```

4. 实现接口

显然,为每个结点创建了相应的类后,就可以为每个结点创建一个动态变量,即可在运行时根据需要使用 malloc()分配内存并使用指针存储该地址,以及使用指针初始化结构体的各个成员。CalcTree1.c 接口的实现详见程序清单4.16。

程序清单 4.16　表达式算术树接口的实现(CalcTree1.c)

```
1    # include <stdio.h>
2    # include <malloc.h>
3    # include "CalcTree1.h"
4
5    NumNode * newNumNode(double num)
6    {
7        NumNode * pNumNode = malloc(sizeof(NumNode));
8        if(pNumNode != NULL){
9            pNumNode ->isa.node_calc = _numnode_calc;
10           pNumNode ->isa.node_cleanup = _numnode_cleanup;
11           pNumNode -> _num = num;
12       }
13       return pNumNode;
14   }
15
16   static double _numnode_calc(Node * pThis)
17   {
18       printf("numeric node %lf\n", ((NumNode * ) pThis) ->_num);
19       return ((NumNode * )pThis) ->_num;
20   }
21
22   static void _numnode_cleanup(Node * pThis)
23   {
24       printf("NumNode cleanup\n");
25       free(pThis);
26   }
27
28   double node_calc(Node * pThis)
29   {
30       return pThis ->node_calc(pThis);
31   }
32
33   AddNode * newAddNode(Node * pLeft, Node * pRight)
34   {
35       AddNode * pAddNode = malloc(sizeof(AddNode));
36       if(pAddNode != NULL){
37           pAddNode ->isa.isa.node_calc = _addnode_calc;
38           pAddNode ->isa.isa.node_cleanup = _binnode_cleanup;
```

```
39          pAddNode ->isa._pLeft = pLeft;
40          pAddNode ->isa._pRight = pRight;
41      }
42      return pAddNode;
43  }
44
45  static double _addnode_calc(Node * pThis)
46  {
47      printf("Adding...\n");
48      AddNode * pAddNode = (AddNode *)pThis;
49      return node_calc(pAddNode -> isa._pLeft) + node_calc(pAddNode -> isa._
        pRight);
50  }
51
52  static double _multnode_calc(Node * pThis)
53  {
54      printf("Multiplying...\n");
55      MultNode * pMultNode = (MultNode *)pThis;
56      return node_calc(pMultNode -> isa._pLeft) * node_calc(pMultNode -> isa._
        pRight);
57  }
58
59  static void _binnode_cleanup(Node * pThis)
60  {
61      printf("BinNode cleanup\n");
62      BinNode * pBinNode = (BinNode *)pThis;
63      node_cleanup(pBinNode ->_pLeft);
64      node_cleanup(pBinNode ->_pRight);
65      free(pThis);
66  }
67
68  MultNode * newMultNode(Node * pLeft, Node * pRight)
69  {
70      MultNode * pMultNode = malloc(sizeof(MultNode));
71      if(pMultNode != NULL){
72          pMultNode ->isa.isa.node_calc = _multnode_calc;
73          pMultNode ->isa.isa.node_cleanup = _binnode_cleanup;
74          pMultNode ->isa._pLeft = pLeft;
75          pMultNode ->isa._pRight = pRight;
76      }
77      return pMultNode;
```

```
78        }
79
80      void node_cleanup(Node * pThis)
81      {
82           pThis ->node_cleanup(pThis);
83      }
```

4.4.3 虚函数

虽然可以使用继承实现表达式算术树,但实现代码中每个对象都有函数指针。如果结构体内有很多函数指针,或必须生成更多的对象,将会出现多个对象具有相同的行为、需要较多的函数指针和需要生成较多数量的对象,这样会浪费很多的内存。

不妨将 Node 中的成员转移到另一个结构体中实现一个虚函数表,然后在接口中创建一个抽象数据类型 NodeVTable,在此基础上定义一个指向该表的指针 vtable。例如:

```
1     // 接口(CalcTree2.h)
2     typedef struct _NodeVTable NodeVTable;
3     typedef struct _Node{
4         const NodeVTable * vtable;
5     }Node;
6     // 实现(CalcTree2.c)
7     typedef double ( * node_calc_t)(Node * pThis);
8     typedef void ( * node_cleanup_t)(Node * pThis);
9     struct _NodeVTable{
10        const node_calc_t      node_calc;
11        const node_cleanup_t      node_cleanup;
12    };
13    const NodeVTable _addnode_vtable = { _addnode_calc, _binnode_cleanup};
```

表达式算术树的接口详见程序清单 4.17。其中 NumNode 派生于 Node,_num 表示数值;BinNode 也是派生于 Node,pLeft 和 pRight 分别表示指向左子树和右子树的指针;而 AddNode 和 MultNode 又派生于 BinNode。虽然抽象类包含一个或多个纯虚函数类,但不能实例化(此类没有对象可创建),只有从一个抽象类派生的类和为所有纯虚函数提供了实现代码的类才能实例化,它们都必须提供自己的计算方法 node_calc 和 node_cleanup。

程序清单 4.17   表达式算术树接口(CalcTree2.h)

```
1     #pragma once
2
3     typedef struct _NodeVTable NodeVTable;
4     typedef struct _Node{
```

```
5          const NodeVTable * vtable;
6      }Node;
7
8      typedef struct _NumNode{
9          Node   isa;
10         double _num;
11     }NumNode;
12
13     typedef struct _AddNode{
14         Node isa;
15         Node * _pLeft;
16         Node * _pRight;
17     }AddNode;
18
19     typedef struct _MultNode{
20         Node isa;
21         Node * _pLeft;
22         Node * _pRight;
23     }MultNode;
24
25     double node_calc(Node * pThis);
26     void node_cleanup(Node * pThis);
27
28     NumNode * newNumNode(double num);
29     AddNode * newAddNode(Node * pLeft, Node * pRight);
30     MultNode * newMultNode(Node * pLeft, Node * pRight);
```

显然,为每个结点创建了相应的类后,就可以为每个结点创建一个动态变量,即可在运行时根据需要使用 malloc()分配内存并使用指针存储该地址,以及使用指针初始化结构体的各个成员。表达式算术树接口的实现详见程序清单 4.18。

程序清单 4.18　表达式算术树接口的实现(CalcTree2. c)

```
1      # include <stdio.h>
2      # include <malloc.h>
3      # include "CalcTree2.h "
4
5      typedef double ( * node_calc_t)(Node * pThis);
6      typedef void ( * node_cleanup_t)(Node * pThis);
7      struct _NodeVTable{
8          const node_calc_t      node_calc;
9          const node_cleanup_t      node_cleanup;
10     };
```

```
11
12    static double _numnode_calc(Node * pThis)
13    {
14        printf("numeric node % lf\n", ((NumNode * )pThis) ->_num);
15        return ((NumNode * )pThis) ->_num;
16    }
17
18    static void _numnode_cleanup(Node * pThis)
19    {
20        printf("NumNode cleanup\n");
21        free(pThis);
22    }
23
24    const NodeVTable _numnode_vtable = {_numnode_calc, _numnode_cleanup};
25
26    static void _binnode_cleanup(Node * pThis)
27    {
28        printf("BinNode cleanup\n");
29        BinNode * pBinNode = (BinNode * )pThis;
30        node_cleanup(pBinNode ->_pLeft);
31        node_cleanup(pBinNode ->_pRight);
32        free(pThis);
33    }
34
35    static double _addnode_calc(Node * pThis)
36    {
37        printf("Adding...\n");
38        AddNode * pAddNode = (AddNode * )pThis;
39        return node_calc(pAddNode ->isa._pLeft) + node_calc(pAddNode ->isa._
      pRight);
40    }
41
42    const NodeVTable _addnode_vtable = { _addnode_calc, _binnode_cleanup };
43
44    static double _multnode_calc(Node * pThis)
45    {
46        printf("Multiplying...\n");
47        MultNode * pMultNode = (MultNode * )pThis;
48        return node_calc(pMultNode ->isa._pLeft) * node_calc(pMultNode ->isa._
      pRight);
49    }
```

```
50
51      const NodeVTable _multnode_vtable = { _multnode_calc, _binnode_cleanup };
52
53      NumNode * newNumNode(double num)
54      {
55          NumNode * pNumNode = malloc(sizeof(NumNode));
56          if(pNumNode ! = NULL){
57              pNumNode ->isa.vtable = &_numnode_vtable;
58              pNumNode ->_num         = num;
59          }
60          return pNumNode;
61      }
62
63      AddNode * newAddNode(Node * pLeft, Node * pRight)
64      {
65          AddNode * pAddNode = malloc(sizeof(AddNode));
66          if(pAddNode ! = NULL){
67              pAddNode ->isa.isa.vtable     = &_addnode_vtable;
68              pAddNode ->isa._pLeft      = pLeft;
69              pAddNode ->isa._pRight      = pRight;
70          }
71          return pAddNode;
72      }
73
74      MultNode * newMultNode(Node * pLeft, Node * pRight)
75      {
76          MultNode * pMultNode = malloc(sizeof(MultNode));
77          if(pMultNode ! = NULL){
78              pMultNode ->isa.isa.vtable     = &_multnode_vtable;
79              pMultNode ->isa._pLeft      = pLeft;
80              pMultNode ->isa._pRight = pRight;
81          }
82          return pMultNode;
83      }
84
85      double node_calc(Node * pThis)
86      {
87          return pThis ->vtable ->node_calc(pThis);
88      }
89
90      void node_cleanup(Node * pThis)
91      {
92          pThis ->vtable ->node_cleanup(pThis);
93      }
```

4.5 状态机

4.5.1 有限状态机

1. 起 源

自动机是计算机的简单理论模型,通常将自动机分为有限自动机和图灵机。尽管有限自动机更简单,但在定义图灵机之后数年,这个概念才被提出来。

沃伦·麦卡洛克当时正在研究脑部创伤治疗精神病人,他想研究出一种解释大脑如何工作的理论。沃尔特·皮茨最初被培养成为一位逻辑学学者,但是却在全新的数学生物物理学领域发表论文。两人于 1942 年相识,并认识到他们对相同类型的问题感兴趣,于是开始联手研究,彼此取长补短。他们发表了第一篇论文《神经活动中内在的思想逻辑演算》(*A Logical Calculus of Ideas Immanent in Nervous Activity*)。在这篇论文中,他们借助细胞对神经元进行了建模。虽然每个细胞都有多个输入,但只有一个输出。一个细胞的输出必须成为另一个细胞的输入,输入的类型有两种——抑制的和兴奋的。如果兴奋的输入超过了一定阈值,且没有抑制输入,细胞将会被激活。虽然细胞的集合和它们之间的连接被两人称为神经网络,但他们没有意识到,这是大脑实际运作的简化模型,通过研究神经网络可以得知神经网络如何处理逻辑活动。他们的网络模型与神经元和人类的大脑具备相同的特征,因此他们希望自己的研究能够揭示人类逻辑推理的奥秘。

他们的论文引起了计算机专家约翰·冯·诺依曼和著名的数学家、哲学家诺伯特·维纳的注意,两位学者对这篇论文印象深刻。维纳看到了其中蕴含的力量,他意识到,这一观点具有广泛的适应性,可以发展出控制论。控制论将催生可以学习的机器的理念,反过来也会孕育人工智能。冯·诺依曼认识到,麦卡洛克和皮茨对细胞和细胞间连接的描述,同样可以应用到电子组件和计算中。他在《关于 EDVAC 的报告》(*First Draft of a Report on the EDVAC*)一文中对此进行了详细的描述,正是这篇论文奠定了现代计算机构建的基石。

另一个受到麦卡洛克和皮茨影响的人是马文·明斯基,1954 年明斯基在他的博士论文中对神经网络进行了研究,展示了如何使用这些网络对自动机进行全面的描述。明斯基的著作《计算:有限和无限机器》是这一领域的经典之作,高屋建瓴地描述了自动机和计算理论。通过对比物理学,明斯基在这本书的前言中解释了这种使用理论机器研究的理论为什么能够发挥作用:

"与物理学使用统计定义事件的方法不同,我们是用逻辑定义的计算或表达式。它们被联系在一起,不是通过几何或能量性质,而是通过它们与类似机器或类似定义之间的关系。我们能够使用机器组件进行简单的交互,应用最显而易见的逻辑命题。当面对等价的现实物理机器时,我们必须解决极端复杂的分析等式。"

自动机被划分为两类：一类具有有限内存；另一类具有无限内存。下面只研究有限的一类。

2. 有限状态机

有限状态机(Finite State Machine,FSM)是一种抽象的机制,它包括有限数量的状态。因此 FSM 是一个状态集,值的一个有限集合。

闸机是一个常见的状态机,这是《敏捷软件开发——原则、模式与实战》一书中展示的一个经典示例。在这里,将以香港地铁站的闸机为例介绍有限状态机,其用例文本摘要如下：

通常闸机默认是关闭的,当闸机收到有效卡信息时,则打开闸机；当乘客通过后,则关闭闸机。如果有人非法通过,则闸机会发出连续的"嘀、嘀、嘀……"报警声；如果闸机已经打开,而乘客还在刷卡,则闸机会发出"嘀"的声音提示乘客,并显示"票价和余额,闸机已经打开,请通过,谢谢!"

FSM 会响应"事件"而改变状态,即将每个"事件"实现为一个函数,当"事件"发生时,就意味着调用了一个函数。FSM 也执行动作产生输出,所执行的动作是当前状态和输入事件的一个函数,其目的是执行系统的任务。

事件是指在某个时刻发生的事情,如闸机的"刷卡(card)"事件和"通过(pass)"事件,状态是系统的状态。事件表示时间点,状态表示时间段,状态对应对象接收的两次事件之间的时间间隔。例如,闸机可能处于的状态：Locked 状态和 Unlocked 状态。

转换是从一个状态转移为另一个状态的路径,引发它的事件被称为事件触发器,简称触发。而转换可以触发动作——表示对象的某个方法的调用,如当事件 card 发生时,闸机从 Locked 状态转换为 Unlocked 状态并执行打开闸机动作。转换还有一个监护条件逻辑测试——或布尔测试,只有测试通过时转换才发生。

而事件可以是外部事件和内部事件。外部事件是在系统和它的执行者之间传递的事件,例如按下一个键和一个来自传感器的中断都是外部事件。内部事件是在系统内部的对象之间传送的事件,例如溢出异常是一个内部事件。可以用 UML 对 4 种事件建模：信号、调用、时间推移或状态的一次改变。信号或调用可以带有参数,参数值对转移(包括监护条件和动作的表达式)是可见的。

信号是一个异步事件,在实例间异步传递消息的通信规约。消息是一个具名对象,信号是消息的类型,像类一样,信号也有属性和操作。而信号事件是指发送或接收信号的事件,其差别在于信号是对象之间的消息,而信号事件是指在某时某刻发生的事情。

如果事件没有产生任何效果,则 FSM 保持状态不变。通常下一个状态依赖于当前状态和输入事件,有时状态转移会导致输出动作。在某些情况下,虽然一个事件不会立即导致状态转换,但它会影响随后的状态转换。如果事件已经产生,则可以将该情况保存为一个条件,在之后进行检验。

监护条件是由一个方括号括起来的布尔表达式,放在触发器事件的后面。其表示法为"事件[条件](Event[Condition])",条件是某一段时间内值为 True 或 False。通常"事件"引起了"状态转换",当事件发生时,为了发生转换,可选的"条件"的值必须为 True,可选的"动作"作为结果被执行。

动作是与状态转换相关的可选的输出,动作执行了计算(调用相应的函数),作为状态转换的结果。事件导致状态转移,而动作是状态转移所产生的效果。动作在状态转移时被触发,执行后自行终止。

(1) 转换动作

转换动作是指从某一状态转换为另一状态时产生的动作,该动作也可能发生在状态转换至自身状态时。为了描述状态图中的动作,将状态转换表示为:事件/动作(Event/Action)或事件[条件]/动作(Event[Condition]/Action),如 card/unlock。

考虑闸机状态图中的动作:当事件 card 发生时,闸机从 Locked 状态转换为 Unlocked 状态,发生在该状态转移中的动作是获取 card 信息。作为状态机的输出,该动作显示票价和余额并开锁。

通常多个动作可以和同一个状态转换关联,因为动作都是并发执行的,所以这些动作之间不能有任何的相互依赖关系。例如,不能同时发生两个并发的事件——计算余额和显示余额,因为这两个动作有先后顺序的依赖关系,在余额计算之前无法显示出来。为了避开这个问题,可以引入"计算余额"的中间状态。动作"计算余额"在进入该状态时执行,动作"显示余额"在退出该状态时执行。

(2) 进入动作

进入动作是指在开始进入该状态时触发的即时动作,使用保留字"进入(entry)"表示,在状态框里表示为"进入/动作(entry/Action),即 entry/[action-list]。"

(3) 退出动作

退出动作是指在离开该状态时触发的即时动作,使用保留字"退出(exit)"表示,在状态框里表示为"退出/动作(exit/Action),即 exit/[action-list]。"

实例分析:

由于状态图源自于用例,因此要从用例开发状态图。首先需要用例中的一个特定的场景,即从用例中的一条特定路径描述对象之间的交互,正常的业务序列详见图 4.8(a)。

如果闸机在 Locked 状态收到 card 事件,则转移到 Unlocked 状态并执行 unlock 动作,此时闸机将它的状态改为 Unlocked 并调用 unlock 函数;如果闸机在 Unlocked 状态收到一个 pass 事件,则转移到 Locked 状态并执行 lock 动作,此时闸机将它的状态改为 Locked 并调用 lock 函数。

如图 4.9(a)所示为正常的业务序列图对应的状态图。由于闸机处于打开状态或关闭状态时,"card()"或"pass()"操作对应的处理是不同的,因此难以用一个序列图清晰地描绘对象交互与状态的关系。如果以业务实体(闸机)的状态(打开状态或

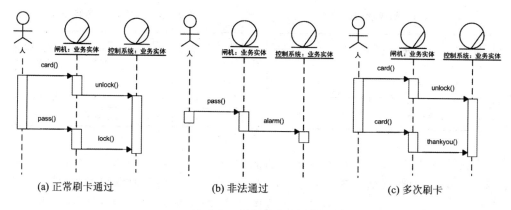

图 4.8　闸机业务序列图

关闭状态)为核心,将执行者与系统交互的具体操作称之为"事件",如 card()、pass
()等。

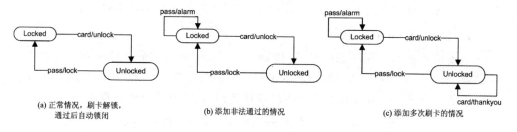

图 4.9　闸机状态图

这些图是由状态、事件、转换和动作组成的有向图,圆角矩形表示闸机的状态,闸
机始终保持状态直到转换促使它改变状态。转换用导向箭头表示,通常由收到触发
事件的元素发起。当输入的事件与有向边上的事件匹配时,闸机将会从一个状态转
换到另一个状态。其中包含了起始状态、触发转移事件、终止状态和要执行的动作,
将其转换为状态转移表的表格,详见表 4.1。由于状态转移表列出了所有状态下,接
收所有事件后的状态是如何变化的,因此很容易帮助发现遗漏了哪些状态转移。虽
然状态转移表的优点是直观,但其缺点也是非常明显的,那就是难以确认状态转移的
完整性。

显然,通用状态图与状态表描述状态机的行为,开发者可以很容易检查那些未知
的,甚至没有处理的情况。例如,闸机在 Unlocked 状态下没有处理 card 事件的转
移,且在 Locked 状态下也没有处理 pass 事件的转移。假设如果闸机在 Locked 状态
收到一个非法 pass 事件,则状态不变并执行 alarm 动作,其业务序列图详见图 4.8
(b)。如果乘客不熟悉流程,当闸机已经转移到 Unlocked 状态时,而乘客还在刷卡
(card),则闸机会发出"嘀"的声音提示乘客,并显示"票价和余额,闸机已经打开,请
通过,谢谢!"其业务序列图详见图 4.8(c),完整的闸机状态转移表详见表 4.2。

表 4.1　闸机状态转移表

状　态	事　件	状　态	动　作
Locked	card	Unlocked	unlock
Unlocked	pass	Locked	lock

表 4.2　完整的闸机状态转移表

起始状态	事　件	结束状态	动　作
Locked	card	Unlocked	unlock
Locked	pass	Locked	alarm
Unlocked	card	Unlocked	thankyou
Unlocked	pass	Locked	lock

在关闭状态下,当需要增加报警功能时,只需要新增一条事件/动作线,详见图 4.9(b)。同理,增加一条事件/动作线表示闸门在已经打开时继续刷卡的情况,详见图 4.9(c)。由于这两种情况不会改变闸机的状态,因此导向箭头起始和结束均为同一状态。

4.5.2　State 模式

当读者理解了状态机的思想后,即可用多种不同的策略实现 FSM。

1. 嵌套的 switch 语句

当使用 C 语言实现状态机时,嵌套 switch – case 语句是最直接的方法。它使用了两层 switch – case 语句:第一层 switch 用于状态管理;第二层 switch 用于管理该状态下的各个事件。现在将状态机图转换伪代码,其示意代码详见程序清单 4.19。

程序清单 4.19　嵌套 switch/case 实现 FSM 的示意代码

```
1   switch(当前状态){
2   case LOCKED 状态:
3       switch(事件){
4       case CARD 事件:
5           切换至 UNLOCKED 状态;
6           执行 unlock 动作;
7           break;
8       case PASS 事件:
9           执行 alarm 动作;
10          break;
11      }
12      break;
13  case UNLOCKED 状态:
14      switch(事件){
15      case CARD 事件:
16          执行 thankyou 动作;
17          break;
18      case PASS 事件:
19          切换至 LOCKED 状态;
```

```
20              执行 lock 动作；
21          break；
22      }
23      break；
24  }
```

由此可见,嵌套 switch – case 语句将代码分成了 4 个互斥的区域,每个区域对应状态图中的一项事件处理动作或状态转移。例如,在 UNLOCKED 状态下,PASS 事件对应的区域会将状态修改为 LOCKED 状态并执行 lock 动作。

显然,对于一个简单的状态机来说,嵌套 switch – case 实现方式非常简单明了,所有的状态和事件都出现在一个处理函数中。然而,这恰恰是一个致命的缺点,对于大型的 FSM 来讲,可能存在大量的状态和事件。由于代码的行数与状态数目和事件数目的乘积成正比,因此众多的 switch/case 语句将使得处理函数变得非常庞大,势必造成极其难以扩展和维护。

2. 状态转移表

为了避免大量的 switch – case 语句,可以使用查表法替代。将 switch – case 语句分成的各个互斥区域的信息(状态转换和处理动作)存放于一个表中,根据事件和状态查找表项,找到匹配的状态和事件后,调用相应的动作并更改状态即可,伪代码详见程序清单 4.20。

程序清单 4.20　状态转移表伪代码

```
1   typedef struct _transition_t{
2       状态；
3       事件；
4       转换为的新状态；
5       执行的动作；
6   }transition_t；
7
8   transition_t transitions[] = {
9       { LOCKED 状态,      CARD 事件,状态转换为 UNLOCKED,  unlock 动作 },
10      { LOCKED 状态,      PASS 事件,状态保持为 LOCKED,    alarm 动作 },
11      { UNLOCKED 状态,    CARD 事件,状态保持为 UNLOCKED,  thankyou 动作 },
12      { UNLOCKED 状态,    PASS 事件,状态转换为 LOCKED,    lock 动作 }
13  };
14  for ( int i = 0; i < sizeof(transitions) / sizeof(transitions[0]); i ++ ){
15      if ( 当前状态 == transitions[i].状态 && 事件 == transitions[i].事件 ){
16          切换状态至：transitions[i].转换为的新状态；
17          执行动作：transitions[i].执行的动作；
18          break；
19      }
20  }
```

由此可见,实质上这个表与表 4.1 是存在——对应关系的,代码读起来就是一个规范的状态转移表。由于状态机的逻辑全部集中在该表中,因此状态机的核心就变成了维护这样一张表,显然比维护庞大的 switch – case 语句要容易得多,但其缺点是,对于大型状态机来说,遍历转移表需要花费大量的时间。

3. State 状态模式

在面向过程编程时,人们习惯性的思维是将"当前状态"视为一个标量,如 0 表示 LOCKED,1 表示 UNLOCKED,闸机在响应事件时,将根据标量的值做出相应的处理。因此,无论是使用嵌套 switch – case 还是状态转移表,都要判定"当前状态"是 LOCKED 还是 UNLOCKED? 由于存在"判定当前状态"的操作,势必导致状态与状态之间的"耦合"。所有状态要么呈现在嵌套的 switch – case 语句的第一层 switch 中,要么呈现在状态转移表中。如何做到彻底分离呢?

(1) 用类表示状态

在 OO 方法中,通常从了解问题域开始的,在创建对象时使用共性和可变性分析作为主要工具,将问题域按照职责分解。FSM 的核心是事件触发状态转移并执行相应的动作,card 事件和 pass 事件分别对应 card()和 pass()事件处理方法,状态包括 LOCKED 和 UNLOCKED,动作包括 unlock、lock、thankyou 和 alarm。

1) 闸机类

当将闸机当作一个对象时,其职责是处理 card 事件和 pass 事件。闸机将根据当前的状态执行不同的动作,其相应的类图详见图 4.10,card 和 pass 事件处理方法依赖于当前所处的状态 state。例如:

turnstile_t
+state:int
+card()
+pass()

图 4.10 闸 机

```
1    enum {LOCKED, UNLOCKED};            // 枚举各状态
2
3    typedef struct _turnstile {          // 定义闸机类
4          int state;
5      void ( * card)(struct _turnstile * p_this);
6      void ( * pass)(struct _turnstile * p_this);
7    } turnstile_t
8
9    void turnstile_card(turnstile * p_this)
10   {
11         if (p_this ->state == LOCKED) {
12              状态切换至"解锁状态";
13              执行 unlock 动作;        // 调用 unlock 函数
14         } else {
15              执行 thankyou 动作;       // 调用 thankyou 函数
```

```
16          }
17      }
18
19      void turnstile_pass(turnstile * p_this)
20      {
21          if (p_this ->state == LOCKED) {
22                  执行 alarm 动作;                    // 调用 alam 函数
23          } else {
24              状态切换至"锁闭状态";
25              执行 lock 动作;                        // 调用 lock 函数
26          }
27      }
```

由于不同状态下处理事件的方式不同,且闸机类承担了所有的职责,因此状态和事件的变化都会引起闸机类的修改。由于"状态"概念仅存在于大脑中,因此它是将 LOCKED 和 UNLOCKED 这两个概念合二为一的手段,可以用 trunstile_state_t 抽象类表示状态。基于此,将事件处理部分职责分离出去,将其封装成为一个状态类 turnstile_state_t。

2) LOCKED 状态

闸机在 LOCKED 状态,如果有人非法通过,则状态不变且执行 alarm 动作;当事件 card 发生时,则转移为 UNLOCKED 状态,并执行 unlock 动作。pass 与 card 事件处理方法如下:

```
1   void locked_card(void)
2   {
3       状态切换至"解锁状态";
4       执行 unlock 动作;                // 调用 unlock 函数
5   }
6
7   void locked_pass(void)
8   {
9       执行 alarm 动作;                 // 调用 alam 函数
10  }
```

3) UNLOCKED 状态

闸机在 UNLOCKED 状态,如果乘客还在刷卡,则状态不变且提示乘客通过,并执行 thankyou 动作;当事件 pass 发生时,则转移为 LOCKED,并执行 lock 动作。pass 与 card 事件处理方法如下:

```
1    void unlocked_card(void)
2    {
3        执行 thankyou 动作；              // 调用 thankyou 函数
4    }
5
6    void unlocked_pass(void)
7    {
8        状态切换至"锁闭状态"；
9        执行 lock 动作；                 // 调用 lock 函数
10   }
```

由此可见，通过将状态与事件分离，从而保证了各个状态的事件处理函数的职责非常单一，如 unlocked_card() 仅处理 UNLOCKED 状态下的 card 事件。

4）状态类

在 LOCKED 和 UNLOCKED 状态中，虽然 card 和 pass 事件处理方法不同，但不同状态之间还是存在共性：都需要 card 和 pass 事件处理方法。将其抽象为：

```
void （* card）（void）；
void （* pass）（void）；
```

即可用函数指针调用相应的函数。

此时，只要将抽象方法放在 turnstile_state_t 类中，就可以派生 trunstile_locked_state_t 和 trunstile_unlocked_state_t 具体状态类。即抽象"事件处理方法"将其包含在基类中，在子类中实现差异性。这样一来闸机仅依赖于抽象类，与具体状态类无关，从而使闸机类与具体状态类解耦。闸机状态类的定义如下：

```
1    typedef struct _turnstile_state_t{
2        void （* card）（void）；                  // card 事件处理函数
3        void （* pass）（void）；                  // pass 事件处理函数
4    }turnstile_state_t；
5
6    typedef struct _turnstile_locked_state_t{
7        turnstile_state_t isa；
8    }turnstile_locked_state_t；
9
10   typedef struct _turnstile_unlocked_state_t{
11       turnstile_state_t isa；
12   }turnstile_unlocked_state_t；
```

由于 trunstile_locked_state_t 和 trunstile_unlocked_state_t 类型没有属性，因此可以直接使用 turnstile_state_t 状态类创建相应的实例并初始化：

```
turnstile_state_t locked_state = {locked_card, locked_pass};
turnstile_state_t unlocked_state = {unlocked_card, unlocked_pass};
```

使 card() 和 pass() 函数指针分别指向相应的事件处理函数,使用 locked_state 和 unlocked_state 代替了 trunstile_locked_state_t 和 trunstile_unlocked_state_t。

(2) 用类表示状态的收益

通过共性与差异性分析发现,当使用 trunstile_state_t 抽象类表示状态时,具体状态类 locked_state 和 unlocked_state 各自实现了自己的 card() 和 pass() 方法。

对于闸机而言,其任意时刻只能处于某一确定状态。由于抽象类的作用,屏蔽了各个具体状态的差异性。在闸机看来,无论何种状态,它们都提供了 card() 和 pass () 处理方法。当事件 card 或 pass 传入闸机时,闸机不再需要负责"判定当前状态"。而是直接调用状态提供的 card() 或 pass() 方法,将事件处理转移给相应的"状态对象"负责。

由于 turnstile_state_t 是一个内置函数指针的虚函数表,因此只要在闸机类中包含一个指向 trunstile_state_t 类型的指针 p_state,使其指向相应的状态对象,即可调用相应的事件处理方法。闸机类的定义如下:

```
1    typedef struct _turnstile_t{
2        turnstile_state_t * p_state;
3    }turnstile_t;
```

有了 trunstile_t 类,即可定义一个该类型的闸机实例。例如:

```
turnstile_t turnstile = {&locked_state};          // 定义一个闸机,初始状态为锁闭状态
```

为了避免直接操作 p_state 成员(为 p_state 成员赋初值),可以定义一个初始化函数,以完成 p_state 成员的初始化。例如:

```
1    void turnstile_init(turnstile_t * p_this)
2    {
3        p_this ->p_state = &locked_state;          // 闸机的初始状态为 locked_state
4    }
```

当 card 或 pass 事件发生时,通过 turnstile_t 的相应的事件方法传递给闸机,闸机并不直接处理这个事件,而是将这个事件委托给 turnstile_state_t 类的对象,turnstile_t 的事件方法定义如下:

```
1    void turnstile_card(turnstile_t * p_this)
2    {
3        p_this ->p_state ->card();
4    }
5
6    void turnstile_pass(turnstile_t * p_this)
```

```
7      {
8          p_this ->p_state ->pass();
9      }
```

如图 4.11 所示是闸机状态机设计模型类图,其中 turnstile_t 是闸机类,它包含了一个指向表示当前状态的指针 p_state,将具体处理委托给 turnstile_state_t 状态类。turnstile_state_t 状态类是抽象类,它包含了抽象方法 card()和 pass()。turn-stile_state_t 类派生了 locked_state 和 unlocked_state 具体状态类,它们各自实现了自己的 card()和 pass()方法。由于在具体的方法实现中,需要修改闸机类的 p_state 以切换闸机类的状态,因此 locked_state 和 unlocked_state 状态与闸机类是关联的。

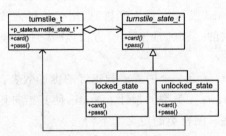

图 4.11　闸机状态机类图

虽然组合与聚合的实现方式相同,但通过 UML 图表示却各有不同,组合关系用黑色菱形表示,聚合关系用空心菱形表示,菱形与聚合或组合中的类方框相连接。实际上,在面向对象 C 语言编程时,继承都是由聚合方式实现的。通常在定义一个整体类后,再去分析这个整体类的组成结构,从而找出一些成员类,该整体类和成员类之间就形成了聚合关系。

当 turnstile_t 的两个事件方法中有一个被调用时,就将这个事件委托给 turn-stile_state_t 类对象,turnstile_card 方法实现了将 card 事件委托给 turnstile_state_t 类对象,turnstile_pass 方法实现了将 pass 事件委托给 turnstile_state_t 类对象。

具体委托的 turnstile_state_t 类对象与当前状态相关,如果闸机当前处于 locked 状态,p_state 指向 locked_state。当 card 事件发生时,闸机将通过 p_state 调用相应的 card()事件处理方法。在 locked_state 状态下,由于为抽象方法 card()赋值的是 locked_event_card()函数,因此实际调用的就是 locked_event_card()函数。由此可见,当事件发生时,闸机不需要进行任何判定,直接将事件委托给状态对象处理即可。显然,状态模式彻底做到了状态与事件分离,当需要新增一个状态时,只需要增加一个 turnstile_state_t 类的子类即可。这就是使用类表示状态的收益,类的"多态"完全避免了对状态进行分支判断。

(3)状态转移的处理

FSM 的状态是有可能改变的,当在 locked 状态收到 card 事件时,转换到 un-locked 状态。为了改变 FSM 的状态,就要将目标状态 unlocked_state 赋给 turnstile _t 类对象中的 p_state，显然需要在状态派生类中修改 turnstile_t 类成员 p_state 的值。

虽然当前状态 p_state 是闸机类的属性，但为了在具体状态的事件处理方法中执行不同的状态转换逻辑，则需要将闸机的状态成员 p_state 的变换逻辑"委派"给各个具体状态。使用委派的简单技巧是：将发起委派的对象（即闸机）作为参数传递给接受委派的方法。基于此，在状态类 turnstile_state_t 定义的方法中，需要新增 turnstile_t 类作为其方法的参数：

```
1   struct _turnstile_t;
2   typedef struct _turnstile_state_t{
3       void ( * card)(struct _turnstile_t * p_turnstile);        // card 事件处理函数
4       void ( * pass)(struct _turnstile_t * p_turnstile);        // pass 事件处理函数
5    }turnstile_state_t;
```

如此一来，在派生类实现状态转换时，修改闸机类中的 p_state 成员的值即可：

```
1   void locked_card(turnstile_t * p_turnstile)
2   {
3       p_turnstile ->p_state = &unlocked_state;        // 状态切换至"解锁状态"
4       执行 unlock 动作；                              // 调用 unlock 函数
5   }
```

为了避免直接访问闸机类的成员，闸机类将提供一个修改 p_state 成员值的方法：

```
1   void turnstile_state_set(turnstile_t * p_this, turnstile_state_t  * p_new_state)
2   {
3       p_this ->p_state = p_new_state;
4   }
```

其调用形式如下：

```
turnstile_state_set(p_turnstile, &unlocked_state);
```

由于 turnstile_state_t 状态类的定义新增了 p_turnstile 参数，因此闸机在将事件委托给 turnstile_state_t 类对象时，需要将它自身作为参数传递。闸机 card 事件方法定义如下：

```
1   void turnstile_card(turnstile_t * p_this)
2   {
3       p_this ->p_state ->card(p_this);        // 将自身作为 card 事件的参数
4   }
```

（4）动作的处理

闸机共有 4 种动作，分别为 unlock、lock、thankyou 和 alarm。此前，仅使用伪代

程序设计与数据结构

码的形式展示了 locked_state 和 unlocked_state 各自执行 card()和 pass()动作的方法,作为示例在这里仅使用 printf()打印简单的信息。各种状态的事件处理函数方法可以如下:

```
1    void locked_card(turnstile_t * p_turnstile)
2    {
3        turnstile_state_set(p_turnstile, &unlocked_state);
4            printf("unclock\n");                // 执行 unlock 动作
5    }
6
7    void locked_pass(turnstile_t * p_turnstile)
8    {
9            printf("alarm\n");                  // 执行 alarm 动作
10   }
11
12   void unlocked_card(turnstile_t * p_turnstile)
13   {
14           printf("thankyou\n");               // 执行 thankyou 动作
15   }
16
17   void unlocked_pass(turnstile_t * p_turnstile)
18   {
19       turnstile_state_set(p_turnstile, &locked_state) ;
20           printf("lock\n");                   // 执行 lock 动作
21   }
```

为了便于查阅,如程序清单 4.21 所示列出了完整的 turnstile.h 文件内容,该内容完成了状态机类型的定义和接口的声明。对于闸机的使用者来讲,它只需要关心该接口文件即可,内部的具体状态无需关心。

程序清单 4.21　状态机类型定义接口声明(turnstile.h 文件内容)

```
1    #pragma once
2
3    struct _turnstile_t;
4    typedef struct _turnstile_t turnstile_t;
5    typedef struct _turnstile_state_t{
6        void ( * card)(turnstile_t * p_turnstile);
7        void ( * pass)(turnstile_t * p_turnstile);
8    }turnstile_state_t;
9
10   typedef struct _turnstile_t{
11       turnstile_state_t * p_state;
```

```
12      }turnstile_t;
13
14      void turnstile_init(turnstile_t * p_this);          // 闸机初始化
15       void turnstile_card(turnstile_t * p_this);         // 闸机 crad 事件处理
16       void turnstile_pass(turnstile_t * p_this);         // 闸机 pass 事件处理
```

  基于状态机的实现,如程序清单 4.22 所示是一个综合范例程序。在初始状态时,状态机处于锁闭状态,当输入为 0 时,表明 CARD 事件发生,执行 turnstile_card (&turnstile);当输入为 1 时,表明 PASS 事件发生,执行 turnstile _ pass (&turnstile)。

程序清单 4.22   "State 状态模式"综合范例程序

```
1       #include<stdio.h>
2       #include "turnstile.h"
3
4       void main()
5       {
6           int            event;
7           turnstile_t            turnstile;            // 闸机实例
8           turnstile_init(&turnstile);                  // 初始状态为锁闭状态
9
10          while (1) {
11              scanf("%d", &event);
12              switch (event){
13              case 0:
14                  turnstile_card(&turnstile);
15                  break;
16              case 1:
17                  turnstile_pass(&turnstile);
18                  break;
19              default:
20                  exit();
21              }
22          }
23      }
```

  由此可见,状态模式的行为是由状态决定的,不同的状态下有不同的行为。状态模式将对象的行为封装在不同的状态对象中,每个状态对象都有一个共同的抽象状态基类。状态模式的意图是让一个对象在其内部状态改变时,其行为也随之而变。其适用场景如下:

- 一个对象的行为取决于它的状态,且它必须在运行时根据状态改变它的行为;
- 如果代码中包含大量与对象状态有关的条件语句,如一个操作中含有庞大的分支语句(if - else 或 switch - case),且这些分支依赖于该对象的状态。

状态模式就是将每个条件分支放入一个独立的类中,将状态用对象替换,将行为封装到对象中,使得在不同状态下有不同的实现,利用多态去除过多的、重复的 if - else 等分支语句。

由于 State 模式使状态与事件做到了彻底分离,因此当需要新增状态时,只需增加一个 turnstile_state_t 类的子类即可。

4.5.3 动作类

前面详细地介绍了 State 状态模式的推导过程以及完整的实现,采用了简单的打印语句作为作为 4 个动作的实现示例。然而,实际动作是很有可能发生变化的,由于动作直接在事件处理方法中执行。例如,LOCKED 状态的 card 事件处理方法定义为:

```
1    void locked_card(turnstile_t * p_turnstile)
2    {
3        turnstile_state_set(p_turnstile, &unlocked_state);
4        printf("unclock\n");                       // 执行 unlock 动作
5    }
```

由此可见,只要动作发生变化,都必须修改事件处理方法。基于此,不妨将闸机动作单独封装在一个动作类中,详见图 4.12。

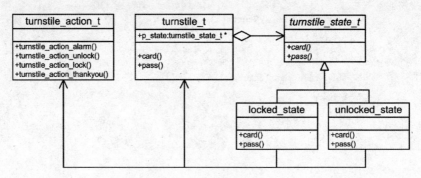

图 4.12 状态机类图

如程序清单 4.23 和程序清单 4.24 所示为动作类的声明和实现。为何要为这么简单的动作创建类呢?因为只有预测变化和管理变化才能拥抱变化,只有这样才能使软件具有可扩展性和可维护性。

程序清单 4.23   动作函数声明(turnstile_action.h 文件内容)

```
1    # pragma once
2
3    void turnstile_action_lock(void);
4    void turnstile_action_unlock(void);
5    void turnstile_action_alarm(void);
6    void turnstile_action_thankyou(void);
```

程序清单 4.24   动作函数实现(turnstile_action.c 文件内容)

```
1    void turnstile_action_lock(void)
2    {
3        printf("clock\n");
4    }
5
6    void turnstile_action_unlock(void)
7    {
8        printf("unclock\n");
9    }
10
11   void turnstile_action_alarm(void)
12   {
13       printf("alarm\n");
14   }
15
16   void turnstile_action_thankyou(void)
17   {
18       printf("thank you\n");
19   }
```

程序中的 alarm、unlock、thankyou 和 lock 动作对应的动作函数分别为 alarm()、unlock()、thankyou()和 lock()。当将 4 个动作分别由 4 个函数实现时,具体动作从状态机中分离出来了。例如,LOCKED 状态下的 card 事件处理方法定义为:

```
1    void locked_card(turnstile_t * p_turnstile)
2    {
3        turnstile_state_set(p_turnstile, &unlocked_state);
4        turnstile_action_unlock ();                    // 执行 unlock 动作
5    }
```

这是一种良好的设计,因为动作接口优雅地解除了 FSM 的状态变换逻辑和它要执行的动作之间的耦合。这样一来就算另外一个具有完全不同逻辑的 FSM,也可以在没有任何影响的情况下使用这些动作接口。

由于在处理动作时,不需要任何数据,它是一个只有方法没有属性的动作类,因此没有刻意使用结构体为其定义专门的类型。而实际的动作类可能会包含一些数据,其定义如下:

```
typedef struct _turnstile_action {
        // some data
} turnstile_action_t;
```

此时,当动作发生变化时,仅需修改动作类的函数,无需修改状态机的事件处理函数。

4.6　框架与重用

重用不仅限于软件,如贝多芬在他的 66 号作品中,就重用了另一个伟大作曲家莫扎特的音乐。他从莫扎特的歌曲《魔笛》第 22 场中,借用了咏叹调"一个女朋友",然后在该咏叹调中为钢琴师配乐的大提琴家写了一连串 7 个变奏。

代码重用的问题与所有的设计方法一样,代码的可用性和可重用性取决于它是如何设计和实现的。虽然代码重用并不是 OO 设计所专有的,但 OO 方法确实提供了一些机制,有利于可重用代码的开发。

4.6.1　框　架

框架被定义为"一组相互协作的类,形成某类软件的一个可复用设计。框架将设计划分为一组抽象类,并定义它们各自的职责和相互之间的协作,以此指导体系结构级的设计,开发者通过继承框架中的类和组合其实例定制该框架以生成特定的应用。"

从某种意义上来说,框架是可以通过某种回调机制进行扩展的软件系统或子系统的半成品。也就是说,首先框架是半成品,这是它和其他所有软件组件的本质区别。而某种回调机制,通常面向过程编程使用函数指针作为参数实现回调机制,如冒泡排序和快速排序中的 compare 的形参就是一个函数指针,开发者只需知道自己实现特定的比较函数即可。而面向对象框架的组成部分包括具体类、抽象类和接口,使用抽象方法——多态支持回调机制实现逆向工程。

显然,创建可重用代码的一种方法就是创建框架。框架规定应用的体系结构,它定义了整体结构、类和对象的分割、各部分的主要职责、类和对象如何协作以及控制流程。框架预定义了这些设计参数,便于设计者聚焦于应用本身的特定细节。但框架使开发程序变得更加容易,因此程序设计需要的许多能力都来源于大量可用的框架。

与代码重用紧密相关的一个概念是标准化,有时也称为即插即用。框架思想围绕的就是这些即插即用和重用原则。在 GUI 应用程序中,用户界面视为视图。而实际上在 MVC 框架中,视图是一个接口,一个抽象的概念,因此视图可能是一个用户界面,也可能是一个终端,但只要实现了 update 接口的类,都可以将它们看作视图,从而全面扩展了 MVC 框架的应用范围。因为无论怎么改变,MVC 框架的模型与视图始终是不变的,可变的是具体模型和具体视图。

以温控器为例,通过传感器的温度检测是具体模型,而监听传感器的 LED、数码管和蜂鸣器是具体视图。当温度达到或超过上限值时,数码管更新显示,LED 持续闪烁,蜂鸣器持续报警。根据开闭原则,可以继续重用 MVC 框架的抽象模型与视图。如果后续只要开发与温度检测相关的系列产品,就可以重用该温度检测模型。

如果设计的系统必须使用不可移植的代码,那么应该将这些代码抽象到类中,通过抽象将这些不可移植的代码隔离到各自的类中。例如,针对基于 M0+、M3、M4、ARM9、A7、A8 内核的 ARM 和 DSP 的不兼容性,周立功单片机公司开发的 AWetal 和 AWorks 就是一个将所有的接口、外围器件和组件全部都实现归一化,且与 MCU 和 OS 完全无关的框架,从而实现了"一次编程、终生使用、跨平台",详见《面向接口的编程》系列图书。

由此可见,由于软件的整体框架结构是一样的,因此用户不必学习新的框架;另外,开发人员只要遵循框架文档提供的类或类库的公共接口,以及应用编程接口 API 等规则,就可以充分利用原有的代码。

4.6.2 契 约

抽象类与接口是实现代码重用的强大机制,为一个重要的概念"契约"奠定了基础。那什么是契约?契约是两方或多方完成或不完成某个指定工作所达成的协议——这是一个由法律保证的协定,因此契约是要求开发人员遵守应用编程接口规范所需的机制。

一般来说,API 就是指一个框架,开发人员使用 API 时,必须遵守框架所定义的规则,例如方法名和参数个数等。如果没有强制性的措施,一些比较差劲的程序员可能会私下编写他自己的代码,而不使用框架提供的规范。如果人们总是忽视或不考虑标准化,那么标准也就没有什么意义了。

面向对象的设计一个重要的目标就是将接口从实现中分离出来,一个类的接口提供了它的外部视图,记录了所有相关对象的共同属性和行为。它强调的是抽象,隐藏了其属性和行为的秘密,不需要提供其内部关于该操作的实现(结构)。

接口在很大程度上可以认为是类的外部视图的设计者和类的内部实现的实现者之间的一种"契约",同时也是需要(使用)该接口的类(如调用该接口所提供的操作)和提供该接口的类之间的一种约定。即将一个较大问题的不同功能通过子契约被分解为小问题,没有其他情况比在设计类时更能体现这种思想。一个单独的对象就是一个具体的实体,在系统中扮演某个角色。

将接口从实现中分离出来是通过抽象类来实现的,抽象类包含一个或多个没有提供任何具体实现的方法。Validator 之所以是一个抽象类,因为无法对它实例化。
例如:

```
1    typedef struct _Validator{
2        bool ( * const validate)(struct _Validator * pThis , int value);
3    }Validator;
```

这与契约有什么关系? 首先,希望所有与视图对应的显示函数都使用相同的语
法调用,例如实现的每一种视图都包含一个名为 validate 的方法。其次,每个类都要
对自己的动作负责,因此类不仅要提供相应的方法,还必须提供它自己的实现代码。
例如:

```
1    typedef struct{
2        Validator isa;           // 继承自 Validator 类
3        const int min;
4        const int max;
5    } RangeValidator;
6
7    typedef struct{
8        Validator isa;           // 继承自 Validator 类
9        bool isEven;
10    } OddEvenValidator;
```

由此可见,采用这种方式,就有了一个真正多态的 Validator 框架。系统中每个
与视图对应的显示函数都可以调用 validaate 方法,而调用每个与视图对应的显示函
数时都会得到不同的结果。实际上,向一个对象发送一个消息时,会根据对象的不同
而产生不同的响应,这正是多态的根本所在。

4.6.3 建立契约

定义契约的规则是通过抽象类提供一个未实现的方法,当设计一个子类实现某
个契约时,它必须为父类中未实现的方法提供实现,因为契约带来的好处可以标准化
代码。如果开发人员不遵循契约设计类,那么使用类的所有人都必须查看文档。
例如:

```
1    typedef bool( * const Validate)(void * pThis , int value);
2    typedef struct{
3        Validate validate;
4        const int min;
5        const int max;
6    }RangeValidator;
7
```

```
8    typedef struct{
9        Validator validate;
10       bool isEven;
11   } OddEvenValidator;
```

虽然这样做也能够实现范围值和奇偶校验功能,但不符合契约。因为面向对象的主要优势之一是可以重用类,重用的高层次的抽象接口比高度具体的接口更有用。

4.6.4 框架与重构

语言专家王垠认为,"很多软件开发者喜欢鼓吹各种各样的原则,并将其奉为教条或者秘方。以为兢兢业业地遵循这些原则,空喊几句口号,就可以写出好的代码,并对违反这些原则的人嗤之以鼻——你不知道,不遵循或藐视这些原则,那么你就是菜鸟。"因此不要盲目地迷信各种各样的原则,如 DRY 原则(Don't Repeat Yourself,不要重复你自己)在实际的工程中带来的各种各样的问题。DRY 原则说,如果发现重复的代码,就将它们提取为父类。然而"避免重复"并不等于"抽象",其实有时适当地重复代码是有好处的。

代码的"抽象"和它的"可读性",其实是相互矛盾的关系。适度的抽象和避免重复可以提高代码的可读性,如果尽"一切可能"从代码中提取共性,甚至将一些微不足道的"共性"也提出来"共享",反而破坏了程序的可阅读性。例如,如果盲目地将以下代码:

```
1    struct TypeA{
2        int a;
3        int x;
4        int y;
5    };
6
7    struct TypeB{
8        int a;
9        int u;
10       int v;
11   };
```

修改为:

```
1    struct TypeC{
2        int a;
3    };
4
5    struct TypeA{
6        int x;
```

```
7          int y;
8      };
9
10     struct TypeB{
11         int u;
12         int v;
13     };
```

显然,从 TypeA 和 TypeB 的定义中,再也无法一目了然地看到 int a,因此完全没有必要提取其中无关紧要的共性,造出一个新的父类,因为可见性是程序员产生直觉的关键。盲目奉行 DRY 原则存在的问题在于,他们随时都在试图发现"将来可能重用"的代码,而不是等到真的出现重复代码时再去抽象。

抽象的关键在于"发现两个东西是一样的",然而很多时候,看起来觉得两个东西是一回事,但最后却发现它们只是肤浅地相似,其本质完全不同。同一个 int a,可能表示很多种风马牛不相及的性质。如果看到都是 int a 就提取为父类,反而会让程序的概念变得混乱。有些东西开始时貌似同类,当添加了新的逻辑之后,发现它们的用途开始特殊化了。因此过早地提取共性,反而捆住了手脚,为了所谓的"一致性",而重复一些没用的东西。这样的一致性,其实还不如针对每种情况分别做特殊处理。

防止过早抽象的方法其实很简单,它的名字叫做"等待"。其实就算不重用代码,也不会影响程序的准确性和可读性,时间将会说明一切。如果发现自己仿佛正在重复以前写过的代码,请先不要停下来,坚持将这段重复的代码写完。如果不将它写出来,将无法准确地发现重复的代码,因为它们很有可能到最后才发现其实是不一样的。

我们应该避免没有实际效果的抽象,如果代码才重复了两次,就开始提取共性,也许到最后会发现,只重复了两次的代码,而不值得提取。因为抽象思考本身是需要一定代价的,所以最后总的开销,也许还不如让那两段重复的代码待在里面。

通常优秀的程序员会等到事实证明重用一定会带来好处时,才开始提取共性,实践证明,每一次积极地寻找抽象,都可能制造一些不必要的框架,时间长了可能自己都看不懂自己的代码。因为过度地强调 DRY 和代码的"重用",随时随地想着抽象,有可能会被这些抽象搅昏了头脑,bug 百出,寸步难行。如果写不出"可用"的代码,又何谈"可重用"的代码呢?

由此可见,当看透了问题的本质之后,也就具备了洞穿一切的能力,显然里氏替换原则只是套了一个马甲而已,因此不要被某些术语或原则的表象所迷惑。

参 考 文 献

[1] 周立功. C 程序设计高级教程[M]. 北京：北京航空航天大学出版社, 2013.

[2] 李先静. 系统程序员成长计划[M]. 北京：人民邮电出版社, 2010.

[3] (美)Satir G, Brown D. C++语言核心[M]. 张铭泽, 译. 北京：中国电力出版社, 2001.

[4] (美)Coplien. J O. C++多范型设计[M]. 焉爱兰, 等, 译. 北京：中国电力出版社, 2004.

[5] (日)花井志生. C 现代编程[M]. 杨文轩, 译. 北京：人民邮电出版社, 2016.

[6] (日)前桥和弥. 征服 C 指针[M]. 吴雅明, 译. 北京：人民邮电出版社, 2013.

[7] (美)King K N. C 语言程序设计现代方法[M]. 吕秀锋, 黄倩, 译. 北京：人民邮电出版社, 2007.

[8] (美)Prata S. C Primer Plus[M]. 6 版. 姜佑, 译. 北京：人民邮电出版社, 2012.

[9] (美)Roberts E S. C 语言的科学与艺术[M]. 翁惠玉, 等, 译. 北京：机械工业出版社, 2005.

[10] (美)Eckel B. C++编程思想[M]. 刘宗田, 邢大红, 孙慧杰, 等, 译. 北京：机械工业出版社, 2000.

[11] (美)Weisfeld M. 写给大家看的面向对象编程书[M]. 张雷生, 等, 译. 北京：人民邮电出版社, 2009.

[12] 王咏武, 王咏刚. 道法自然——面向对象实践指南[M]. 北京：电子工业出版社, 2005.

[13] 陈良乔. 我的第一本 C++书[M]. 武汉：华中科技大学出版社, 2011.

[14] (美)Weiss M A. 数据结构与算法分析[M]. 冯舜玺, 译. 北京：人民邮电出版社, 2007.

[15] (美)Blaha M. UML 面向对象建模与设计[M]. 车皓阳, 等, 译. 北京：人民邮电出版社, 2011.

[16] (美)Larman G. UML 和模式应用[M]. 李洋, 等, 译. 北京：机械工业出版社, 2006.

[17] 谭云杰. 大象——Thinking in UML [M]. 2 版. 北京：中国水利水电出版社, 2012.

[18] 潘加宇. 软件方法——业务建模和需求[M]. 北京：清华大学出版社, 2013.

[19] (美)Booch G, 等. 面向对象分析与设计[M]. 王海鹏, 潘加宇, 译. 北京：电子工业出版社, 2009.

[20] (美)Shalloway A, Troot J R. 设计模式解析[M]. 徐言声, 译. 北京：人民邮电出版社, 2010.

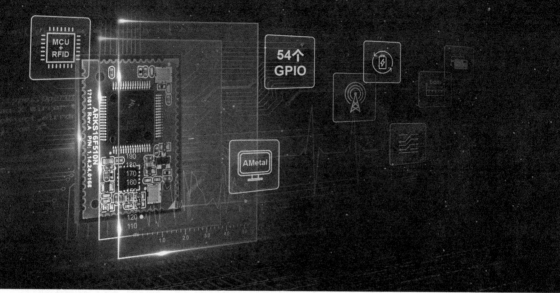

![周立功单片机 ZLG]

支持二次开发的读卡核心模块系列

系列型号：ARKS16F510N/ ARKS16F550N / ARKS16F518N

广州周立功单片机科技有限公司基于复旦微和NXP平台开发的读卡核心模块，是简单、快捷、高效的读写卡开发方案。读卡核心模块采用半孔工艺将I/O引出，帮助客户绕过繁琐的RFID硬件设计、开发与生产，加快产品上市。完善的AMetal软件开发平台可满足快速开发需求，减少软件投入，缩短研发周期。

产品特性

| MCU+RFID 强劲性能 | 用户进行 快速二次开发 | 承载丰富 接口资源 | 天线自定义 适应各种场合 | 读卡最大 距离达6cm | 支持低功耗 外部卡片侦测功能 | 读卡性能 稳定可靠 | 支持多种 通道数方案 |

产品参数

产品型号	天线类型	天线通道	处理器	最高主频	SRAM	Flash	UART	I²C	ADC	读卡协议	产品尺寸	评估板型号
ARKS16F510N	外接配套天线板	1路	KS16Z128	48MHz	16KB	128KB	2路	2路	24路	ISO/IEC 14443 TypeA	20mm x 28mm	AMKS16RFID
ARKS16F550N		2路								ISO/IEC 14443 TypeA/B		AMKS16RFID_2
ARKS16F518N		8路 （分时复用）								ISO/IEC 14443 TypeA	24mm x 34mm	AMKS16RFID_8

更多详情请访问
www.zlgmcu.com

欢迎拨打全国服务热线
400-888-2705

![ZLG 致远电子]

Wi-Fi无线核心板

型号：AW412WE/WP

超远距离

视距通信距离超过100m

共存模式

AP+Station同时工作

二次开发

AMetal平台快速二次开发

云接入

支持ZLG Cloud云平台

楼宇智能与门禁

光伏系统与能源管理

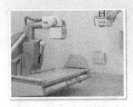

医疗设备

POS 支付

产品选型

型号	传输方式	内核	主频	SRAM	Flash	内置协议	天线类型	供电电压	温度范围
AW412WE	Wi-Fi	Cortex-M4	100MHz	256KB	1MB	IEEE 802.11b/g/n	外接天线	2~3.6V	-40~+85℃
AW412WP	Wi-Fi	Cortex-M4	100MHz	256KB	1MB	IEEE 802.11b/g/n	板载 PCB	2~3.6V	-40~+85℃

![ZLG 致远电子]

业内首款内置隔离的测温模块
TPS02R 双通道隔离测温模块

2500V隔离
内置电气隔离电路
解决地环路干扰难题

双通道
支持2路PT100
热电阻同步测量

0.2℃高精度
捕捉最细微的
温度变化

超小体积
硬币大小的
超紧凑设计

产品参数

产品型号	传感器类型	通道数	通信接口	精度	分辨率	温漂	电气隔离	封装	工作温度	测温范围	产品尺寸
TPS02R	PT100	2	I²C	0.2℃	0.01℃	10ppm	2500Vac	DIP	-40~+85℃	-200~+800℃	24.9mm×16.9mm×7.05mm

配电柜

冷链

冷冻库

热循环系统

更多详情请访问
www.zlg.cn

欢迎拨打全国服务热线
400-888-4005

开启板级能效管理时代

EMM400能效测量模块

板级能效监测

单个模块即可监测
板内功率、电能情况

市电测量

无需外围元件
220V市电直接测量

2500V隔离

内置电气隔离
安全可靠

超小体积

1角硬币大小
保证PCB紧凑性

产品参数

产品型号	通道数量	测量精度	电压测量范围	电流测量范围	通信接口	电气隔离	封装	尺寸	工作温度
EMM400	1路电压、1路电流	±2%	80~260Vrms	0~1.5Arms	UART	2500Vac	DIP	16.9mm×19.9mm×7.1mm	-40~+85℃

智能家居

智能插座

智能电表

能效监测